U0135534

世界航天器全书

The History of Space Vehicles

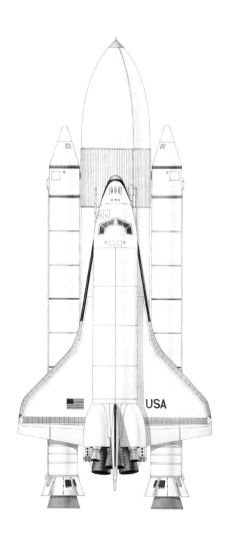

世界航天器全书

The History of Space Vehicles

［英］蒂姆·弗尼斯（Tim Furniss） 著

陈 朴 郭明杉 译

姜振寰 吕建华 审校

科学普及出版社

·北 京·

图书在版编目（CIP）数据

世界航天器全书 /（英）蒂姆·弗尼斯
(Tim Furniss) 著 ; 陈朴 , 郭明杉译 . — 北京 : 科学
普及出版社 , 2023.1
　　书名原文 : History of Space Vehicles
　　ISBN 978–7–110–10353–1

　I. ①世… 　Ⅱ. ①蒂… ②陈… ③郭… 　Ⅲ. ①航天器—
世界—普及读物 　Ⅳ. ① V47–49

中国版本图书馆 CIP 数据核字（2022）第 223697 号

著作权合同登记号 : 01–2010–5942

Copyright © 2001 Amber Books Ltd, London Copyright in the Chinese language
translation (simplified character rights only) ©2011 Popular Science Press

责任编辑	王晓义
装帧设计	中文天地
责任校对	吕传新
责任印制	徐　飞

出　　版	科学普及出版社
发　　行	中国科学技术出版社有限公司发行部
地　　址	北京市海淀区中关村南大街 16 号
邮　　编	100081
发行电话	010–62173865
传　　真	010–62173081
网　　址	http://www.cspbooks.com.cn

开　　本	635mm×965mm　1/8
字　　数	330 千字
印　　张	33
版　　次	2023 年 1 月第 1 版
印　　次	2023 年 1 月第 1 次印刷
印　　刷	北京盛通印刷股份有限公司
书　　号	ISBN 978–7–110–10353–1/V·47
定　　价	158.00 元

目　　录

开 端

—

　　1926 年 3 月 16 日，人类探索太空的梦想在美国马萨诸塞州（Massachusetts）的奥本（Auburn）实现了大跨越。美国火箭专家罗伯特·戈达德（Rober Goddard，1882—1945）发射了世界上第一枚液体燃料火箭。火箭飞行了 2.5 秒，飞行距离 56 米，最大速度为 100 千米 / 时，这使他成为开发太空的先驱者之一。

虽然今天我们并没有把那次火箭发射看作非凡的成就，然而使用液态推进剂的火箭与使用粗糙的固体推进剂的火箭（如黑火药）相比，确实是向前迈进了一大步。使用液态推进剂有助于火箭获得探索太空所需要的精确性和可控制性。戈达德对火箭性能的研究始于 1903 年，是他工作中最出色的部分。戈达德提出了一些设想，其中包括液体推进剂及氢氧火箭的基本理论、多级火箭、将摄像机送入遥远的行星轨道并将影像传回地球。他甚至设想使用离子（ion）推进器。戈达德的详细工作是在 1912—1916 年实施的，并在著名的《到达极限高度的方法》一文中进

左图：1942 年 10 月 3 日，V2 导弹在佩内明德（Peenemunde，德国东北部一村庄，位于波罗的海一座海岛上。1937—1945 年，这里是研制 V1 和 V2 等导弹的中心基地——译者注）第一次发射成功。火箭的飞行高度达到了 192 千米。在第二次世界大战期间，德国共发射了 2700 多枚 V2 火箭。

> "在原理上，火箭是为实现达到某一高度而设计的，然而它并不依赖空气的存在而产生推进力。"
>
> ——罗伯特·戈达德：《到达极限高度的方法》，1920。

右图：1926 年 3 月 16 日，在美国马萨诸塞州的奥本，由罗伯特·戈达德发射了世界上第一个液体推进剂火箭。它的飞行距离达到 56 米，最大高度为 12.5 米，最大速度为 100 千米／时。

行了描述。该文于 1920 年由史密森学会（Smithsonian Institution）出版发行。

这篇文章反映了戈达德对现代火箭技术和宇宙飞行本质的独特见解。他写道："在原理上，火箭是为实现达到某一高度而设计的，然而它并不依赖空气的存在而产生推进力。"戈达德获得了多项专利，其中之一是基于他的理论"连续地把燃料一部分一部分地送到燃料室，这样可以产生稳定的推进力"。

戈达德最先进行的是无烟火药推进剂的实验，但是很快就转向了液体推进剂的实验。在一份《史密森报告》中这样写道："液态推进剂火箭的好处是，单位质量的液体推进剂拥有几倍于固体火药的能量。"

1923 年，戈达德成功地点燃了一台泵馈式液氧汽油发动机，为 3 年后具有历史意义的火箭发射做了准备。他的工作进展非常迅速。1929 年，他在古根海姆·卡内基协会（Guggenheim Carnegie Institution）的资助下，发射了一枚装有照相机和仪器设备的火箭。1930 年，他转移到新墨西哥州（New Mexico）的罗斯维尔（Roswell）继续进行他的实验。

戈达德在罗斯维尔研制的第一枚火箭高 3.35 米，由一台液氧和汽油发动机提供能量。速度可以达到 800 千米/时，可以到达 609 米的高度。在戈达德设法掌握了控制和稳定性的原理之后，他使这一发射高度达到了创纪录的 2.28 千米。戈达德最重要的成就就是火箭控制，他通过试射了一枚由革命性的陀螺仪导航的火箭，使火箭在预定的飞行路径上稳定飞行。他的第一枚性能稳定的这类火箭于 1932 年 4 月 19 日发射。

1930—1935 年，戈达德用钟摆和陀螺仪控制的叶片进行了各种稳定性试验，后者更为成功。当时，美国政府更为关注的是原子弹和常规武器，完全忽视了戈达德的工作，致使这项卓有成效的工作被美国政府置于脑后。

V2 火箭的诞生

在世界其他地区，更多太空时代的种子正在播种。1927 年 6 月 5 日，赫尔曼·奥伯特（Hermann Oberth，1894—

1989）在德国的布雷斯劳（Breslaw）建立了太空旅行协会（Verein für Raumschiffahrt，VfR）。一年后，太空旅行协会成功地试射了一枚由液氧和煤油驱动的火箭。后来，在柏林郊区的泰格尔火箭发射场（Raketenflugplatz），又发射了两枚小型火箭米拉克（Mirak）和雷普索尔（Repulsor）。

1932 年，在柏林南部 100 千米处的库莫斯多夫（Kummersdorf），奥伯特为德国部队进行了一次雷普索尔火箭的演示飞行。1933 年，阿道夫·希特勒（Adolf Hitler，1889—1945）上台，盖世太保（纳粹德国国家秘密警察）控制了太空旅行协会的实验记录和设备，接着将太空旅行协会进行了军事化改造。20 世纪 30 年

下图：罗伯特·戈达德被认为是现代火箭技术的先驱。对火箭技术的独特理解使他设计出将液态推进剂可控地传至燃烧室的方法。

"今天，宇宙飞船诞生了。"这是佩内明德主任沃尔特·多恩伯格（Walter Dornberger，1895—1980）上尉在1942年10月3日A-4火箭的一次成功发射时的感言。

代末期，德国政府对奥伯特工作的财政投入大为缩减，部分原因是担心奥伯特与国外其他火箭发射组织有联系。后来，对火箭发展并不感兴趣的纳粹头子阿道夫·希特勒改变了态度，因为他意识到火箭在军事领域应用的潜力。他把对奥伯特领导的协会每年的经费预算投入由原来的8万马克增加到了1100万马克。接着，太空旅行协会努力克服了火箭技术的3个障碍：发动机的持续运行、部件的冷却、火箭的稳定性。

后来，在沃尔特·多恩伯格上尉的领导和沃纳·冯·布劳恩（Wernher von Braun，1912—1977）的协助下，在库莫斯多夫建立了一个军事武器部的特殊部门。军事武器部的第一枚代号为A-1（Aggregate 1）的火箭发射失败了。A-1是由液氧和酒精发动机驱动的，这种发动机能产生2940牛的推力。后来，冯·布劳恩重新设计了这种火箭，代号为A-2。令人欣慰的是，A-2火箭于1934年试验成功，并且达到

了2.5千米的发射高度。

在这次试验成功的鼓舞下，陆军向火箭研究注入了更多的财力，促使更有威力的A-3火箭的开发。A-3火箭在设计上有许多改进，其中包括一个使用排气叶片和鳍状舵的三轴稳定控制系统。源源不断的资金注入为火箭研究组的进一步发展提供了保证。这样大规模的投入带来的结果是，1937年在佩内明德建立了一个火箭发射基地及在北豪森（Nordhausen）建立了一个拥有12000名员工的工厂。1939年，第一个能够完全控制的A-5火箭在佩内明德发射成功。接着，研究工作主要集中在远程火箭上。这种火箭射程为640千米，并且具有向目标准确投放749千克载荷的能力。这就是众所周知的A-4火箭。它最终演变成更为知名的V2火箭（V指的是德文Vergeltungswaffe，复仇武器一词的缩写——译者注）。V2火箭是第二次世界大战期间极具杀伤力的武器，尽管它投入使用的时候战争已经

德国 V2 型火箭进展里程碑

日 期	进 展
1942 年 6 月 13 日	第一枚 A-4 火箭在佩内明德试射失败
1942 年 10 月 3 日	V2 火箭第一次成功发射，飞行了 192 千米
1943 年 2 月 17 日	第 10 枚 V2 火箭飞行了 193 千米
1943 年 5—6 月	100 多枚 V2 火箭从波兰的布里兹纳（Blizna）发射，但大部分都没能发射成功
1944 年 9 月 8 日	第一枚用于战争的 V2 火箭在巴黎郊区爆炸，另一枚在几个小时后击中伦敦
1945 年 5 月 8 日	到第二次世界大战结束时，有 1115 枚 V2 火箭击中了英格兰，1675 枚射向了欧洲大陆
1945 年 12 月	作为"回形针行动"的一部分，研制 V2 火箭的德国工程师到了美国，其他研制人员去了苏联

左图：1944 年 9 月 8 日，第一批 V2 火箭呼啸着发射到了巴黎和伦敦。其中一枚命中英国首都伦敦的奇西克（Chiswick），造成 3 人死亡、10 人受伤。

A-9 的动力装置

1945 年，有翼导弹的原型——A-9 导弹发射成功。它的最大升空高度为 90 千米，最高速度为 4320 千米/时。它基于 V2 技术，但是拥有一个改进的燃烧室。

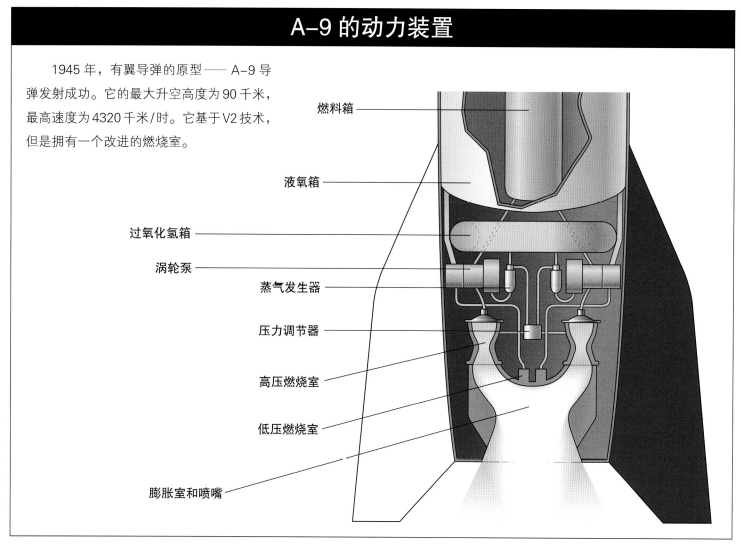

- 燃料箱
- 液氧箱
- 过氧化氢箱
- 涡轮泵
- 蒸气发生器
- 压力调节器
- 高压燃烧室
- 低压燃烧室
- 膨胀室和喷嘴

接近结束。

这种 5.5 吨重的 A-4 型火箭可在 68 秒内点火并产生 2.45×10^5 牛的推力。它由液氧和酒精发动机驱动，进入燃烧室之前的液体推进剂冷却，而且与戈达德的火箭一样，通过排气装置中的石墨叶片来稳定火箭。这种助推器于 1942 年 10 月 3 日在第三次试飞中飞行成功，达到 85 千米的高度，从佩内明德沿着试验航向飞行了将近 200 千米。

当时，佩内明德的负责人沃尔特·多恩伯格上尉说："今天，宇宙飞船诞生了。"德国的工程师们带着发射环绕地球飞行甚至飞往月球的火箭的愿望，研制出了两级火箭，在探索太空的道路上向前迈进了一大步。然而，他们的愿望却因为更加迫切的需求——战争而被搁置。

用于战争的武器

V2 火箭的装备并不是为了搭载科学仪器，而是为了装载阿马托（amatol）炸药。1944 年 9 月 8 日，第一枚 V2 火箭从佩内明德向巴黎发射。在同一天下午 6 点 44 分，第二枚 V2 火箭带着雷鸣般的声音击中了伦敦的奇西克，炸死 3 人，10 人受伤。16 秒后，第三枚 V2 火箭射向英格兰埃平森林（Epping Forest）附近，摧毁了许多小木屋。在接下来的 10 多天里，火箭

V2 火箭

V2 火箭的发动机可以在 63 秒内点火并产生 2.45×10^5 牛的推力。助推器使用的推进剂是液氧和酒精，它携带了装有炸药质量为 1 吨的弹头。

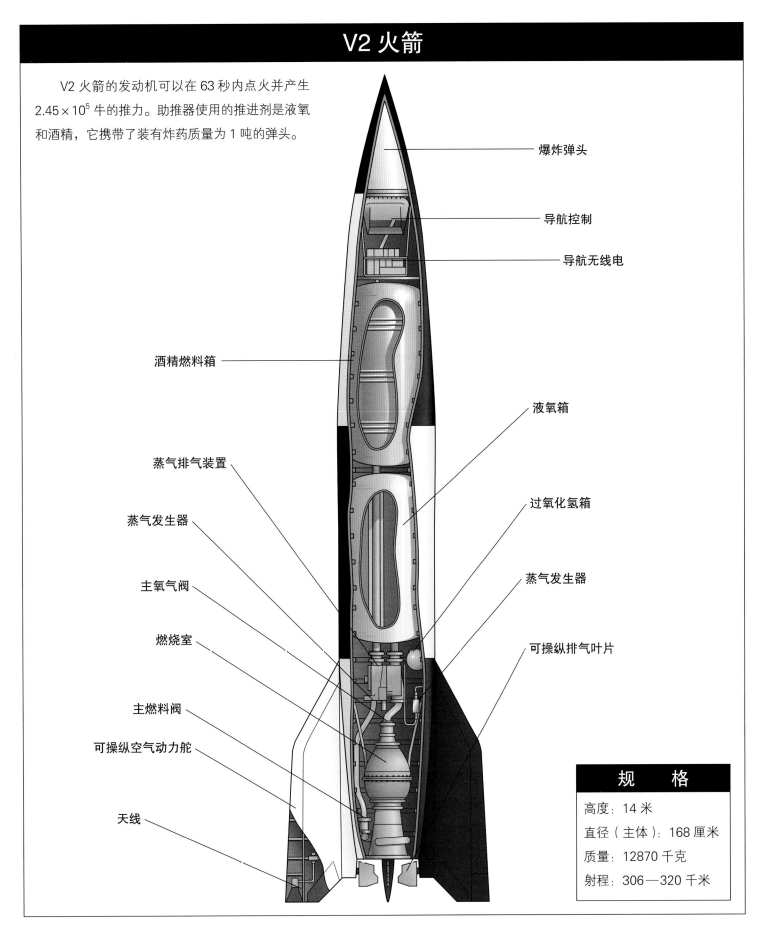

- 爆炸弹头
- 导航控制
- 导航无线电
- 酒精燃料箱
- 液氧箱
- 蒸气排气装置
- 过氧化氢箱
- 蒸气发生器
- 主氧气阀
- 蒸气发生器
- 燃烧室
- 可操纵排气叶片
- 主燃料阀
- 可操纵空气动力舵
- 天线

规　　格	
高度：14 米	
直径（主体）：168 厘米	
质量：12870 千克	
射程：306—320 千米	

有翼的 V2 火箭

德国火箭科学家希望有一天开发一种有翼的多级火箭，能够把人造卫星送入轨道。但是由于军事应用优先的要求，使 A-9 火箭的原型被认为是洲际弹道导弹的先驱。

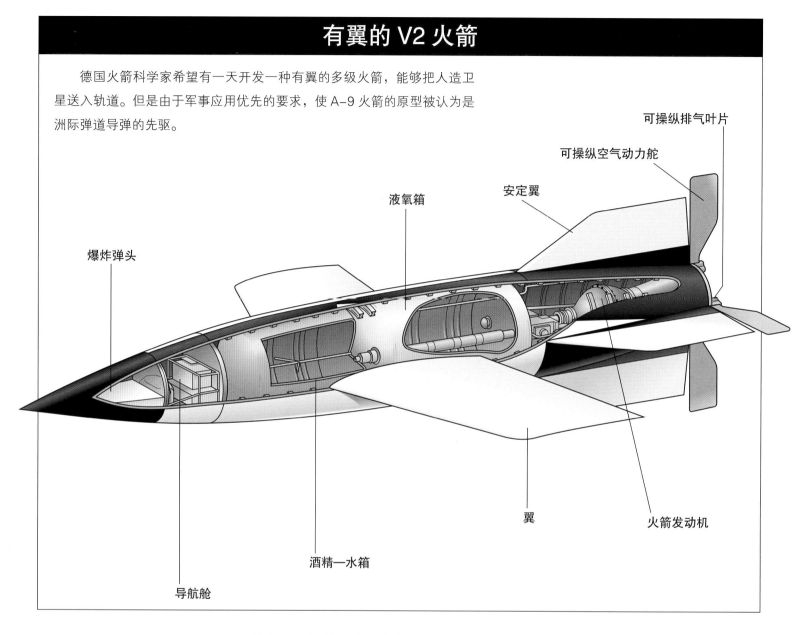

可操纵排气叶片

可操纵空气动力舵

安定翼

液氧箱

爆炸弹头

翼

火箭发动机

酒精—水箱

导航舱

以大约每天 2 枚的频率落在伦敦附近，到 9 月 17 日，已经发射了 26 枚。据估计，到第二次世界大战结束，有 2790 枚 V2 火箭落在英国和欧洲大陆。

同时，佩内明德的工程师们已经研制出比 V2 火箭更有威力的火箭，也就是第一枚洲际弹道导弹的原型。这种导弹的研制成功，使德国向美国投掷炸弹成为可能，从而有可能改变德国在战争中的命运。1945 年 1 月 24 日，A-9 有翼火箭样机试射成功，最大升空高度为 90 千米，

最大速度为 4320 千米 / 时。

尽管冯·布劳恩和他的工程师们正在进行军事研究，但他们仍然梦想研制出一种有翼的火箭飞机。与今天的航天飞机不同，它将利用可回收的助推器火箭进行背驮式发射。还有一些其他计划，如速度达 28800 千米 / 时的多级有人驾驶火箭，像冯·布劳恩所描述的那样，当重力与离心力达到平衡时，它将不再返回地球。换言之，这种火箭将围绕地球运转。如果没有第二次世界大战，德国很

可能成为太空时代的先驱。在东欧地区，太空时代的理念也已经生根发芽，在美国与德国工程师研制火箭的同时，苏联也同样向航天领域阔步前进，但是他们的成果极少公开。

齐奥尔科夫斯基——太空飞行之父

苏联的康斯坦丁·齐奥尔科夫斯基（Konstantin Tsiolkovsky，1857—1935）被誉为"太空飞行之父"，他的理论成果主要为实用的用液体推进剂控制火箭的理论。齐奥尔科夫斯基是一名普通的中学教师。1883 年，他提出，火箭之所以能够在太空的真空中飞行，并不是因为火箭排气使空气对火箭产生的推力，而是由于火箭喷管喷出的气体自身产生的反作用力。虽然这个观点现在看来是显而易见的，但是在当时却是至关重要的。齐奥尔科夫斯基所做的还远不止这些，他写了大量的笔记并提出了很多理论，主要有关于液体燃料驱动宇宙飞船这类先进的概念，以及太空飞行的数学推导。1903 年，他甚至设计出一枚由液氢和液氧驱动的火箭，由它们混合爆炸所产生的高温气体从喷管中排出从而推动火箭前进。

齐奥尔科夫斯基在他的研究中，还考虑了其他种类的推进剂。他提出使用旋转的飞轮（陀螺仪）稳定飞行中的火箭，以及在排气口使用叶片控制火箭方向的设想。他还提出多级飞行器的概念，并分析了在分级原理下多级火箭是如何飞行的：当各级火箭的推进剂耗尽时，火箭将会脱落，以便减少主飞行器的质量，在不负担任何多余质量的情况下，飞行器能够尽快地到达指定轨道。这位聪明的教师总结道："当

左图：苏联的康斯坦丁·齐奥尔科夫斯基，被誉为"太空飞行之父"。这位普通的中学教师的早期火箭理论被付诸实践，从而研制出苏联的第一台液体推进剂火箭发动机。

火箭的飞行速度达到 8 千米／秒时，离心力将会克服迫使发射体返回地球的重力作用，它将进入一个环绕地球的连续弧形轨道。"

齐奥尔科夫斯基早期的一些关于火箭的理论，由苏联的工程技术人员付诸了实践。苏联成立 6 年后，为了研制更先进的军用固体推进剂火箭，成立了列宁格勒空气动力学实验室（GDL），结果却研发出液体推进剂和单一推进剂火箭。第一台被称为 ORM1 的液态推进剂火箭发动机于 1931 年进行了静态测试。对这台火箭发动机测试了 40 多次后，开始了一系列新的研发工作，如更先进的发动机、燃烧室等关键部件，还有使用包括煤油和硝酸在内

谢尔盖·科罗廖夫

虽然在第二次世界大战前，当苏联火箭发动机的成就变得众所周知时，人们已经听到过谢尔盖·科罗廖夫（Sergey Korolev，1907—1966）这个名字，但是直到他去世时人们也仅知道他的名字，对其他则一无所知。十几年中，人们仅仅知道他是总设计师。1966 年 1 月 14 日，科罗廖夫在一次手术中去世，此后人们才知道了他的真实身份。他领导发射了洲际弹道导弹、人造卫星以及探月火箭。他是在 1961 年从发射掩体中与第一个进入太空的尤里·加加林（Yuri Gagarin，1934—1968）对话的人。一个太空时代的英雄在他去世之前就是这样默默无闻的。

科罗廖夫于 1907 年 12 月 30 日生于乌克兰，曾在航空部门做过试飞员和早期苏联飞机和滑翔机的设计师。1932 年，他负责喷气推进研究组的设计与产品部，这个部门主要研制液态推进剂发动机，后来成为火箭科学研究所的一个分部。1934 年，科罗廖夫写了一本名为《火箭飞行》的书，并将相关理论付诸实践，帮助火箭式飞机和滑翔机的开发。不久他负责研制 V2 火箭的高级型号。

1954 年，科罗廖夫受命设计洲际导弹，在一个临近铁路交叉口的名为丘拉坦〔Tyuratam，即拜科努尔（Baikonur），航天发射基地所在地〕的地方工作。它位于哈萨克斯坦荒无人烟的草原上。他们住在帐篷和临时营房里，生活在冬天极冷、夏天炎热的极端天气下。科罗廖夫开始建造著名的拜科努尔航天发射基地，这相当于苏联的卡纳维拉尔角（位于美国佛罗里达州，是美国的航天发射基地所在地——译者注），洲际导弹研制成功后，科罗廖夫又负责了代号"卫星"（Спутник）1 号的人造卫星的发射，以及几乎所有的无论是有人驾驶还是无人驾驶的新型火箭和宇宙飞船的研制。这其中有许多成就可以称作航天史上的里程碑。科罗廖夫也是那些第一次进行太空行走的、年轻的、受训航天员的"父亲"。

上图：1932 年，谢尔盖·科罗廖夫建立了火箭研究与发展中心。后来，在哈萨克斯坦丘拉坦附近的一个秘密基地里，他领导研制了世界上第一枚洲际导弹。

的各种推进剂。

1931 年，苏联成立了喷气推进研究组（GRID），进行液体推进剂发动机的研制。第二年，苏联政府在莫斯科成立了喷气推进研究组的分支机构——火箭研究与发展中心。

火箭研究与发展中心主任由既是工程师又是飞行员的谢尔盖·科罗廖夫担任。科罗廖夫领导的研究组首先研制了一系列液体推进剂火箭。这种火箭使用胶状的液氧和固体汽油。1933 年 8 月 17 日，他们发射了一枚被称为 GIRD 09 的火箭，达到了 1.5 千米的高度，成为苏联历史上第一个反作用力飞行器。第二枚火箭被称为 GIRD 10，是第一枚完全使用液体推进剂的火箭，于 1933 年 11 月 25 日发射成功，飞行高度将近 4.9 千米。

克里姆林宫很快意识到这种火箭潜在的军事用途，并将喷气推进研究组和火箭研究与发展中心合并成火箭科学研究所（RNII）。1939 年，火箭科学研究所试飞了一台二级混合火箭，飞行高度达到了 1.8 千米。这时，随着第二次世界大战临近，各项工作转入保密状态，除了一些小型的军用导弹，苏联的火箭发展均处于停顿状态。1945 年 5 月，注定要成为战后航天超级大国的美国和苏联，在佩内明德以一种无情的方式联系在一起。

太空竞赛的开始

1945 年 5 月 2 日，当美国、英国、苏联军队包围佩内明德时，它作为德国火箭研制中心的时代宣告结束。获得火箭项目详细资料的机会，无论对东方还是西方来说都是千载难逢的。工程师、图纸，以及剩余的火箭零件都通过各种途径流到了美国和苏联，为这些国家刚刚起步的火箭计划提供了非常重要的知识和经验。

冯·布劳恩和佩内明德团队的许多成员被带到美国，为位于新墨西哥州白沙导弹靶场的军队工作。那里正在开发一种新型的科研用 V2 火箭，火箭上装有科学仪器，用于研究高层大气。最终，新型火箭的研制进入了一个较高的阶段，代号为"女兵下士"（WAC Corporal）的火箭进行了几次高层大气的科研飞行。这两种火箭结合组成的"缓冲器"（Bumper）火箭进行了几次更高的太空飞行。1950 年，在位于佛罗里达州一个偏僻的、鳄鱼经常出没和蚊子肆虐的沙洲上，开始了一次新的火箭发射。此后，这个名叫卡纳维拉尔角的地方成了太空时代的同义词。

另外一枚基于 V2 技术的火箭是"空蜂"号（Aerobee），它成功地飞向了更深层的太空。同时，在白沙导弹靶场，美国研制的"海盗"（Viking，原名海王星，Neptune）号探测火箭达到了 252 千米的高度，科学家们收集到更多的关于高层大气和太空环境的信息。"海盗"号有许多更好的特性。后来，这些特性应用到导弹上，其中包括轻便、整体箱结构、可操控的可旋发动机（swivelling engine），以及能够将科研仪器暴露于太空的开放式头部锥体。

1945 年 5 月，由康斯坦丁·罗科索夫斯基（Konstantin Rokossovsky，1896—1968）

下图：GIRD 09 模型。1933 年 8 月 17 日，第一枚苏联火箭 GIRD 09 发射，升空高度为 1.5 千米。接着，1933 年 11 月 25 日发射了另外一枚火箭 GIRD 10，达到了 4.9 千米的高度。

第二次世界大战结束后，冯·布劳恩利用偷来的火车，带领500人向美国军队投降。冯·布劳恩和126名来自佩内明德的同伴，随后驻扎在美国白沙导弹靶场，开始了他们美国版的V2火箭的研制工作。

"回形针行动"

美国的"回形针行动"（Operation Paperclip）和苏联的类似行动，使德国在火箭技术领域的先进成果及经验流入了这两个超级大国，这在太空探测史上是两个关键事件。当位于波罗的海海岸佩内明德德国火箭发射基地即将被盟军包围、战争面临结束时，冯·布劳恩决定，如果他和他的团队可以选择去处的话，他去美国，而不向东去投奔苏联红军。

美国军队到达北豪森（Nordhausen）工厂附近时，发现了一个令人惊奇的导弹群。冯·布劳恩及其团队的一些成员向美国第44步兵师投降，并找到重达14吨的V2火箭文件及100多枚火箭。

上图：沃纳·冯·布劳恩（右），在一次摩托车事故后他的胳膊打上了石膏，在第二次世界大战即将结束时向美国第44步兵师投降，开始了他前往美国以及参加阿波罗计划的旅程。

美国很快展开"回形针行动"，将完整的V2火箭连同科学家们一起带到美国新墨西哥州的白沙导弹靶场。然而，美国军队并不知道北豪森在战后将属于苏联，也就没有想过要摧毁这个工厂。剩余的V2火箭、文件资料和一些工程技术人员最终落入了苏联手中，其他V2研制人员则不知去向。那些"失踪的"和已经投降的科学家与技术人员同美国签订了为期5年的工作合同。第一批德国V2火箭的工作人员于1945年9月20日到达美国，到1954年有50名在亚拉巴马州的德国工程师加入了美国国籍。

领导的白俄罗斯第二方面军也占领了佩内明德。在那里，他们发现了V2火箭的真实宝藏，并将一些专家带到苏联，与奔往西方的同事相比，这些专家显得有些不适应，甚至觉得前途渺茫。1946—1947年，苏联的V2火箭的成果已远远超出德国过去所取得的成就。不久后，助推器可以携带科学设备包定期地进入地球的大气层。

在科罗廖夫和先前喷气推进研究组工程师的领导下，苏联很快就研制出了自己的V2火箭，代号为T-1。随后研制了单级地球物理火箭，它能够携带130千克的载荷达到100千米的高空。另外一种称为米蒂奥（Mitio）或T-2的火箭能装载79千克的载荷，达到190千米的高空。T-2是1957—1958年国际地球物理年的主角。由于美国答应将带同级别的"海盗"号火箭参加国际地球物理年，苏联也答应参加。T-2是苏联的中程弹道导弹，也是洲际导弹的基础。

到1957年，一种新型火箭T-3研制成功，火箭技术也向前跨越了一大步，在载荷2吨多的情况下，发射高度达到211千米。这种火箭实际上已经是世界上第一枚洲际导弹，军备竞赛再一次展开。随着"冷战"的开始，东西方都拥有了制造核武器的技术。核武器曾在第二次世界大战中投向日本的广岛和长崎，有效地加速了战争的结束。那时，向敌方领土投放武器只有通过远程飞机，而火箭技术的发展则使通过中程导弹或洲际导弹投放爆炸物成为可能。美国和苏联继续进行各自的太空科学计划，一些火箭已经非常先进，它们携带可回收的头部锥体。这些头部锥体中装载了科学仪器乃至动物。然而，仍然需要开发远程导弹。

起初，美国主要依赖于"盗贼"（Hustler）

轰炸机，这种轰炸机能够在必要的情况下飞到苏联投放原子弹。同一时期，苏联加快了洲际导弹的研制。早在1946年，苏联的洲际导弹概念就诞生了，因为苏联空军很快就意识到在潜在的苏美冲突中，他们不仅要依靠 V2 短程导弹，还要依赖远程导弹。苏联 1949 年批准了中程弹道导弹的研制，1954 年批准了洲际导弹的研制。当美国意识到要研制洲际导弹时，苏联已经试射了第一枚洲际导弹。作为研制洲际导弹的第一步，美国开始用布劳恩的 V2 火箭技术研制一种名为"红石"

沃纳·冯·布劳恩

沃纳·冯·布劳恩于 1912 年 3 月 23 日出生于德国的维尔西茨，是拜伦·马格努斯·冯·布劳恩（Baron Magnus von Braun）的第二个儿子。他主持了"土星"5 号（Saturn V）火箭的研制。该火箭首次将人类送上月球。1932 年，冯·布劳恩获得了机械工程学士学位，并被资助进行火箭发动机的科学研究。冯·布劳恩加入了太空旅行协会的火箭协会，并从德国军队获得了 400 美元的资助来研制火箭。他给沃尔特·多恩伯格上尉留下了深刻的印象。1934 年，他们俩在 80 名工程师的协助下在库莫斯多夫（Kummersdorf）建立了火箭中心，在那里成功研制并发射了两枚火箭。后来，这个研究团队转移到佩内明德开始研制 V2 型火箭。

上图：德国出生的沃纳·冯·布劳恩主持了"土星"5 号火箭的研制。该火箭 1969 年首次将人类送上月球。1977 年，他因癌症去世。

第二次世界大战即将结束时，冯·布劳恩用偷来的火车带领 500 名工程人员向美国军队投降。那时，德国的国家秘密警察已经接到杀死研制 V2 火箭人员的命令。冯·布劳恩和 126 名来自佩内明德的科研人员后来被送到美国得克萨斯州的布利斯堡（Fort Bliss），在白沙导弹靶场从事美国版 V2 火箭的研制。1950 年，他们转移到亚拉巴马州（Alabama）的亨茨维尔（Huntsville），在那里，他们建立了红石兵工厂，研制"红石"中程弹道导弹。不久，冯·布劳恩的团队研制出了一种可用作卫星发射器的红石导弹，代号为"丘比特"C（Jupiter C）。这种导弹于 1958 年发射了美国的第一颗人造地球卫星"探险者"1号（Explore 1）。两年后，新组建的美国国家航空航天局在亨茨维尔成立了马歇尔航天中心，冯·布劳恩成为第一任主任。

马歇尔航天中心的主要任务是研制阿波罗登月计划所使用的土星火箭。1970 年，冯·布劳恩被任命为位于华盛顿的美国国家航空航天局总部负责该计划的副主任，但他辞职了，主要原因是航空部门关于未来太空的观点与他不同，他对此很失望。1972 年，他成为仙童（Fairchild）公司的副总裁。随后，他被诊断出患有癌症，于 1976 年从仙童公司退休，1977 年 7 月 16 日逝世。

V2 在美国的发展历程

日 期	进 展
1946 年 1 月 16 日	美国使用从德国俘获的 V2 火箭开始了对高空大气层的研究计划。在美国研制出自己的 V2 火箭前，发射了 60 多枚德国 V2 火箭。应用物理实验室用 V2 技术研制了"空蜂"号（Aerobee）中等高度火箭，海军研究实验室研制出"海王星"（Neptune）高空火箭，即后来的"海盗"（Viking）号
1946 年 3 月 15 日	第一枚美国装配的 V2 火箭在白沙导弹靶场进行静态测试
1946 年 4 月 16 日	第一枚美国装配的 V2 火箭发射，在 7 月第 5 次飞行和第 9 次飞行中创下了 180 千米的飞行高度纪录，在第 17 次飞行中达到了 5760 千米 / 时的速度
1946 年 10 月 24 日	V2 火箭的第 13 次飞行从距地球 104 千米的高空拍摄到了地球的动态图像
1946 年 12 月 17 日	V2 火箭的飞行高度纪录达到 185 千米
1947 年 2 月 20 日	在第 20 次 V2 火箭发射中，火箭携带了一个容器并通过降落伞将它收回。容器中主要装有果蝇和多种种子，并将它们暴露在宇宙射线之下。此项实验即为所谓的布洛索姆（Blossom）项目
1947 年 3 月 7 日	美国海军的 V2 火箭从距地球 180 千米的高空拍摄到第一张地球图片
1947 年 9 月 6 日	从美国"中途岛"号（Midway）航空母舰上发射的 V2 火箭在飞行 9.6 千米后爆炸
1948 年 2 月 6 日	带有电子飞行控制器件的 V2 火箭到达 112 千米高空
1948 年 5 月 13 日	从白沙导弹靶场发射的代号为"女兵下士"的火箭（Bumper，"缓冲器"火箭）第二级，达到 126 千米的高空
1948 年 9 月 30 日	"缓冲器 3"火箭到达 149 千米的高空
1949 年 2 月 24 日	"缓冲器"火箭到达 390 千米高空，速度达到 8240 千米 / 时
1949 年 6 月 14 日	V2 火箭运载名为"阿尔伯特"2 号的猴子到达 132 千米的高度，而猴子却死于冲击力
1950 年 7 月 24 日	"缓冲器 8"火箭在卡纳维拉尔角发射
1950 年 7 月 29 日	"缓冲器 7"火箭从卡纳维拉尔角发射升空，速度达到了 9 马赫（声速的 9 倍），这是当时飞行达到的最大速度
1951 年 10 月 29 日	第 66 次 V2 火箭发射结束了美国对德国导弹技术的利用。在这 66 枚火箭中，有 2 枚从卡纳维拉尔角发射、64 枚从白沙导弹靶场发射，其中 8 枚是"缓冲器"火箭

（Redstone）的中程弹道导弹。直到 1954 年，在启动研制"宇宙神"（Atlas）洲际导弹应急项目时，美国才放弃了这种技术。1957 年 10 月 17 日，"宇宙神"火箭进行了第一次试射，它以 1.926×10^6 牛的冲力冲出卡纳维拉尔角。

瞄向太空

1955 年，拥有足够技术实力的美国宣布作为国际地球物理年的一部分，他们将于 1957 年利用"先锋"（Vanguard）号科学探测火箭发射一枚科研卫星，这颗卫星将用于太空观测。这种火箭主要基于"海盗"号探测火箭研制。当时，"海盗"号已经在白沙导弹靶场发射进行了 12 次亚轨道科学飞行。苏联也宣布将发射一枚卫星，但却被人们忽视了。这主要是由于苏联的研制工作一直处于保密状态，人们印

上图：第一枚美国装配的 V2 火箭于 1946 年 4 月从白沙导弹靶场发射升空。后来的 V2 火箭装备美国的"女兵下士"导弹作为火箭的第二级。这种新的航天器代号为"缓冲器"，于 1948 年第一次发射。

左图：两枚"缓冲器"火箭从佛罗里达州的卡纳维拉尔角先后发射升空。这种新型火箭能覆盖大西洋沿岸。1950 年 7 月 24 日发射的"缓冲器 8"火箭是卡纳维拉尔角的第一次火箭发射。

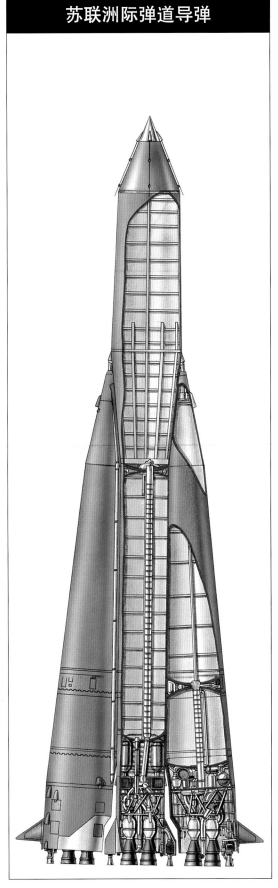

苏联洲际弹道导弹

————

上图：两个"空蜂"号探测火箭从新墨西哥州的白沙导弹靶场发射。

右图：第一枚洲际导弹由苏联研制，代号为R-7。它是将第一颗卫星送入轨道的运载火箭的先驱。

象中苏联的技术实力远逊于美国。"先锋"号属于民用计划，但却由美国海军进行管理。海军是与陆军和空军进行了激烈的角逐后才获得这枚国际地球物理年火箭的研制权的。空军提议研制一种后面加上一级背负式（piggyback）的有翼弹道导弹"波马克"（Bomarc），而由冯·布劳恩领导的陆军开发人员则建议研制一种代号为"丘比特"C的"红石"（Redstone Missile）导

"海盗"号火箭飞行日志

日　期	飞行日志
1949 年 5 月 3 日	第 1 次飞行达到 80 千米高度，由于涡轮发动机蒸气泄漏导致发动机提前熄火，致使在 T+291 秒坠落
1949 年 9 月 6 日	第 2 次飞行达到了 51 千米高度，因为同样的泄漏，致使在 T+394 秒坠落
1950 年 2 月 9 日	第 3 次飞行达到 80 千米高度，由于偏离飞行轨道而熄火，在 T+420 秒坠落
1950 年 5 月 11 日	第 4 次飞行达到 168 千米高度，在经历了第一次也是仅有的一次从军舰"诺顿海峡"号试验舰（USS Norton Sound）上发射，在 T+435 秒后坠落
1950 年 11 月 21 日	第 5 次飞行达到 172 千米高度，在经过长时间燃烧之后，由于推进减弱而在 T+450 秒坠落
1950 年 12 月 11 日	第 6 次飞行达到 64 千米高度，在那次夜间发射中，平衡鳍失灵，使火箭操纵失灵，在 T+292 秒坠落
1951 年 8 月 7 日	第 7 次飞行达到 196 千米高度，在 T+530 秒坠落，这是用原始机体达到的最高高度的飞行，并且打破了在高空测量风向和空气密度的高度纪录
1952 年 6 月 6 日	第 8 次飞行仅达到 6.4 千米高度，火箭发射后 T+100 秒，在火箭静态测试点火和自毁后坠落
1952 年 12 月 15 日	第 9 次飞行达到 216 千米高度，在 T+540 秒坠落，它是新型航天器的第一次飞行
1954 年 5 月 7 日	在第 10 次飞行时，在 290 秒内达到 196 千米高度，在发动机爆炸后，在 T+295 秒坠落。这次飞行的这枚火箭进行了改进，在高空中第一次测试了阳离子的组成
1954 年 5 月 24 日	第 11 次飞行达到 252 千米，在 T+557 秒坠落，达到了"海盗"号的最高飞行高度。这次飞行拍摄了高空中的地球图像
1955 年 2 月 4 日	第 12 次飞行达到 230 千米高度，在 T+540 秒坠落，成功地完成了该项目的最后一次飞行

右图："海盗"号火箭由美国海军研究实验室和马丁（Martin）公司研制，1949—1955 年进行了 12 次飞行，最高飞行高度为 252 千米。

"海盗"号火箭

"海盗"号火箭的设计飞行高度为 240 千米，是人造卫星运载火箭的先驱。它从白沙导弹靶场发射，使用了和 V2 火箭相同的发射架。

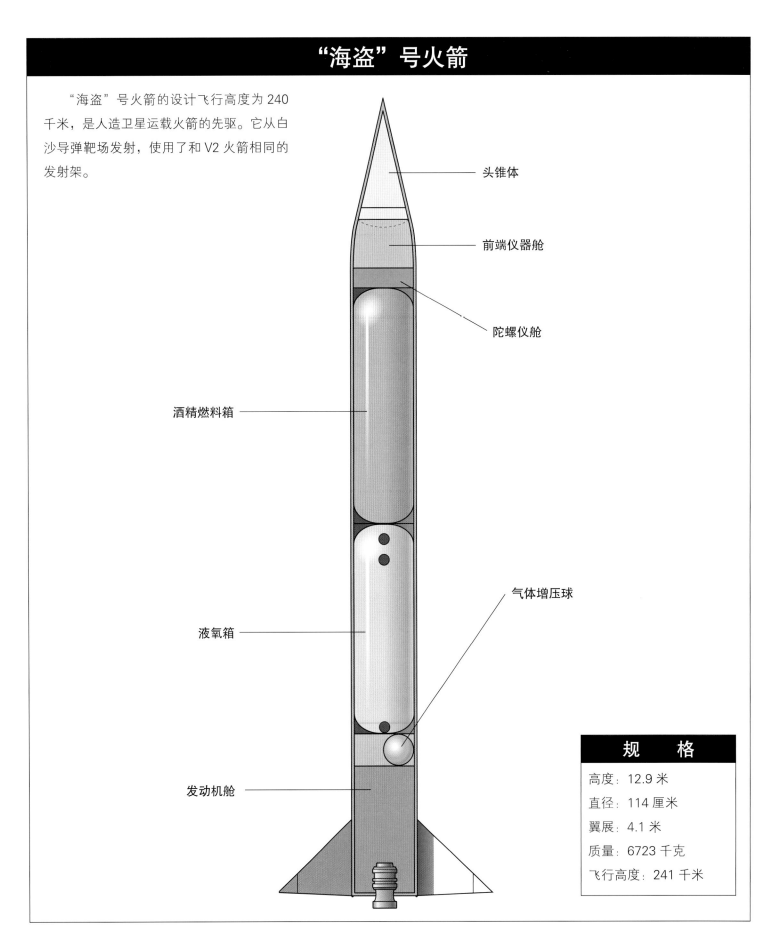

头锥体

前端仪器舱

陀螺仪舱

酒精燃料箱

气体增压球

液氧箱

发动机舱

规 格
高度：12.9 米
直径：114 厘米
翼展：4.1 米
质量：6723 千克
飞行高度：241 千米

弹，这两种导弹都是为了军用目的而设计的。为了慎重，时任总统的德怀特·戴维·艾森豪威尔（Dwight David Eisenhower，1890—1969）不愿意用带有军事用途的导弹发射科学用途的卫星，并且他也不知道苏联的计划。

美国为探测行星，开始实施"先锋计划"，而灰心的冯·布劳恩继续为未来的科学应用研制"丘比特"火箭。1957年8月7号，冯·布劳恩成功发射了"丘比特"C火箭，飞行高度达到960千米。如果它装载有上面级，可以将人造卫星送入轨道，但是艾森豪威尔不同意冯·布劳恩发射第一颗人造卫星。同时，"先锋计划"也面临一些研发问题，未能显示在1958年将卫星发射升空的一点儿迹象。

同时，在哈萨克斯坦丘拉坦的一个偏僻的火箭基地里，苏联的火箭工程人员科罗廖夫正准备发射第1枚洲际导弹。1957年8月26日，苏联宣布已于8月3日发射了第1枚超远程、洲际、多级弹道火箭。这枚火箭是将5枚先前的地球物理火箭集中起来作为单独的一级。4枚这样的地球物理火箭捆绑到第5枚火箭上，到达一定的高度时这4枚火箭将被抛弃，剩下1枚火箭继续飞行。洲际导弹研制成功后，科罗廖夫很快开始为下1枚更加惊人的洲际导弹做准备。

上图：美国军队的"红石"中程弹道导弹是在V2导弹基础上直接发展而来的。代号为"赫尔墨斯"（Hermes）的样弹是从位于新墨西哥州的白沙导弹靶场发射的。

左图：冯·布劳恩（右二）于1950年在亚拉巴马州的亨茨维尔创建了红石兵工厂，研制了第一枚"红石"中程弹道导弹。红石是"土星"5号登月火箭的前身。

二

开始的五年

　　苏联是一个非常重视纪念日的国家，所以他们准备在 1957 年 9 月 14 日即齐奥尔科夫斯基 100 周年诞辰时，发射世界上第一颗人造卫星。但是这个从哈萨克斯坦的丘拉坦发射卫星的 R7 计划一直延迟到了 10 月 4 日。这一天不仅仅成为苏联人的一个纪念日，而且作为人类真正进入太空时代的日子载入了史册。

莫斯科时间 22 时 28 分 04 秒，科罗廖夫的助推器冲入夜空。大约 5 分后，助推器的核心部分已经上升到海拔 215 千米的高空，而且在历史上首次达到足够克服地球引力的速度，即 7.99 千米 / 秒，由此可以挣脱地球引力的影响在太空持续地沿弧形轨道绕地球飞行。卫星的轨道与赤道有一个角被称为轨道倾角，为 65.1°。当火箭将卫星推至卫星轨道的最低点（近地点）时，一个小型锥体从核心部分弹射出来。一个更小的锥体此时被释放开来，形成一个直径 58 厘米的银色球体，然后从它的载体上通过弹簧脱离。4 个预先安装的天线伸向要传输信号的方向，天线长 3 米，随后 82 千克的人造卫星到达轨道的高点（远地点），距地面 939 千米处。卫星沿自己的轨道绕地球一周所需的时间（1 小时 36 分）就是所

左图：美国海军研究实验室的科学家在讨论"索拉德"（Solrad）号太阳辐射监测卫星上的太阳能电池，"索拉德"号是 1961 年发射的。

"卫星"1号效应

尽管苏联造出了原子弹，但是西方人仍认为苏联是一个落后的国家。当"卫星"（Спутник）1号出现在太空的时候，西方人才意识到了自己的愚蠢。苏联人在太空竞赛中战胜了美国，并且证明他们拥有了能将核弹头投向美国本土的火箭，即洲际弹道导弹。当时正是"冷战"最紧张的时期，一些美国人在他们的后院修建掩体。"卫星"1号发射成功是一个令西方人恐惧的事件，西方人并不会因此而庆祝人类进入了太空时代，而是感到了威胁。他们感到势在必行的是必须让美国尽快地将人造卫星送入太空。尽管如此，他们的卫星与"卫星"1号的大小相比悬殊太大，而且火箭的推力也不如苏联。美国还没有宣布他们可使用的洲际弹道导弹——"宇宙神"号。

美国总统德怀特·戴维·艾森豪威尔命令美国海军尽快发射他们的"先锋"号（Vanguard）火箭，并将一些东西送入太空。因此，他们想做的仅是"先锋"号火箭的一次试验飞行，并不能确定是否能将卫星送入轨道。虽然美国的卫星仅是个微小的试验卫星，但这却成为一个备受公众关注的发射试验。美国对这一事件进行了现场直播（苏联的发射是秘密进行的）。但是火箭在卡纳维拉尔角的发射台上只上升了几英尺（1英尺约为0.3米）便失去推力，然后下坠爆炸，把试验卫星从火箭的顶端掀掉。新闻界有了一个可以大做文章的日子，"出毛病计划"（Kaputnik）和"死呆计划"（Flopnik）成了最好的标题。在美国，到处充满了绝望。

艾森豪威尔调用冯·布劳恩的"丘比特"C火箭投入使用。"先锋"号本来是个民用项目，发射用的火箭也不是军用火箭，而"丘比特"火箭是以大功率的"红石"中程弹道导弹为基础的。一开始，艾森豪威尔希望美国的卫星成为科学的而非军事的项目，所以"先锋"号常常比布劳恩的"丘比特"号更有优先权。苏联的"卫星"1号发射成功后，太空时代的内涵也发生了变化，他放弃了以前的政策，使世界很快进入美苏竞争的太空竞赛。每一次飞行都成为评价各自国家领导层的标志，而且苏联看起来常常是赢得"太空第一"的国家。

谓的周期。

1957年10月5日，莫斯科广播电台向全世界宣布了这一新闻，令全世界为之一惊。该人造卫星即"卫星"1号（后来称作СПУТНИК，俄语中是"随行"的意思）。卫星的装备非常简单，有两个质量为3.5千克的无线电发射台，工作频率为20兆赫和40兆赫，世界各地包括西方国家在内的无线电接收器都可以接收到信号。它们的"哔哔"声很快成为太空时代开始的同义词。这些声音也让西方世界，尤其是让美国人忧心忡忡，他们认为是被技术落后、不可与美国相匹敌的国家打败了。

"卫星"1号在一定程度上展示了卫星在空间的最初应用。在卫星里面的温度传感器由于氮气的压力，将会引起遥感勘测信号的频率发生改变，工程师可以通过这些信号来检测温度变化对卫星的影响。在地球大气层中产生的信号传播，将会在电离层产生影响，这样就可以为跟踪卫星的轨道和它的运载级提供数据，以计算大气阻力是如何影响卫星轨道的。西方人对"卫星"1号信号的跟踪是走向建立今天的全球定位系统（GPS）导航卫星的第一步。"卫星"1号更确切的轨道还决定于它信号的多普勒频移。所谓多普勒效应，就是声、光或其他波由于波源与观察者之间的移动而产生的频率变化。通过多普勒效应，就可以使观察者知道被观察的物体与他们位置间的关系。

根据国际规则，轨道上的物体被命名为1957 Alpha 1、1957 Alphal 2 和 1957 Alphal 3。第一个物体——1957 Alpha 1 为燃尽的火箭级，大约 7.5 吨。这有些令人感到滑稽，在太空中被命名的第一个物体竟是太空中的第一块碎片。"卫星"1号被命名为 1957 Alpha 2，而头锥体——另一块太空碎片被命名为 1957 Alpha 3。"卫星"1号是由电池提供能量，它那萦绕在西方人心头的"哔哔"声，终于在 21 天后当电池电量被耗尽时停止了。由于高层人气的阻碍使人造卫星运行渐渐慢下来，并最终进入密度更大的地球大气层，但此时它仍然以很高的速度飞行，最终由于摩擦作用在 1958 年 4 月坠毁。这一过程即众所周知的"再入"。助推器和头锥体也均以同样的命运而告终。

对美国的第二次打击

在美国还没有机会回应苏联"卫星"1号之前，1957 年 11 月 3 日苏联的第二个航天器又进入了轨道。该航天器名为"卫星"2 号，质量为 508.3 千克，在太空中被命名为 1957 Beta。它更让西方国家惊慌失措，因为它把第一个活的生物——一个名叫莱卡（Laika）的爱斯基摩犬送入了轨道。苏联在多年的亚轨道火箭飞行研究中曾经把动物送入太空（苏联送的大多是狗），但是小狗莱卡是第一个被送入轨道的活的生物。圆锥形的"卫星"2号长 4 米，由一个与"卫星"1号一样的球形容器和一个用以放置小狗莱卡的柱状容器组成。卫星和 7 吨的火箭级在飞向它的轨道时一直连在一起。轨道的近地点 212 千米，远地点 1660 千米，轨道倾角为 65.3°。

来自卫星的遥感勘测信号为研究太空中的太阳和宇宙射线提供了第一手信息，特别重要的是，表明了在地球周围存在一个辐射带。小狗莱卡在一周后当氧气耗尽时死在太空。小狗生存所需的氧气是由化学反应比较剧烈的物质产生的，它们吸收二氧化碳同时向舱内释放水蒸气。该卫星于 1958 年的 4 月 14 日返回地球大

下图：技术人员为发射准备的一个直径 58 厘米、带有 4 个天线的发光球体。这个球体将成为著名的"卫星"1 号。

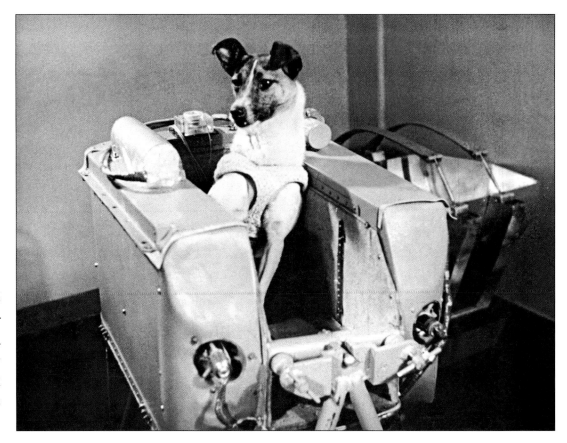

右图：世界上最著名的小狗莱卡，准备它的历史性飞行——第一次活的生物进入地球轨道。"卫星"2号上的空气会在1周后耗尽，所以莱卡的死亡是不可避免的，这激怒了许多动物爱好者。

气层。

随着苏联在太空领域领先事件的不断增加和美国只能留在地球上的现实，美国政府承受了相当大的政治压力，他们必须尽快地发射自己的卫星，于是很快制成了美国海军的"先锋计划"的微型实验卫星。这个卫星只有柚子大小，为1.35千克。1957年12月6日在卡纳维拉尔角发射，发射所采用的火箭是简洁而且相当细小的民用"先锋"号火箭。这次的火箭发射在历史上被称作"出毛病计划"。点火后，"先锋"号火箭快速地升起了几英尺，然后向后折返，爆炸。在这种情况下，艾森豪威尔总统只好要求由失意的沃纳·冯·布劳恩领导的美国空军团队，用军用导弹"丘比特"C助推器尽快发射一颗探测卫星。

轨道上的美国航天器

1958年1月31日，美国在卡纳维拉尔角终于发射成功一颗卫星。这颗13千克的铅笔形卫星，进入轨道倾角为33.3°的轨道，近地点356千米，远地点2548千米。这个卫星被称为"探险者"1号（Explorer 1）。"探险者"1号装备了盖革计数器，以探测宇宙射线。它与内部和外部测温仪、微小陨石探测器，以及一个超声麦克风一起来探测撞击的情况。盖革计数器由爱荷华州立大学的詹姆斯·范·艾伦（James Van Allen）提供，可以帮助"探险者"1号卫星确定是否到达轨道的远地点。美国的第一颗卫星将有一次伟大的空间发现。詹姆斯·范·艾伦正确地推算出，计数器的计数将会因围绕地球辐射带的强烈辐射而饱和，这一发现

左图：1957 年 12 月 6 日，美国第一次尝试发射卫星——"先锋"号，这次在卡纳维拉尔角的试验在火箭升空时就失败了。"先锋"号的助推器起飞不到几英尺就折返，然后爆炸。这次灾难成为世界媒体上著名的"出毛病计划"。

"探险者" 1 号

美国的第一颗人造卫星"探险者"1 号，由"丘比特"C 火箭在 1958 年 1 月 31 日发射成功，发现了环绕地球的辐射带。

规 格

长：205 厘米
总质量：14 千克
仪器质量：8.32 千克

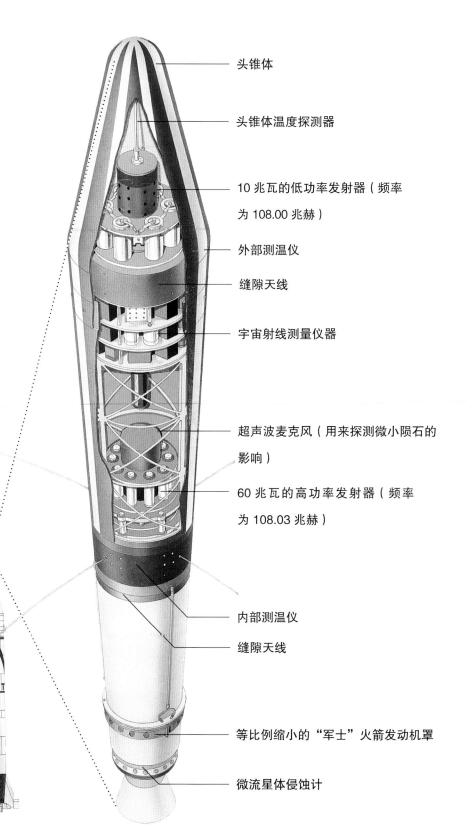

头锥体

头锥体温度探测器

10 兆瓦的低功率发射器（频率为 108.00 兆赫）

外部测温仪

缝隙天线

宇宙射线测量仪器

超声波麦克风（用来探测微小陨石的影响）

60 兆瓦的高功率发射器（频率为 108.03 兆赫）

内部测温仪

缝隙天线

55.9 厘米的挠性天线

"丘比特"C 运载火箭

等比例缩小的"军士"火箭发动机罩

微流星体侵蚀计

卫星观测

在令人振奋的太空时代早期，世界各地的人们都可以分享看到卫星掠过自己头顶时的喜悦。它们就像星星一样划过天空，比飞机要快，而且飞得很高。人们之所以能够看到卫星，是因为卫星在轨道上运行时反射了太阳光。当卫星进入地球的阴影时，其光线就会暗下来，同时出现"蚀"的现象。发射"卫星"1号、"卫星"2号的巨大火箭很容易被看到，这是因为发射人造卫星的火箭体与卫星是连在一起的。通过双筒望远镜就可以清晰地看到"卫星"1号。直径为30米的"回声"1号气球外涂有一层铝膜，所以很明亮而且容易被观测到，成为人类进入太空时代的一个标志。一些卫星在我们上空只是一闪而过，这是由于它们是旋转的，而且是间歇性地接收到阳光。长时间曝光的卫星照片能够捕捉到一些卫星经过我们头顶的轨迹，就像穿过布满星星的夜空下的一道光。

上图：一个长时间曝光后拍摄到的"回声"号卫星照片。它像游荡的流星一样划过夜空。

今天，"先锋"1号是太空中最古老的人造物体。它位于相对较高的地球轨道，从而避免了被拖入地球大气层的上端。它的周期为2小时13分。

后来被探险者系列卫星所证实。"先驱者"号宇宙飞船在去往月球的途中（在1958年未能到达月球），探测到了这一辐射带的外层。围绕地球的油炸圈饼形状的辐射带，后来被命名为范·艾伦带。

"探险者"1号由所携带的电池供电，因而能持续不断地向外发射信号，直到1958年5月23日。电池停电后，直到1970年它都在自己的轨道上运行。第一个携带可替换电池的是最早运行的"先锋"号宇宙飞船。它于1958年3月17日从地球发射到近地点653千米、远地点3897千米的轨道上。除了电池，1.47千克的"先锋"1号直径为16.25厘米，有6块硅太阳能电池装在球面上，这是未来卫星上电能的主要来源。像镜子一样的硅太阳能电池可以把太阳的能量转化为电能，将为"先锋"1号航天器上5毫瓦的发射机提供能量。

直到今天，"先锋"1号仍留在太空，是迄今为止最古老的物体。由于它相对长的周期（2小时13分），可以避免被外部大气层拖拽再入大气层。继它之后还有两个卫星，一个是在1959年发射的"先锋"3号，它是最大的，直径为50厘米，质量为23千克。这个卫星是用来测量地球磁场和辐射的，它的轨道近地点513千米，远地点3524千米，轨道倾角为23°。到目前为止，先锋计划已经遭受了8次发射失败，以今天的标准，这个数字是无法接受的。

这些美国早期发射卫星失败的影像，在电视上仍然可以看到。其中，最悲壮的

上图：在卡纳维拉尔角，用"丘比特"C火箭把美国第一颗卫星"探险者"1号发射到一个很高的高度，从此开始了它历史性的飞行。"丘比特"C用于"红石"中程弹道导弹，带有3个固体推进剂的上面级。

右图：美国22千克的"先锋"3号卫星和苏联的"卫星"3号。"先锋"3号是在1.3吨的"卫星"3号成功发射后16个月发射的，即于1959年9月发射。

"先锋"3号和"卫星"3号卫星

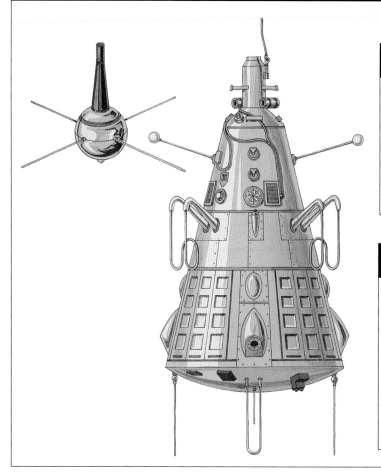

"先锋"3号

直径：50.8 厘米

质量，有效载荷：23 千克

轨道：近地点 512 千米，远地点 3744 千米，轨道倾角 33.35°

"卫星"（СПУТНИК）3号

长：355 厘米

基宽：173 厘米

频率：20.005 兆赫，40.008 兆赫

轨道：近地点 217 千米，远地点 1864 千米，轨道倾角 65.18°

是在 1959 年搭载在"朱诺" 2 号火箭上的"灯塔"卫星。当"朱诺" 2 号发射后，离开发射塔时向左偏了一下，又向左偏了一下折回地面，随即被卡纳维拉尔角发射场的安全官炸毁了。

令人惊奇的是，在苏联开启太空时代的前 5 年中，仅有一颗主要目的是用于科研的卫星被发射升空，即 1958 年 3 月 15 日发射的"卫星" 3 号。这颗卫星 1.33 吨，运行了 692 天，提供了有关地球和空间物理现象变化的大量数据。许多其他的苏联卫星都以"卫星"（Спутник）命名，都是为发展所谓的载人航天计划服务的，包括后来发射失败的月球和行星任务。

太空应用

美国在不断发射许多卫星的同时，也增加了科学知识，展示了许多重要的太空应用。例如，1962 年 3 月 7 日发射升空的第一颗专门用于观测太阳的卫星，名为轨道太阳观测台（OSO）。它传送了 17 个月以上的 75 个太阳耀斑的数据。轨道太阳观测台质量为 208 千克，被放置在距地面 553—595 千米的轨道上，轨道倾角为 32.9°。截至 1962 年年底，已经发射了 14

颗探险者卫星，包括质量 64 千克的"探险者" 6 号。1959 年 8 月 7 日发射的"探险者" 6 号的轨道在距地面 245—42400 千米（这个远地点是其他任何卫星未能达到的），轨道倾角为 47°。"探险者" 6 号的昵称为"桨轮"卫星，因为它的太阳能电池阵列不是安装在卫星的主体上，而是分成 4 块板通过叶片附着在卫星上。这些电池板装有 8000 块太阳能电池，足以为卫星上的镍—镉电池充电，这就允许卫星携带比以往更多的科学仪器。该卫星携带 8 台科学仪器，其中一台拍摄了地球的第一张电视扫描图像，尽管照片模糊得让人失望，不过，当时很少有人意识到拍摄地球照片是太空应用计划的首要任务。

1959 年 2 月 28 日，美国空军发射了 618 千克的"发现者" 1 号，轨道倾角为 90°。在加利福尼亚海岸的范登堡发射基地，用一个"雷神－阿金纳"火箭发射到地球的极地上空。它的轨道范围为 212—848 千米。当它围绕地球运行时，一天可以转 17 圈，因此可以在一天内飞遍地球上的所有地方。如果一颗卫星的轨道倾角很小，它能覆盖地球的面积就会很少。例如，如果卫星的轨道倾角为 30°，那么它

"发现者" 13 号的航天舱最终落入海中，这是第一个从轨道上安全返回的物体，是一个历史性的成就。以后的太空舱回收，在理论上都是用飞机拖一个网把它们捕获。

1957—1962 年的太空竞赛计分板

美国：共 101 次成功发射卫星和太空探测器，包括两次行星任务；经历了 30 次发射失败，包括 6 次行星间任务。连续发射成功的最高纪录是 14 次；连续发射失败的最高纪录是 7 次，包括两次行星间发射任务。

苏联：一共进行了 31 次成功发射，包括 3 次行星间航行；同时经历了 24 次失败，包括 13 次尝试性的行星间航行。连续发射成功的最高纪录是 9 次，连续发射失败的最高纪录是 4 次行星间航行发射尝试。

所覆盖地球的面积仅限于南北纬 30° 以内。

尽管"发现者"1 号实际上仅是一个研究任务，但还是失败了。经过了几次连续的失败后，人们在"发现者"13 号的一个舱里安装了防热层。制动火箭点火后可以成功地慢慢降低航天舱的轨道，最终让航天舱穿过地球的大气层安全回收。"发现者"13 号的航天舱最终落入海中，这是第一个从轨道中安全返回的物体，是一个历史性成就。以后的太空舱回收在理论上都是用飞机拖一个网把它们捕获。"发现者计划"持续到 1962 年 2 月的第 38 号，"发现者"号卫星的类型被认为是美国空军的机密信息。

"发现者"39 号处于全面保密之中，直到 20 世纪 90 年代，人们才知道"发现者计划"的真正目的。"发现者"号是一种被称为"科罗娜"（Corona）的卫星，上面装有高分辨率的摄像机，用于监视苏联。太空舱把从太空拍摄的胶片带回地球，做进一步处理。航天器由"阿金纳"（Agena）火箭的第二级组成，在返回的太空舱中装有 70° 全影艾特克（Itek）摄像机和伊士曼 – 柯达（Eastman Kodak）胶卷。由卫星拍摄到的图片的原始分辨率（能够清晰地看清楚的距离）为 10 米，在 1972 年计划结束时，科学家们已经制造了更大且功能更强的卫星，拍摄分辨率达到 1 米。尽管公众都怀疑苏联对西方世界具有很大的威胁，但是"科罗娜"卫星表明，当时的苏联也只是雷声大雨点小。由于"冷战"越来越紧张，这个事实并没有引起公众的重视。

1962 年，苏联又提出了一个主要用于科学研究的"宇宙"号计划，但是像"科罗娜"一样后来也主要用于军事项目，特别是军事侦察。然而，美国又公开了两个分别叫作"萨莫斯"（Samos，Satellite

前页图：21 米高的"先锋"号火箭载着一颗同名的卫星从卡纳维拉尔角发射升空。"先锋"号的第一级是"海盗"号探空火箭，第二级是"空蜂"号火箭。"先锋"号装有固体推进剂的上面级。

右图：众所周知的"桨轮"卫星。"探险者"6 号也正是带着挂在 4 个尾桁上的太阳能电池板的发电装置，为卫星上的仪器供电。这颗卫星在它的轨道上，首次拍到了地球的粗略照片。

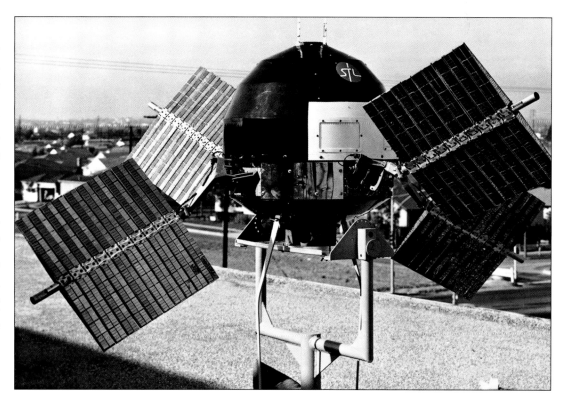

and Missile Observation System，卫星和导弹观察系统）和"米达斯"（Midas，Missile Defense Alarm System，导弹防御警报系统）的军事计划。这些计划的卫星原型于 1960 年发射成功。"萨莫斯"代表导弹观测卫星系统，这个计划的卫星是基于"科罗娜－阿金纳"火箭设计的。这一次不再带胶卷而是在"萨莫斯"上安装一个电视摄像装置。它可以直接把侦察图像传到地面，不但节省了时间还不必像"科罗娜"卫星一样需要回收。不可避免的是，电视摄像的分辨率比"科罗娜"上的光学照相机低很多，但是"萨莫斯"是将来更强大系统的一个原型。第一次发射成功的是"萨莫斯"2 号，质量为 1.9 吨，在 1961 年

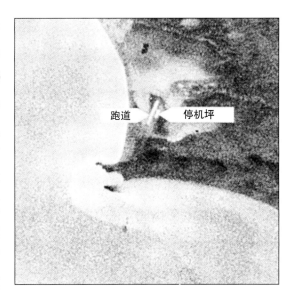

跑道　停机坪

1 月 31 日用一枚宇宙神－阿金纳火箭发射升空。它的轨道倾角为 97°，近地点 474 千米，远地点 557 千米。

"探险者"卫星

上图：1961 年发射的"探险者"11号卫星从宇宙源中探测到高能 γ 射线，并描绘了它们在太空的分布。

时　间	进　展
1958 年 1 月 31 日	"探险者" 1 号发现了范·艾伦辐射带
1958 年 3 月 26 日	"探险者" 3 号发回辐射和微小陨石数据
1958 年 8 月 24 日	"探险者" 4 号绘制了辐射带的分布图
1959 年 8 月 7 日	"探险者" 6 号第一次获得了地球的图片
1959 年 10 月 13 日	"探险者" 7 号发回电磁场和太阳耀斑的数据
1960 年 11 月 3 日	"探险者" 8 号研究了电离层
1961 年 2 月 16 日	"探险者" 9 号监测了大气层的密度
1961 年 3 月 25 日	"探险者" 10 号绘制了磁场的分布图
1961 年 4 月 27 日	"探险者" 11 号研究了 γ 射线
1961 年 8 月 16 日	"探险者" 12 号发回了太阳风和辐射的数据
1961 年 8 月 25 日	"探险者" 13 号监测了微小陨石
1962 年 10 月 2 日	"探险者" 14 号绘制了磁层分布图
1962 年 10 月 27 日	"探险者" 15 号监测了辐射的能量衰减
1962 年 12 月 16 日	"探险者" 16 号监测了微小陨石

注："探险者" 2 号和 5 号，还有其他 6 个 "探险者"号卫星都发射失败了。

"科罗娜计划"

在一系列发射失败和许多次演示飞行的失败后,"发现者"14 号的返回舱成功地在半空中被一个 C-119 回收飞机用一张特殊的捕获网抓到了。返回舱载有第一批从太空拍摄到的侦察照片。当照片被破译人员破译出时,人们一片欢呼。苏联 264 万平方千米的领土被拍摄到了,最大分辨率约为 10 米。艾森豪威尔吃了一惊,并命令严格保守这一计划的秘密,同时命令毁掉返回舱以防止落入间谍手中。以前发射的"发现者"2 号的测试舱,错过了它的着陆点进入了北极。美国政府担心它落入敌人的手中,进行了大规模的搜寻。搜索返回舱的徒劳也就成为后来阿利斯泰尔·麦克林(Alistair Maclean)的小说和电影《大北极》的素材。很明显,这部小说的内容来自"发现者"的照片。据照片可知,苏联导弹的威胁还没有严重到让人害怕的程度。尽管如此,美国政府为了不让这种威胁无限期地延续下去,建立了一支军队并加速军事导弹项目。当"科罗娜计划"结束时,卫星已经拍摄了所有的苏联导弹基地,弄清了每一艘苏联潜艇的吨位。发现苏联导弹的存在是为了保护埃及的苏伊士运河。此外,还证实了苏联帮助中国制造核弹。

前页上图:最早由间谍卫星拍摄的图像。这是在 1960 年 8 月由"发现者"14 号拍摄的苏联迈斯-斯米塔(Mys-Shmidta)空军基地的图片。

下图:"科罗娜计划"中的一颗"发现者"卫星上的返回舱在进行发射准备,它携带仪器而且可以回收。其中装备有一台 70° 全景艾特克摄像机,并装有伊斯曼-柯达胶卷。

"米达斯"(Midas)也是基于"阿金纳"火箭设计的飞船的运载舱。"米达斯"上面装载的是一个红外传感器,用来探测导弹或者火箭发射时的热辐射。如果苏联向美国发射导弹的话,美国可以通过这个预警系统尽可能早地探测到。1960 年 5 月 24 日,由一个"宇宙神-阿金纳"火箭发射的第一颗"米达斯"卫星进入轨道,质量为 2.3 吨。"米达斯"2 号的轨道倾角为 33°,近地点 484 千米,远地点 511 千米。但可悲的是,它第二天就失败了。它更像是一个试验原型,而不是一个可使用的飞行器。1961 年 7 月 12 日,又发射了"米达斯"3 号,发射地点不是卡纳维拉尔角而是在范登堡。"米达斯"3 号的质量为 1.6 吨,轨道倾角 91.1°,轨道接近圆形,直径为 3345—3538 千米。

"米达斯"4 号证明它具有导弹探测功能。1961 年 10 月从卡纳维拉尔角发射了一个"太阳神"1 号导弹,"米达斯"

"发现者号计划"

"发现者"返回舱

返回舱由通用电气公司建造,质量为 136 千克。这一部分由降落伞包覆且有一个隔热层。1960 年 8 月 18 日发射的"发现者"14 号第一次通过侦察照相机带回胶卷;"发现者"32 号的返回舱用于研究辐射对金属样品、玉米种子的遗传特性、屏蔽材料和硅太阳能电池的影响;"发现者"36 号的返回舱搭载了一个装有人和动物组织、孢子与海藻的生物容器。

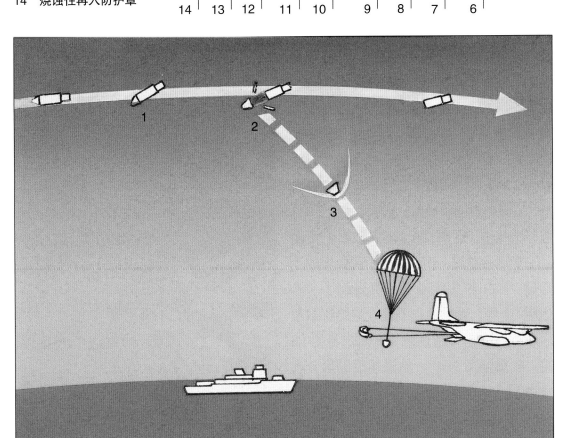

1	冷气储箱	8	爆炸活塞
2	推力锥	9	闪光灯
3	制动火箭	10	仪器包
4	爆炸螺栓	11	染色剂
5	回收伞和箔条	12	回收舱
6	稳定喷嘴	13	无线电信标(里面)
7	降落伞盖	14	烧蚀性再入防护罩

"发现者"号的回收

在飞越阿拉斯加上空时,"发现者"号飞船从后面释放返回舱。在返回舱进入大气层后,一个一次性的防热层将保护返回舱。到夏威夷附近时,返回舱的降落伞打开。然后,一架 C–119(之后为 C–130)飞机在降落伞降落过程中把它抓住。如果飞机没有找到返回舱,降落伞就会漂在海面上。

1 俯仰

2 分离和制动点火

3 再入加热

4 由 C–119 飞机或者 C–130 飞机回收

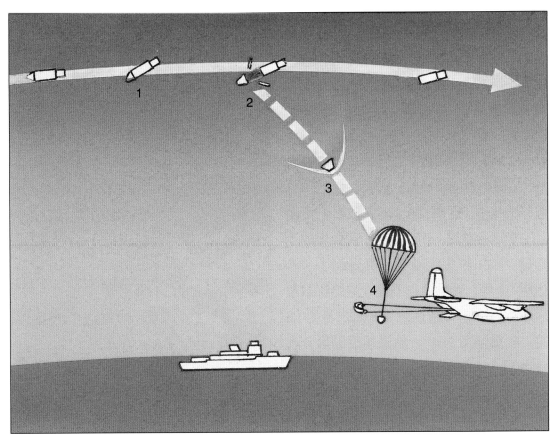

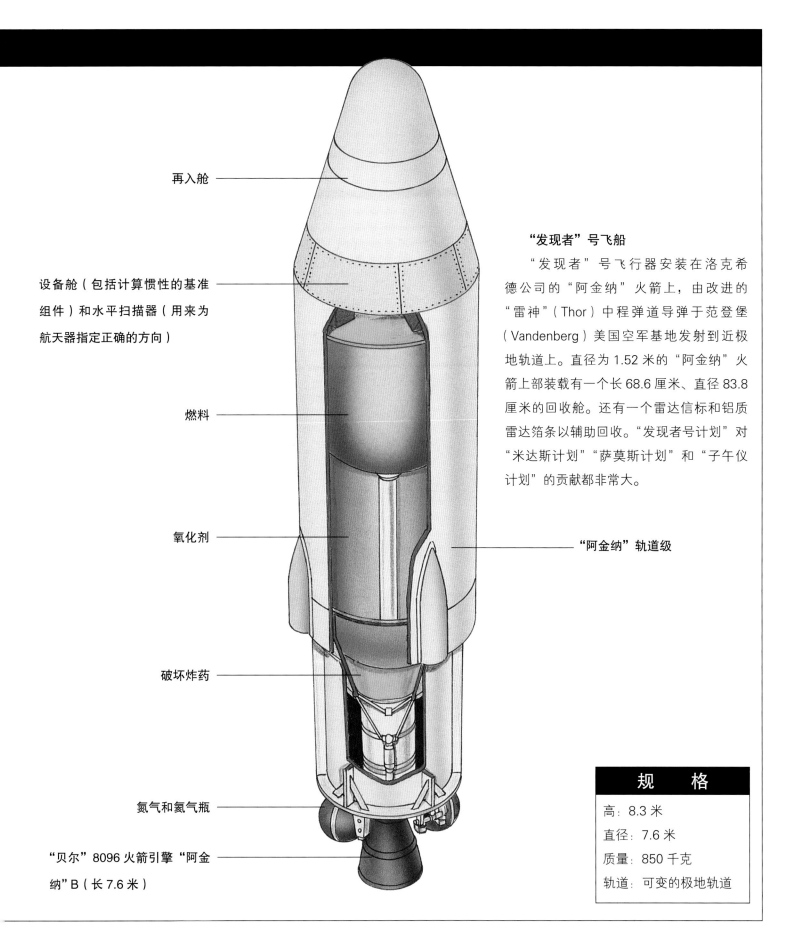

再入舱

设备舱（包括计算惯性的基准组件）和水平扫描器（用来为航天器指定正确的方向）

燃料

氧化剂

破坏炸药

氮气和氦气瓶

"贝尔" 8096 火箭引擎 "阿金纳" B（长 7.6 米）

"发现者"号飞船

"发现者"号飞行器安装在洛克希德公司的"阿金纳"火箭上，由改进的"雷神"（Thor）中程弹道导弹于范登堡（Vandenberg）美国空军基地发射到近极地轨道上。直径为 1.52 米的"阿金纳"火箭上部装载有一个长 68.6 厘米、直径 83.8 厘米的回收舱。还有一个雷达信标和铝质雷达箔条以辅助回收。"发现者号计划"对"米达斯计划""萨莫斯计划"和"子午仪计划"的贡献都非常大。

"阿金纳"轨道级

规　　格	
高：8.3 米	
直径：7.6 米	
质量：850 千克	
轨道：可变的极地轨道	

上图：在加利福尼亚州的阿圭洛角（Point Arguello）用"宇宙神－阿金纳"火箭发射一颗"萨莫斯"卫星进入轨道。

在导弹发射后90秒将其探测到。但是，"米达斯"还不是一个可以使用的系统，这一点直到1963年第一次"米达斯"任务完成后才被证实。

下一个空间应用是导航。1960年4月，

美国海军发射了"子午仪"1B卫星以探索卫星导航服务的能力。121千克的"子午仪"1B卫星在卡纳维拉尔角用"雷神－艾布尔星"火箭发射升空。它的轨道距地面373—478千米，与赤道的角度为51°。"子午仪"1B是第一个计划用来为美国海军舰船和潜艇提供天基导航的三卫星系统的前身。这一系统的最好定位精度在160米以内。在太空时代的前5年，仅仅发射了"子午仪"导航卫星的原型，但是它们为建立一个可运营系统提供了必要的经验。

在空间应用中，最早能提供的服务是用"雷神"卫星系统进行天气预报。由于电视很少，而且也缺乏红外线观测卫星，于是在1960年4月1日发射了第一颗"泰罗斯"卫星，它的轨道距地面677—722千米，轨道倾角为48°。到1962年年底，一共发射了6颗这样的卫星。"泰罗斯"卫星的形状特别像一个帽盒，直径106厘米，质量129千克。"泰罗斯"卫星上带有9260块太阳能电池单元，为64块电池充电。在它上面装有高分辨率的窄角和广角光导摄像管照相机，每一台照相机里面有能在一个周期内拍摄32张照片的磁带记录器，当卫星到达2500千米高空时，把信息传向地面工作站。

记录器的塑料磁带长42米，回放速度为127厘米／分。这些"泰罗斯"卫星移动的方向与地平线有关。地平线由一个以9转／分的速率旋转的红外线传感器来确定。仅前3颗发射的"泰罗斯"卫星就向地面传回了70650张照片。尽管这些照片与今天的天气预报的图片比起来非常模糊，但是"泰罗斯"卫星却很成功地成为现代气象卫星的前身，而且运行有效，特别是可以提供即将来临的飓风的路径。

通信革命的开始

通信也是在卫星开始应用的前5年由卫星演示的另一个技术应用。1962年发射的带有传奇色彩的"电星"卫星，在1958年12月第一次证明可以通过卫星传输信息，且胜于无线电信号。"电星"卫星由一枚3.96吨的"宇宙神"B火箭发射升空，它的轨道在距地面184—1483千米，轨道倾角32.3°。

卫星上载有一个叫作"斯科尔"（SCORE）的信号通信中继装置，用来接收来自地面的信息，然后按照指令把信息传递到另一个地面接收站。"斯科尔"在轨运行的34天，曾经传递了一条来自美国总统艾森豪威尔的圣诞节问候信息。

在1959年，人们借助天然的卫星——月亮，从英国的焦德雷尔·班克

上图："米达斯"卫星（模型）装备有可展开的太阳能电池板。

左图："子午仪"1B是第一个导航卫星的原型。

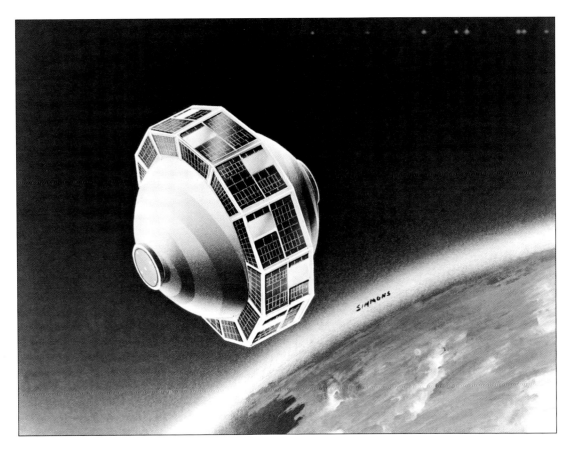

电星革命

美国时间1962年7月11日19点36分，从法国传送到美国的第一个横跨大西洋的电视节目开始播出。在此之前，欧洲地面站接收到一些电视转播的测试。法国通信部部长贾克斯·M. 马列特（Jaques M. Marette）在早期的节目中担任仪式主持人，他说："轻松一点，我们是在巴黎，是我邀请你们与我共享这美好的一刻。"他介绍了法国影星伊夫·蒙当（Yves Montand）——唱"儿歌"的人。7分的节目让人们觉得很反感，因为它有意使人们觉得这个节目是与英国共同合作的。法国宣布这只是一个测试，不是一个节目。尽管如此，几小时之后英国宣布把实时图像从欧洲发送到美国的意义，展示了

上图：由"电星"实时传送的第一个洲际电视节目——美国总统约翰·F. 肯尼迪（John F. Kennedy）的专题。

贡希利（Goonhilly）地面站。7月23日，发生了很多那一时期历史上有关通信的大事件，16个欧洲国家与美国交换了电视节目，欧洲和美国的2亿多观众看到了白天的美国和黑夜的欧洲，观众们从拉普兰到西西里穿过欧洲，从西雅图的世界博览会到纽约的自由女神像穿越美国，肯尼迪总统向白宫的电视观众致辞，宇航员约翰·格伦（John Glenn）讲述水星规划，宇航员瓦利·斯奇拉（Wally Schirra）讲述他将在"西格玛"7号飞行中所担负的任务。

下图：130千克的"泰罗斯"（Tiros）卫星上装备了9260块太阳能电池单元，为卫星的64块电池充电。这颗卫星带着广角和窄角光导摄像管照相机，在每一轨道周期中可以拍32张照片。

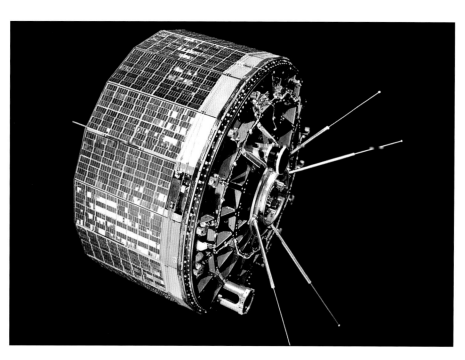

（Jodrell Bank）发射了一个无线电信号，然后通过月球表面的反射，3秒后在马萨诸塞州的剑桥接收到了这个信号。这种通信实验的方法进一步应用于直径30米的名为"回声"1号的在轨气球，它把来自新泽西州的霍姆德尔（Holmdel）的声音和电视信号传到了加利福尼亚州的戈德斯通（Goldstone）。

"回声"1号进入轨道时失败了，但是在1960年8月12日发射的"回声"1B号却相当成功，它的轨道倾角75.9°，轨道为1524—1684千米。它的外壳由覆盖着可气化的铝箔的迈拉塑料（Mylar）组

左图：信号通信中继卫星的仪器由一枚完整的"宇宙神"B火箭于1958年12月送入轨道，并传递了美国总统的圣诞节问候等消息。

成，铝箔的厚度仅为 0.0127 毫米。当它从"雷神－德尔塔"火箭的第二级展开时，61 千克的气球里面事先装着的 20 千克的乙酰胺——一种升华就会膨胀的粉末——在气球膨胀后也就变成气体。这时气球的结构就会在 10 分之内变成一个直径 30 米的球体。因为它的反射非常强烈，所以可以在天空很清楚地发现"回声"1 号气球。它像一颗缓慢移动的星体一样，吸引地球上人们的注意。当时人们在地上看到卫星的次数也经常被报纸报道。

1962 年 7 月 10 日发射成功的质量为 77 千克的"电星"1 号卫星，是空间应用中最重要的进展。卫星的轨道倾角为 44.8°，轨道距地面 936—5632 千米，它向美国和欧洲国家直接传播第一帧电视图像，开始了卫星通信革命。当它通过大西洋上空时，能够同时收到美国和欧洲的地面站信号。

"电星"1 号卫星直径 0.8 米，由美国电话电报公司通过卫星进行宽带电视传播和电话通信。"电星"卫星是今天的同步通信卫星的前身，其主要技术就是行波管放大器和相关设备，它能够使一个来自缅因州安杜佛（Andover）贝尔公司地面站的信号放大 5000 倍，以至于在英国道恩斯·贡希利（Downs Goonhilly）和法国布列塔尼的普勒么－保都（Pleumeur-Bodou）的地面站都可以接收到信号。

右图：直径 30 米的"回声"1 号气球的壁是迈拉塑料做成的，外边还覆盖一层高反射性的挥发沉积铝。这个气球装在一个紧紧密封的罐中，它将在太空中充气。

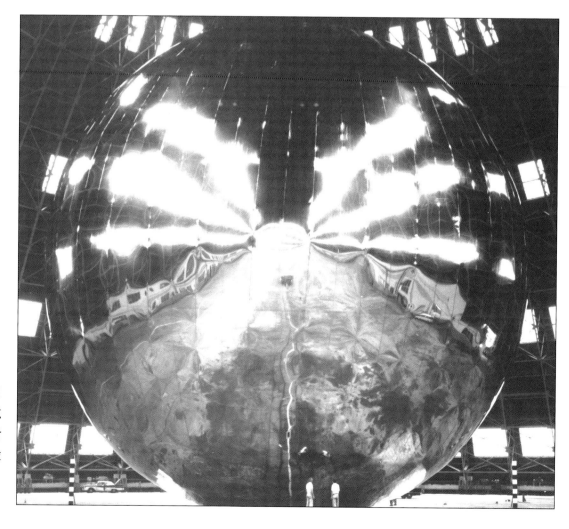

左图：1962年7月发射的"电星"1号先驱性卫星。它传送了第一个横跨大西洋、在欧洲和美国之间的现场直播图像，从此开启了通信革命，促成了今天的卫星电视。

下图："羚羊"1号是英国的第一颗卫星，于1962年4月发射，由美国的"雷神－德尔塔"火箭发射升空。它带有一系列科学仪器，用来研究地球的电离层和宇宙射线。

美国与欧洲之间首次直播图像的传输于1962年7月11日进行。这最终促成了直播电视节目的诞生，其中包括一个连接两个大陆特定区域和事件的节目，如来自美国白宫肯尼迪总统的实况信息。

英国于1962年4月26日将60千克的"羚羊"1号卫星送入了太空，这是除美、苏以外又一个发射卫星的国家。"羚羊"1号卫星的轨道倾角为53.9°，轨道离地面389—1214千米。"羚羊"1号卫星的设计是为了研究地球的电离层及其与太阳之间的关系，并记录最主要的宇宙射线。

到1962年12月，空间技术已经有了惊人的发展，让人类对地球在太空中的位置和它与太空环境之间的相互作用有了进一步的了解，从此开始了人类对太空的开发。这是从5年前人造"卫星"1号开启太空时代时就殷切希望的事情。

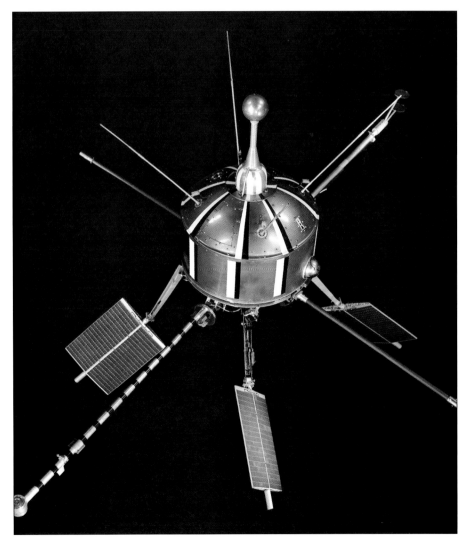

三
第一个载人
航天器

——

    太空时代一开始，就意味着总有一天人类要进入太空。而实际上仅用了4年，就出现了首位进入航天轨道的太空旅行者。这些太空中非凡的进步，都是"冷战"时期两个超级大国之间对抗的结果。这场对抗最终演变成了谁能将人类最先送入太空的竞赛。

人类进入太空的最快办法就是借助现有的火箭（例如美国和苏联用于发射洲际弹道导弹的火箭）直接把乘员放在火箭的头锥体中。当然，为了维持人在飞船中的生存，而且让乘员能平安归来，火箭上所载的东西将会非常复杂。尽管如此，飞船还是非常基础的，与此前人们想象的未来太空飞机的样子有天壤之别。

    苏联成功发射第一颗人造地球卫星，并有可能领导太空竞赛延续下去。1959年，美国和苏联都非常渴望获得第一个载人航天飞行的殊荣。两个超级大国开始了他们的探险，设计并测试各自的载人飞船，并挑选一组军事飞行员作为第一批太空旅行者。这些人成了所谓的航天员，只是苏联

左图：1965年12月，由"双子星座"6号载人飞船拍摄到"双子星座"7号进行的历史上首次太空交会。

"东方"（BOCTOK）号

在"东方"号火箭上的"东方"号宇宙飞船由一个圆锥形仪器装置、制动火箭系统和球形的船员舱组成。在船员舱里，航天员躺在带有弹射座的体型椅（宇宙飞船中与航天员体型完全适合的座位——译者注）上。

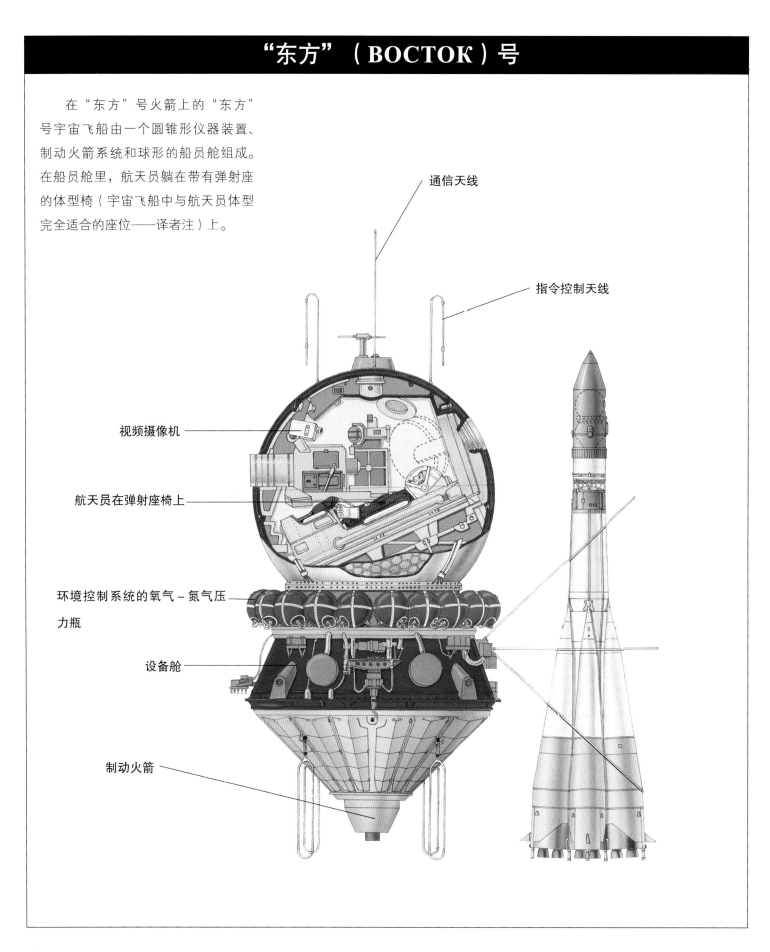

通信天线

指令控制天线

视频摄像机

航天员在弹射座椅上

环境控制系统的氧气 – 氮气压力瓶

设备舱

制动火箭

左图："东方"号火箭离开拜科努尔 1 号发射台，载着尤里·加加林进入地球轨道。第一张发射图片和壮观的录像直到 1968 年才被披露。

和美国人在称谓上有点不一样，苏联称作航天员（космонавт），美国称作宇航员（astronaut）。两个国家都为各自的飞船模型进行了多次试验飞行，其中有众所周知的苏联"东方"号飞船和美国的"水星"号飞船。美国的计划是完全公开的，而苏联的计划则是高度保密的。这些多方面的试验飞行都是为运载火箭和飞船做准备的，而且发射了许多载着动物的火箭作为探路者。苏联用狗做实验，美国是用黑猩猩。对此，美国宇航员觉得非常讨厌，黑猩猩竟在他们之前进入了太空。这些试验都是非常宝贵且关键的，例如苏联，其中好多次都以失败而告终。但是他们只是损失了一些动物，而且这在当时也是不公开的。

"东方"号飞船

　　1961 年，这两个国家都准备把他们的第一个太空旅行者送入太空。美国海军指挥官艾伦·谢泼德（Alan Shepard，1923—1998）准备在 1961 年 3 月进入太空，在亚轨道上进行垂直方向的试验飞行，但是这次飞行一直延迟到 5 月。当时改变了计划，决定先发射几个不载人的"红石"火箭的试验飞行。1961 年 4 月 12 日，苏联把空军上校尤里·加加林（Yuri Gagarin）送入太空轨道，谢泼德和美国被击败了。加加林的飞行成为 20 世纪最伟大的旅行。加加林本人也获得了全世界的特别关注，成了世界英雄，苏联也赢得了太空竞赛的胜利。实际上，加加林只是一名乘客，还差点成为一名不能返回地球的旅行者。"东方"号（Vostok）飞船由 SL-3（即"东方"号火箭，因发射"东方"号飞船而得名，西方代号 SL-3——译者注）发射升空。SL-3 是与发射人造"卫星" 1 号的洲际弹道导弹相似的助推器，只是多了一个上面级，在"东方"

载人的太空飞行是指在飞行器中的旅行者，从发射过程到着陆过程都必须待在飞船里的飞行。事实上，加加林是借用降落伞与飞船非同时着陆，这是在很久以后才被披露的。

号进入预定的轨道后将会与卫星分离开。

"东方"号飞船质量为4.73吨，长4.4米，直径2.43米。航天员在一个球形的回收舱中，回收舱质量2.46吨，半径为2.3米。飞船的椅子是一个弹射座椅，可以把航天员从飞船中弹射出来。尽管有一个降落伞，但下落速度为10米/秒，且有致命的100g的过载。分开后在降落伞的作用下，航天员以5米/秒的速度着陆。由于发射质量的约束，不可能提供一个更大的降落伞系统甚至软着陆制动火箭，弹射座椅也可以用于发射失败时使用。这时期的飞行很简单，航天员基本上就成为一名普通的乘客了。回收舱里面有食物、无线电电台、实验操纵台和一个带有光学方向指示的观察孔，舱里面有足够的空间可以让

航天员放开自己到处飘浮。加加林没有那样做，但后来的航天员都那样做了。

这个舱里也有外部指令、控制和通信天线。通过在返回舱的最外层涂上绝热层，在再入过程中吸收热量而实现绝热。卫星在返回过程中，绝热层将全部被烧掉。在降落舱的下面是一个仪器舱，被绑在卫星的中央，4条金属带子从降落舱伸展出来。仪器舱质量为2.27吨，2.25米长，最大直径为2.43米，可以为航天员的生存提供氧气和氮气。它的圆锥形底盘在卫星返回地球大气层时，还可以起至关重要的火箭制动作用。

"东方"号的轨道足够低，以至于在火箭制动系统出现问题的情况下，可以保证在地球的引力和大气层的拉力作用下使卫星在10天内自然再入。1.61吨的火箭

加加林的逃离

加加林乘坐的飞船在制动点火后，由于故障导致飞船在返回过程中毁坏。当连接在服务模块的制动火箭点火后（这样可以使飞船缓慢进入返回状态），在球形返回舱里的加加林可以感受到死亡的威胁。按计划，制动火箭点火时间为40秒，仪器段被设计成一个抛弃式的，可以离开圆形飞船舱进入大气层，但是这部分分离失败了。飞船猛烈地摇晃着，沿空间的3个轴以30转/分的速度不停地旋转。当飞船进入大气层的最上层时，转速有所缓和，变成了大于90°的左右振荡。加加林看到一束明亮的绯红色光，出现在他乘坐的飞船窗子外面。带着巨大碰撞噪声的返回过程开始了，飞船的返回过程无法控制，而且飞船随时有破裂的可能。重力加速度达到了10g。这时发热最为强烈，导致返回舱与仪器部分的连接带分离开来，这时加加林的返回才进入了平稳状态。他像计划的那样被自动地弹射出来，降落在一片犁过的地里。旁边妇女和小孩都惊呆地看着他，觉得他像一个"外星人"。根据苏联签署的《国际航空协会公约》，载人的太空飞行是飞行器中的旅行者，从发射到着陆的过程都必须在飞船里。但事实上，加加林是借用和飞船分离的降落伞着陆的，这在很久以后才被披露。

上图：1961年4月12日，尤里·加加林（左一）在拜科努尔航天发射基地与谢尔盖·科罗廖夫（右一）告别。

苏联的"东方"号计划

上图：小狗斯特雷卡(Strelka)和贝尔卡(Belka)被人高高举起。它们是在 1960 年 8 月进入太空后活着从太空返回地球的第一批生物。

时 间	交通工具	任 务
1959 年 7 月 18 日	"东方"号	非载人试验，发射失败
1960 年 4 月 15 日	"东方"号	非载人试验，发射失败
1960 年 4 月 16 日	"东方"号	非载人试验，发射失败
1960 年 5 月 15 日	"卫星" 4 号	非载人飞行试验，带着航天员模型。制动火箭把卫星发射到了更高的轨道而不是返回
1960 年 7 月 28 日	"东方"号	小狗柴卡（Chaika）和利施卡（Lisichka），因为火箭爆炸而死亡
1960 年 8 月 19 日	"卫星" 5 号	小狗斯特雷卡（Strelka）和贝尔卡（Belka）在返回舱中经过 18 个轨道周期后返回地球
1960 年 12 月 1 日	"卫星" 6 号	"东方"号在回收过程中被烧毁。小狗皮切卡（Pchelka）和穆什卡（Mushka）被烧死
1960 年 12 月 22 日	"东方"号	小狗杜姆卡（Damka）和克拉萨维克（Krasavk），在发射失败后成功返回
1961 年 3 月 9 日	"卫星" 9 号	小狗切尔努什卡（Chemushka）在"东方"号试验之后成功返回
1961 年 3 月 25 日	"卫星" 10 号	小狗泽夫多卡（Zevdochka）在"东方"号试验之后成功返回
1961 年 4 月 12 日	"东方" 1 号	第一个航天员尤里·加加林进入太空，历时 1 小时 48 分
1961 年 8 月 6 日	"东方" 2 号	戈尔曼·季托夫（Gherman Titov）进行了首次长时间的飞行，飞行时间为 1 天 1 小时 11 分
1962 年 8 月 11 日	"东方" 3 号	安德烈·尼古拉耶夫（Andriyan Nikolayev）的太空飞行持续了 3 天 22 小时 9 分
1962 年 8 月 12 日	"东方" 4 号	帕维尔·波波维奇（Pavel Popovich）在历时 2 天 22 小时 44 分的飞行中接近了"东方"号
1963 年 6 月 14 日	"东方" 5 号	瓦莱里·贝科夫斯基（Valeri Bykovsky）历时 4 天 22 小时 56 分的飞行成为单独飞行时间最长的航天员
1963 年 6 月 16 日	"东方" 6 号	瓦莲金娜·捷列什科娃（Valentina Tereshkova）成为第一个进入太空的女航天员。飞行历时 2 天 22 小时 40 分

上图：瓦伦蒂娜·捷列什科娃成为第一个进入太空的女航天员。她在 1963 年 6 月搭载"东方" 6 号飞船进入太空。

是用四氧化氮作为氧化剂，用可以自燃的氨基物质为燃料，因此不再需要点火源。卫星的燃料燃烧了 45 秒，达到轨道的速度为 155 米 / 秒。

水星计划

1961 年 5 月 5 日，在加加林着陆不久，怀着强烈愿望的谢泼德坐在"水星"返回舱中被"红石"火箭发射到太空的轨道上，该飞船被称为"自由" 7 号。"自由" 7 号在卫星的亚轨道上持续飞行了 15 分，证明宇航员在太空可以控制飞船的姿态。与苏联"东方"号的做法不同，这个太空舱最后落在海上。谢泼德被美国当成了英

上图：1961年5月5日，从卡纳维拉尔角5号发射台起飞的"水星红石"3（MR3），带着艾伦·谢泼德搭载的"自由"7号飞船升空。他的15分太空飞行是美国第一次人工控制的太空历险。

雄，但是与苏联的"东方"1号飞船相比价值就不那么大了。"水星"号返回舱也比"东方"号返回舱小得多，小得让宇航员开玩笑地说，他根本无法进到里面，而是被塞进去的。

返回舱高2.76米，最大直径也就是基底的直径1.85米，发射质量1.35吨。飞船的底部涂有一层烧蚀防热层，返回舱在返回过程中必须小心定向，以保证防热层指向正确的方向和以正确的角度进入大气

层。固体燃料推进的火箭制动器与防热层连在一起，在点火和返回后还可以正常使用。"水星"号不像"东方"号，它仅仅是一个飞行工具，在它的座舱里面有100多个显示设备固定在宇航员面前，用来提供飞船的方向、导航和环境与通信控制等信息。返回舱的中央有一个潜望镜，还有一个长方形的玻璃窗，相比之下，第一个人工控制的飞船上只有一个圆形的观察孔。

返回舱利用类似飞机操纵杆的装置，可以使位于飞船不同部位的10个推进器喷出一些过氧化氢气体，以控制和改变飞船姿态。这些动作都可以通过自动稳定和控制系统（ASCS）、速率稳定控制系统（RSCS）或者由半人工、半电气控制的操作（即电传飞行操作）来控制。发射逃逸系统由置于返回舱顶塔上的多个固体助推火箭组成。在紧急撤离时，进出舱口能爆破开。当返回舱向海面降落时，返回舱通过一个减速降落伞和一个主降落伞坠向海面。这时从它的尾部弹出一个着陆包进行缓冲，同时它会引发一个加速度为10g的振动。

载人的"水星计划"由"红石"中程弹道导弹火箭作推进器，进行了亚轨道飞行，由"宇宙神"洲际弹道导弹火箭作推进器进行了轨道飞行。最初的计划是在轨道飞行前，"水星计划"的7名宇航员都要进行一次亚轨道熟悉飞行，但是后来计划被修改成3次亚轨道飞行。3次飞行中的第二次飞行于1961年7月21日由格斯·格里索姆（Gus Grissom）进行，他被载在一个叫作"自由钟"7号的返回舱上。在飞船落入大海之前都非常成功，但是在落海过程中进出舱的盖子过早地打开了，水冲入返回舱里，格里索姆迅速从返回舱里面

"水星"号返回舱

这幅图清晰地描绘了"水星"号返回舱里面的结构，在飞船的顶部是逃逸系统火箭。

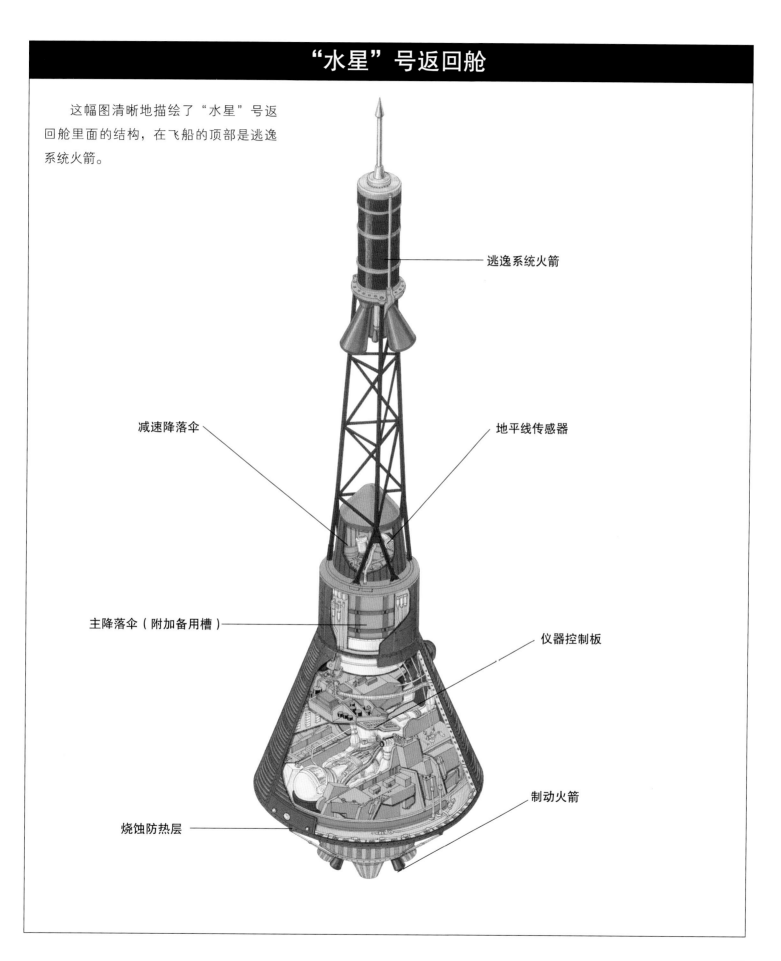

逃逸系统火箭

减速降落伞

地平线传感器

主降落伞（附加备用槽）

仪器控制板

烧蚀防热层

制动火箭

美国的"水星计划"

时　间	飞行器	任　　务
1959 年 8 月 21 日	"小乔" 1 号	Max Q 失败逃逸系统测试，失败
1959 年 9 月 9 日	"大乔"	烧蚀隔热层测试，失败
1959 年 10 月 4 日	"小乔" 6 号	返回舱空气动力测试，部分成功
1959 年 11 月 4 日	"小乔" 1A 号	Max Q 失败逃逸系统测试，失败
1959 年 12 月 4 日	"小乔" 2 号	在高空中用猴子山姆（Sam）进行的逃逸试验，成功
1960 年 1 月 21 日	"小乔" 1B 号	用猴子山姆进行的 Max Q 失败逃逸系统测试，成功
1960 年 5 月 9 日	"Beach Abort"	发射逃逸系统测试，成功
1960 年 7 月 29 日	MA1	第一助推器、飞船集成发射，失败
1960 年 11 月 8 日	"小乔" 5 号	用 Max Q 检验返回舱，失败
1960 年 11 月 21 日	"MR" 1	失败的起飞和突然逃逸塔失火，失败
1960 年 12 月 19 日	"MR" 1A	在 15 分 45 秒后的亚轨道飞行后返回，成功
1961 年 1 月 31 日	"MR" 2	让大猩猩哈姆（Ham）进入太空飞行，成功但充满偶然
1961 年 3 月 18 日	"小乔" 5A 号	Max Q 逃逸与碰撞测试，部分成功
1961 年 3 月 24 日	"MR BD"	亚轨道测试，成功
1961 年 4 月 25 日	"MA" 3	水星返回舱的轨道测试，助推器爆炸
1961 年 4 月 28 日	"小乔" 3B	Max Q 逃逸顺序测试，部分成功
1961 年 5 月 5 日	"MR" 3	艾伦·谢泼德驾驶"自由" 7 号飞船进行了历时 15 分 28 秒的亚轨道飞行，成功
1961 年 7 月 21 日	"MR" 4	格斯·格里索姆（Gus Grissom）驾驶"自由钟" 7 号飞船进行了历时 15 分 37 秒的亚轨道飞行，成功，但返回舱沉入大海，格里索姆获救
1961 年 9 月 13 日	"MA" 4	第一个"水星"号太空舱在单轨道测试飞行，成功
1961 年 11 月 1 日	"MS" 1	"水星"号测试，失败
1962 年 11 月 29 日	"MA" 5	黑猩猩伊诺斯（Enos）的太空飞行，进行了两个轨道运行后失败，放弃飞行，伊诺斯成功返回
1962 年 2 月 20 日	"MA" 6	约翰·格伦（John Glenn）乘坐"友谊" 7 号飞船的 3 轨道飞行，历时 4 小时 55 分，成功
1962 年 5 月 24 日	"MA" 7	斯科特·卡彭特（Scott Carpenter）搭载"极光" 7 号飞船进行的 3 圈轨道任务，历时 4 小时 56 分，成功
1962 年 10 月 3 日	"MA" 8	由瓦利·斯奇拉（Wally Schirra）乘坐"西格玛" 7 号进行了 9 圈轨道飞行，历时 9 小时 13 分，成功
1963 年 5 月 15 日	"MA" 9	由戈登·库珀（Gordon Copper）乘坐"信心" 7 号飞船进行了历时 34 小时 19 分的 22 圈轨道飞行，成功

上图：猴子山姆准备进入高海拔水星逃逸火箭试验。

上图：在卡纳维拉尔角的第 14 号发射搭载台上，准备发射搭载戈登·库珀的水星计划"宇宙神"飞船。

爬出来，如果没有直升机阻止返回舱沉没，他肯定就被淹死了。非常庆幸的是，格里索姆被成功地救了出来，但是返回舱却沉入了海底。1999 年，"自由钟" 7 号由一个可潜水的搜寻机发现，被拖到大西洋的大陆架上，"红石"亚轨道飞行计划流产。

更多的苏联 "第一"

下一个进入太空的是 25 岁的苏联航天员戈尔曼·季托夫（Gherman Titov），他是迄今为止最年轻的太空旅行者。1961 年 8 月 6 日，他搭载 "东方" 2 号飞船进入太空，在那儿待了一天多。这在停留时间上有了一个非凡的进展，因为加加林仅仅进行了一个轨道周期的飞行。季托夫留在太空这么长时间，主要是由于他不得不找一个能在白天着陆于苏联的理想区域。由于地球的自转，所以这艘飞船必须在运行了 17 周后才能达到这一目标。后来，季托夫患上了太空病，不过还可以短时间地控制睡眠和借助牙膏那样的管子吃饭和喝水。太空病的主要起因是失重对内耳产生的影响。

当然，这些困难并没有被沉浸在欢乐中的苏联提及，季托夫也被看成是一位英雄。加加林和季托夫的飞行轨道最大的倾

左图："友谊" 7 号飞船返回，它的返回舱沉入了大西洋。

角都是 65°。

另一个英雄就是美国的宇航员约翰·格伦（John Glenn），他最终在 1962 年 2 月 20 日搭载 "水星" 太空舱——"友谊" 7 号回到了他的故乡。就像先于加加林进入太空的苏联的狗一样，在格林之前的 1961

"友谊" 号效应

1962 年 2 月 20 日，约翰·格伦（John Glenn）乘坐的飞船——"友谊" 7 号成为历史上的名角，因为它完成了轨道飞行。在此前 5 个月，苏联航天员完成了 17 次轨道飞行。有了格伦，美国也就有了自己的太空英雄。格伦的亚轨道飞行是从先于他进入太空的宇航员艾伦·谢泼德和格斯·格里索姆那里学习的。事实上，格伦成为美国第一个在轨道上飞行的宇航员，由此成为抬高美国公众士气的巨大动力。于是，格伦很快就成为美国人眼中微笑的、富于个性、赤黄色头发、脸上带有雀斑的 "邻家男孩"（boy next door）。他的飞行报道占了报纸的巨大篇幅，并被全世界的直播电视和电台播送。报道还给飞行添加了一些戏剧情节，虽然这在后来证明是错误的。他们说飞船的绝热层可能有些松动，因此格伦和他的飞船可能在回收过程中被烧毁。为了使绝热层不松动，在回收过程中必须捆紧制动火箭。整个事件使公众变得非常焦虑，大家都静静地等待格伦的壮举。当飞船上的绝热层破裂后，他就像坐在一个燃烧方块中在空中飞过。在经过返回过程中的通信黑障后，格伦最终在噼啪声中回到了地球……"孩子，那是一个真正的火球！"

上图："友谊" 7 号飞船上装有一个自动摄像机，可以监视宇航员约翰·格伦的太空飞行。

上图：1962 年 10 月 3 日，载着瓦利·斯奇拉（Wally Schirra）的"西格玛"（Sigma）7 号飞船升空。它的"宇宙神"助推器在发射过程中遇到问题，后来被考虑中止使用。

年 11 月，美国将一个黑猩猩——伊诺斯（Enos）送入太空轨道。格伦的 3 次轨道飞行鼓舞了美国民众，使美国以为自己好像赶上了苏联。另外，由斯科特·卡彭特（Scott Capenter）搭载的"极光"7 号飞船在 1962 年 5 月 24 日发射。尽管卡彭特本人的错误导致落海区域偏离了 400 千米，但这几次飞行都给美国国家航空航天局以巨大的自信来延长这个任务。

在下一个"水星"号飞船试飞之前，苏联的太空旅行被报道为太空史上最壮观的——两名苏联航天员在太空"会面"。1962 年 8 月 11 日，安德烈亚·尼古拉耶夫（Andriyan Nikolayev）首先被"东方"3

号火箭送入升空。一天后"东方"4 号又将另一名航天员帕维尔·波波维奇（Pavel Popovich）送入太空。当两个轨道重叠时，两个飞船之间的距离仅为 6.4 千米。事实上，这既不是一个有意的相遇，也不是由两个操纵灵活的飞船在它们的轨道上的交会。苏联和容易受骗的西方新闻界加在一起，都认为苏联似乎还要"领导"太空竞赛很长一段时间。同时，尼古拉耶夫也把太空飞行的时间延长到了 4 天。

1962 年 10 月 3 日和接下来的 1963 年 5 月 15 日"水星计划"的最后一个任务，美国宇航员瓦利·斯奇拉（Wally Schirra）搭载"西格玛"7 号飞船把轨道飞行的时间延长到 9 圈；航天员戈登·库珀（Gordon Copper）则进行了 34 小时 19 分的飞行，绕轨道飞行了 22 圈，把美国的太空飞行时间推向了最高点。特别是为了安全返回，乐观的他克服了许多困难。苏联的"东方"号计划于 1963 年 6 月落下了帷幕。毫无疑问，这又被看成是另一个第一。瓦莲金娜·捷列什科娃（Valentina Tereshkova）是进入太空的第一位女性，她于 6 月 16 日搭载"东方"6 号飞船进入太空。她在太空中看到了快速飞过她身边的"东方"5 号飞船。"东方"5 号飞船于两天前载着航天员瓦莱里·贝科夫斯基（Valeri Bykovsky）升空。捷列斯科娃以前是棉花厂的一名工人，也是一名业余跳伞者，但是她感到太空飞行很痛苦。尽管她感觉太空飞行使她非常难受，甚至在着陆之前就希望早早从里面出来，但是她还是不得不完成她的飞行。与她不同，贝科夫斯基却完成了太空史上唯一一个持续时间最长的人类太空飞行——4 天 22 小时 56 分。

对苏联来说，其太空飞行在宣传上

获得了非凡的成功，这次飞行也正是苏联部长会议主席尼基塔·赫鲁晓夫（Nikita Khruschev，1894—1971）下的命令。为了更进一步加大这一壮举，赫鲁晓夫又命令发射载着另外3名女航天员的飞船进入太空。因为美国也进行了同样的计划，即美国的"双子星座"号飞船升空，"双子星座"号飞船里面只能搭载两名宇航员。由于苏联没有可以搭载3个人的飞船，因此将"东方"号改装，在里面可以拥挤地搭载3个人。结果于10月12日搭载重新命名的"上升"1号飞船成为历史上最冒险的飞行。

"上升"号飞船

"上升"号飞船与"东方"号基本上是一样的，只是在里面去除或者添加了一些部件，质量增加到了5.4吨。"上升"号飞船必须有一个备用的制动火箭，因为需要在加大推力的"东方"号火箭上发射，SL-4增加了一个新的上面级，它可以将飞船推入更高的轨道。这样就不会像"东方"号飞船那样，有一个以10天为最后期限的自然回落时间。飞船有一个放在球形飞行舱顶部的茶杯状的固体燃料制动火箭。

与"东方"号主要的不同在于，"上升"号多出一些舱容，可以让3名航天员肩并肩地躺着。在后来的"上升"2号飞船上，有一个灵活的气闸舱代替了第三名航天员的座位。这意味着航天员没有弹射座椅，若发射失败根本没有机会逃出飞船。他们的衣服也是运动服，而不是航天服。由于没有任何弹射能力，在着陆时航天员不得不静静地躺在返回舱里。这样的飞船适合软着陆制动火箭系统，它配置在主降落伞的下面，在着陆前才点火，从而

把降落的速度减小到0.2米/秒。

弗拉基米尔·科马罗夫（Vladimir Komarov）——唯一一个真正的航天员、医生博伊斯·耶格罗夫（Boris Yegerov）和太空飞船的设计者康斯坦丁·费奥克蒂斯托夫（Konstantin Feoktistov，他帮助改装过飞船）成功升空后在经过仅仅一天飞行即返回。他们对这次任务贡献很少，因为他们根本无法移动身体。尽管如此，苏联的宣传机器仍然鼓吹他们创下了另一个成功。与此同时，西方国家都猜测苏联可能已经研制出新型飞船。

第一次太空行走

"水星"号计划完成后，美国总统约翰·F.肯尼迪（John F. Kennedy）在1961年5月做出了一个大胆的计划，即到1969年

上图：宇航员戈登·库珀示范了"水星"号航天舱在"信心"7号飞船飞行任务的训练中的狭窄状况。

"上升" 2 号火箭

右图：由"东方"号火箭改进的"上升"号火箭多了一个上面级。

要向月球派遣宇航员。这一计划涉及许多任务，如获得使宇航员登月计划成为可能的所有必要经验——长时间飞行、在太空操纵飞船、与其他飞船的交会、对接和太空行走或者舱外活动（EVA）。这个项目称作"双子星座计划"。

1965 年，美国国家航空航天局在"双子星座"飞行期间筹划舱外行动时，一位苏联航天员首次实现了舱外行走。3 月 18 日，阿列克谢·列昂诺夫（Alexei Leonov）努力想控制自己在太空中的行动，因为他从"上升" 2 号柔韧的气闸舱里漂了出来。20 分后，列昂诺夫开始在向狂欢的苏联人民展示图片的摄像机前翻腾起来。他不得不减少已经开始膨胀的太空服的压力，以便使自己挤回到可缩张的柔软的气闸舱内。这是一件非常困难且令他疲惫不堪的事情。在点火发动出现故障后，列昂诺夫和他的同事帕维尔·贝尔耶夫（Pavel Belayev）降落在离目的地很远的一片冰雪覆盖的森林里，但最终安全回到了家。

在列昂诺夫之后，随着 1965 年 3 月 23 日由宇航员格斯·格里索姆（Gus Grissom，因"水星计划"闻名的宇航员）和约翰·杨（John Young，美国国家航空航天局建立的由 9 名宇航员组成的新的组织的一员）执行的审慎的三轨道试飞，"双子星座计划"开始实施了。飞行的主要成就是实现了太空中的第一次机动、变轨和飞行计算机的使用。钟形的双人"双子星座"飞行器由两部分构成：再入座舱和主要由制动火箭系统构成的可被抛弃的过渡段。完整的飞行器质量 3.25 吨，长 5.58 米，白色过渡器段的底座直径为 3.05 米，黑色的人员模块长 3.35 米，底部直径 2.28 米。每位宇航员前面

苏联的"上升"号任务

时 间	交通工具	任 务
1964 年 10 月 6 日	"宇宙" 47	不载人的"上升"号试飞成功
1965 年 10 月 12 日	"上升" 1 号	3 名航天员弗拉基米尔·科马罗夫（Vladimir Komarov）、博伊斯·耶格罗夫（Boris Yegerov）和康斯坦丁·费奥克蒂斯托夫（Konstantin Feoktstov）进行了成功的 1 天零 17 分的飞行
1965 年 2 月 22 日	"宇宙" 57	不载人的"上升" 2 号飞船试飞，在进入轨道后爆炸
1965 年 3 月 7 日	"宇宙" 59	测试舱外活动的气闸舱
1965 年 3 月 18 日	"上升" 2 号	历时 1 天 2 小时 2 分，阿列克斯·列昂诺夫进行了 20 分的太空行走。指令长为帕维尔·贝尔耶夫（Pavel Belayev），在系统失效后人工返回
1966 年 2 月 22 日	"宇宙" 110	小狗维特洛克（Veterok）和乌戈尔约克（Ugolyok）搭载"上升"号飞船在太空中进行了 21 天在轨飞行，安全返回地面

有个舷窗。宇航员躺在有发射逃逸能力的弹射椅上。每位宇航员有一个入口舱盖，能很容易地打开，出去进行舱外活动。除了没有潜望镜，其陈设与"水星"号非常接近，这是第一个通过计算机控制的航天器。

在飞船的前端，是在制动点火时稳定飞船用于返回控制系统的推进器，其前部还包括降落伞系统。降落伞是在系索上打开的，当"双子星座"着陆时将其推入到水平位置，而不是像"水星"号那样让飞船的底部先着地。这就给第一批乘员造成了一个不希望出现的问题——在降落伞打开时产生了一种很猛烈的拉力，葛瑞塞的头盔撞在了控制面板上，导致面罩破裂。轨道位置的附加控制推进器和操纵系统安装在后半部过渡段里。过渡段被分为两部分，一部分用来支撑 4 个制动火箭系统，共有 11074 牛的冲力；另一部分携带环境供应物品，如氧气和动力电池。后半部分首先展开，露出用于制动点火的内段，一旦制动点火完成，内过渡段也将弹出，为航天舱再入地球大气层做准备。

"双子星座"飞船带有交会雷达和相关设备，除了"双子星座" 3 号、4 号、6 号飞船，其他都用独特的氢氧燃料电池发电。燃料电池可以通过两种化学物质发电。在这里是液氧和液氢的反应，把化学能转化为电能。氧和氢反应的副产品就是供航天员喝的水。

成为主导的"双子星座"

"双子星座"是由美国第二代洲际弹道导弹"大力神" 2 号发射的，在发射"双子星座"3 号之前进行过两次不载人的试飞。继这次任务之后直到 1966 年，共执行了 9 次以上的任务，这次任务成为历史上著名的太空飞行之一。每一次飞行都是在汲取实现计划所需要的经验基础上，向靠近月球迈近了一步，而在那里绝没有苏联航天员留下的痕迹，苏联的幻想破灭了。

"双子星座" 4 号是以 1965 年 6 月 3 日由爱德华·怀特（Edward White）进行的美国第一次舱外活动和美国最长的 4 天太空飞行任务为主要特征的。"双子星

1961 年 5 月，美国的第一个"水星计划"结束时，约翰·肯尼迪总统做出了一个大胆的决定，1969 年将把宇航员送往月球，这个计划被称作"双子星座（Gemini）计划"。

"上升" 2 号飞船

1965 年 3 月 18 日，阿列克谢·列昂诺夫成了第一个在太空行走的人。他通过一个可以膨胀的气闸舱从"上升" 2 号飞船中出来，这个气闸舱是从船员舱里面延伸出来的。

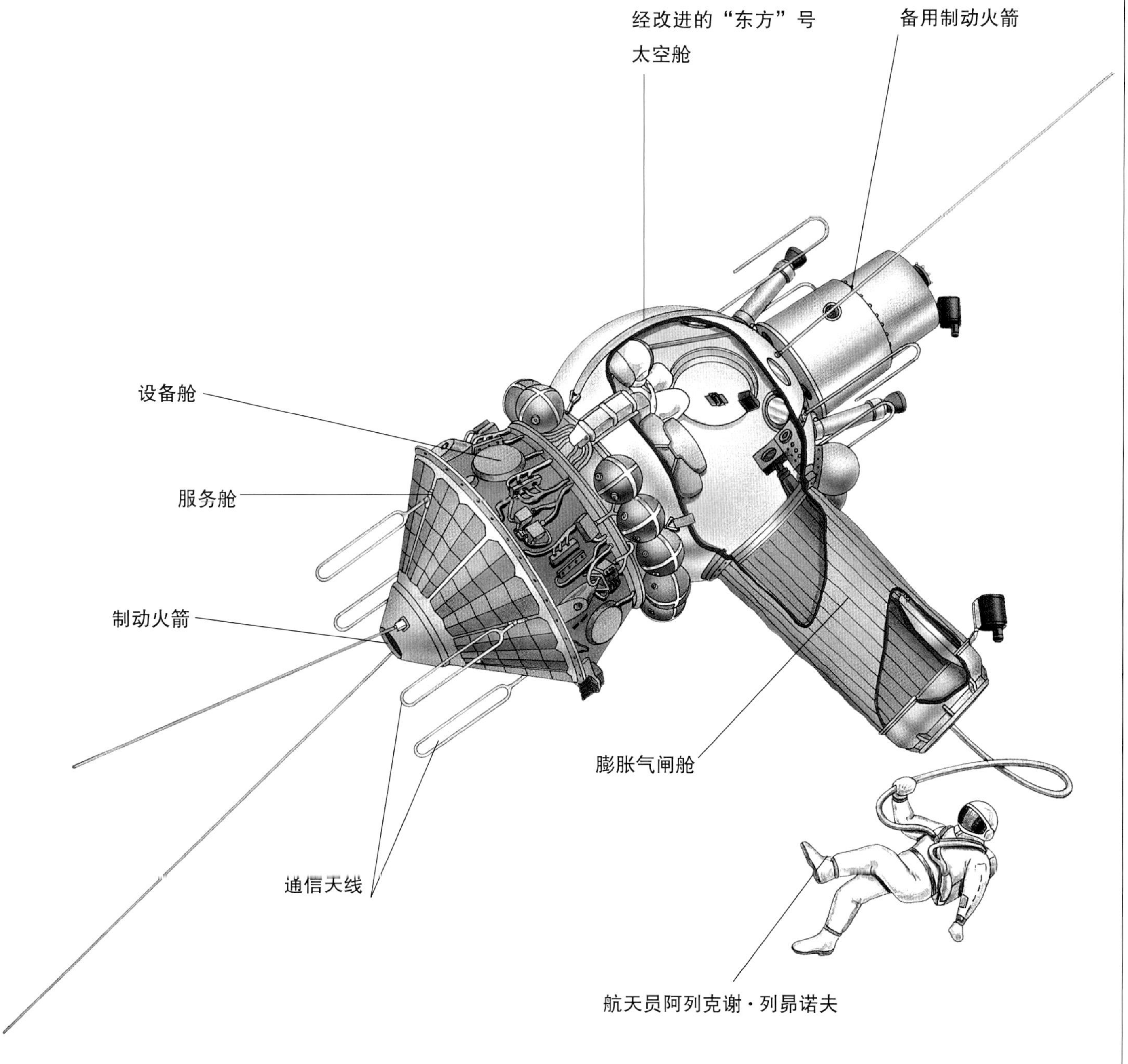

经改进的"东方"号太空舱

备用制动火箭

设备舱

服务舱

制动火箭

膨胀气闸舱

通信天线

航天员阿列克谢·列昂诺夫

座" 5 号在 8 月 21 日发射后，把这个纪录延长至 8 天。"双子星座" 6 号原计划

与"阿金纳"目标飞船进行交会和对接，不幸的是，"阿金纳"飞船 10 月 25 日爆

炸了。因此决定先在 12 月发射"双子星座"7 号，然后发射"双子星座"6 号与之对接，又一项伟大的太空任务诞生了。弗兰克·博尔曼（Frank Borman）和詹姆斯·洛弗尔（James Lovell）于 1965 年 12 月 4 日乘"双子星座"7 号进入太空，并将载人太空飞行的纪录延续到近 14 天。他们在太空时，于 12 月 15 日见到了由瓦利·斯奇拉（Wally Schirra）和汤姆·斯塔福德（Tom Stafford）驾驶的、执行第一次交会任务的"双子星座"6 号。"双子星座"6 号距 7 号不到 0.3 米。

美国的"双子星座"任务

日 期	运载工具	任 务
1964 年 4 月 8 日	"双子星座"1 号	测试把返回舱连接到第二级"大力神"火箭上，没有回收计划
1965 年 1 月 19 日	"双子星座"2 号	在经历 1964 年 12 月 8 日发射失败后，测试高速、高热返回。在发射 18 分后被回收
1965 年 3 月 23 日	"双子星座"3 号	宇航员格斯·格里索姆（Gus Grissom）和约翰·杨（John Young）在 4 小时 52 分 51 秒内进行三轨道飞船测试
1965 年 6 月 3 日	"双子星座"4 号	指令长吉姆·麦克迪维特（Jim McDivitt）飞行了 4 天 1 小时 56 分；由艾德华·怀特（Edward White）进行了持续 22 分的第一次舱外活动
1965 年 8 月 21 日	"双子星座"5 号	戈登·库珀（Gordon Copper）和皮特·康拉德（Pete Conrad）以 7 天 22 小时 55 分的太空飞行时间，打破了人类太空飞行的纪录
1965 年 12 月 4 日	"双子星座"7 号	弗兰克·博尔曼（Frank Borman）和詹姆斯·洛弗尔（James Lovell）以 13 天 18 小时 35 分的时间再一次打破了人类太空飞行的纪录
1965 年 12 月 15 日	"双子星座"6 号	瓦利·斯奇拉（Wally Schirra）和汤姆·斯塔福德（Tom Stafford）在 1 天 1 小时 51 分的飞行中完成了第一次太空对接
1966 年 3 月 16 日	"双子星座"8 号	尼尔·阿姆斯特朗（Neil Armstrong）和大卫·斯科特（David Scott）在太空与"阿金纳"目标飞船第一次完成飞船的对接。接下来的任务因为一些严重的控制问题而失败。历时 10 小时 41 分
1966 年 6 月 3 日	"双子星座"9 号	交会目标飞船，但不对接。吉恩·塞尔曼（Gene Cernan）打破了舱外活动的纪录，指令长是汤姆·斯塔福德。此次任务历时 3 天零 20 分
1966 年 7 月 18 日	"双子星座"10 号	对接"阿金纳"飞船。它可以助推"双子星座"10 号飞船升到 740 千米的高度。宇航员是约翰·杨和进行太空行走的迈克尔·柯林斯（Michael Collins）。任务历时 2 天 22 小时 46 分
1966 年 9 月 12 日	"双子星座"11 号	对接并再一次推进"双子星座"号飞船进入高 1368 千米的太空，44 分的太空行走。宇航员是皮特·康拉德（Pete Conrad）和理查德·戈登（Richard Gordon）。任务历时 2 天 23 小时 17 分
1966 年 11 月 11 日	"双子星座"12 号	对接"阿金纳"飞船，巴兹·奥尔德林（Buzz Aldrin）舱外活动 2 小时。指令长是吉姆·洛弗尔（Jim Lovell）。任务历时 3 天 22 小时 31 分

上图：1964 年 3 月发射的"双子星座"1 号飞船，比第一次"双子星座"号载人飞行早了 1 年。

"双子星座"号飞船

建造于 1965—1966 年的 10 艘"双子星座"号系列载人宇宙飞船,为"阿波罗计划"的实施铺平了道路,实现了交会、对接、太空行走和长时间飞行。

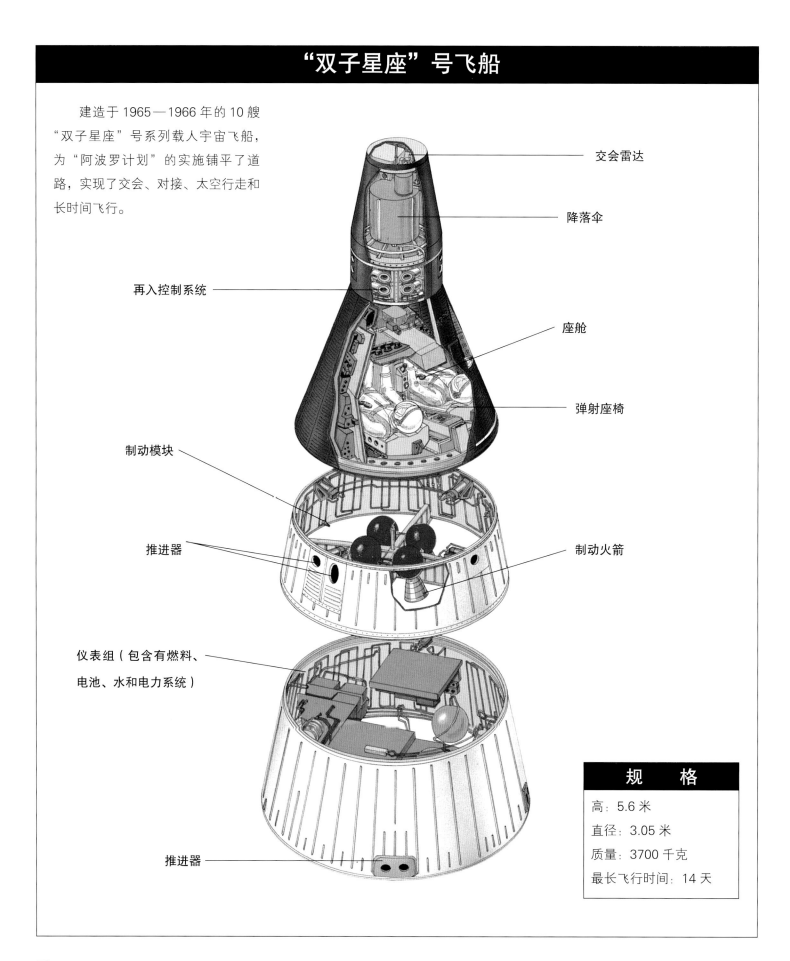

交会雷达

降落伞

再入控制系统

座舱

弹射座椅

制动模块

推进器

制动火箭

仪表组(包含有燃料、电池、水和电力系统)

推进器

规 格
高:5.6 米
直径:3.05 米
质量:3700 千克
最长飞行时间:14 天

"双子星座"的下一个目标就是实际的对接。1966年3月16日，尼尔·阿姆斯特朗（Neil Armstrong）和大卫·斯科特（David Scott）搭乘"双子星座"8号与"阿金纳"目标飞船会合，实现了这个目标。由于推进器发生故障，他们遇到了很多问题，尽管遭遇了载人太空飞行中最危险的时刻，但在他们的努力下，"双子星座"8号安全返回。1966年6月3日发射的"双子星座"9号实现了与目标飞船的交会，但是因为目标飞船没有和有效载荷遮板分离，并没有实现完全对接。宇航员吉恩·塞尔曼（Gene Cernan）打破了在太空漫步两小时的纪录，这个纪录引发了比所解决的问题还要多的问题。正如他后来所描述的，他"像在地狱中漫步"，会脱离任何一个和他接触的物体，这是对牛顿定律的一个完美阐释。1966年7月，"双子星座"10号实现了与另一艘"阿金纳"飞船的对接，此时火箭重

新点燃了引擎，把宇航员送入更高的高度。1966年11月达到1368千米高度记录的"双子星座"11号，也取得了成就。"双子星座"12号以另一次对接和成功的舱外活动结束了计划。其间，通过宇航员巴兹·奥尔德林（Buzz Aldrin）在宇宙飞船外对把手和立足点的使用，使这个计划更为完美。

上图：从大西洋中回收完成历史性会合任务的"双子星座"6号

太空中的自转

1966年3月16日，尼尔·阿姆斯特朗（Neil Armstrong）和大卫·斯科特（David Scot）在太空中完成了第一次对接，把他们的"双子星座"8号飞船与"阿金纳"8号目标飞船连接在一起。任务控制人员注意到，在"阿金纳"上面有一个不寻常的问题，并告诉宇航员们如果"阿金纳"遇上任何位置失控问题，就把控制系统关掉。带着这些想法，宇航员们准备完成他们的下一个任务，即把"阿金纳"8号目标飞船向右调整90°。这次演习用了不到5秒就完成了，比计划的60秒少了许多。斯科特向控制面板看了看，发现飞船有一个30°的偏角。阿姆斯特朗通过点火"双子星座"8号飞船的助推器暂时纠正了这个倾斜，但接着飞船又一次开始倾斜。随着警报声在他们耳边不断地响着，宇航员关闭了目标控制系统。阿姆斯特朗准备把飞船移动到一个正确的水平位置，然而更严重的问题出现了——飞船的结合体加速倾斜。仍然悬挂着的"阿金纳"8号导致了倾斜，阿姆斯特朗想把问题解决，但所有努力都是徒劳的。面对结合体将要破裂并且引起巨大碰撞的危险，阿姆斯特朗决定放弃对接。"双子星座"8号的滚转速率增加到了1转/秒，并且开始向前倾斜。"我们遇到了严重的问题……我们将要放弃这个任务。"斯科特向地面指挥中心报告，"我们已经倾斜，不能关掉任何东西，并且继续向左倾斜。"阿姆斯特朗再次补充道。宇航员们有些眩晕，控制面板上的表盘都有些模糊了，而且都接近了它们的物理极限。唯一可以使飞船回到可控制状态的办法，就是利用返回控制系统并禁用轨道操纵系统。阿姆斯特朗用返回系统使飞船稳定了下来，并再一次打开了轨道操纵系统，但是不再倾斜了。最后，宇航员们知道了错误的根源——轨道操纵系统上的一个助推器仍处在点火状态。启用关键的返回系统可以使飞行停止，阿姆斯特朗和斯科特在经历了痛苦之后，在太平洋上空安全地返回地球。

四

登　月

———

太空时代到来之前，人类就梦想着探索月球以及更远的领域。很多科学家曾经设计过宇宙飞船，并且在人类首次登月前，就已经有很多描绘人类首次登月时对月球的想象图。没有人会想到，人类在对太空探险的第一个阶段就能够登上月球，但他们的确做到了。

美国"阿波罗计划"是一项旨在尽快登月的非凡计划。当两个超级大国开始激烈竞争时，就赋予了探索太空时代这个主题特殊的含义，因此该项计划的政治性远大于它的科学性。1961年5月，美国总统约翰·F.肯尼迪（John F. Kennedy，1917—1963）做出承诺，在1969年年底要实现人类登月，目的是胜过苏联，以确保西方而不是东方在全世界的技术领先地位。这是一项大胆的挑战，那时，美国在太空方面的经验仅限于艾伦·谢泼德（Alan Shepard）15分的载人航天飞行，而且其中只有5分是在太空中。因此，美国国家航空航天局的科学家和工程师们只能加紧工作，以尽快找到抵达月球的最佳方法。

左图：1972年4月，查理·杜克（Charlie Duke）在"阿波罗"16号飞船执行任务期间，用月球车探索月球的笛卡尔地区。

美国国家航空航天局认为有3种办法可以按期实现肯尼迪的承诺，但不一定能在预算之内。

第一种是最显而易见的方法，即直接上升（direct-ascent）方法。这种方法需要建造一个名为"新星"（Nova）的大型助推器。它可以把一个整体的航天器直接发射到月球，在月球登陆探索一段时间后，再次起飞并重返地球。"新星"助推器应产生 1.764×10^8 牛的推力，尽管这是最合逻辑的方法，但也是费用最昂贵的。

第二种是地球轨道交会方法。是指所有月球之旅所需的零件被分别发射到地球轨道上，在那里交会并组装成一个单独的系统，添加燃料，然后再送到月

右图：在肯尼迪航天中心 39A 发射台上"土星"5号助推器上面"阿波罗"11号飞船的照片。火箭逃逸系统在飞船的顶部。

"阿波罗"飞行示意图——登月任务

下图是"阿波罗"任务登月并返回地球的飞行路径，描述了地球停泊轨道、地月转移轨道、月球轨道、登月，以及返航的路线。

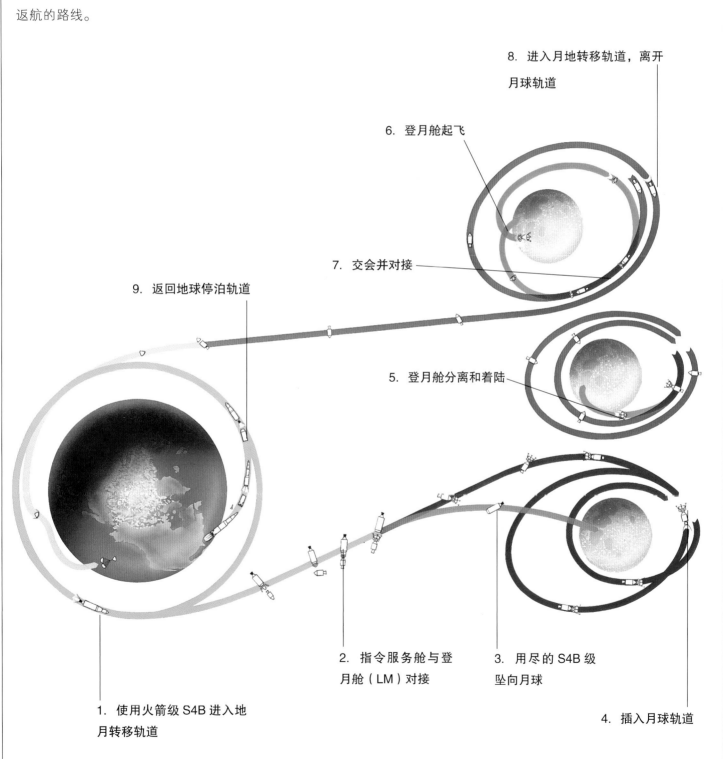

8. 进入月地转移轨道，离开月球轨道

6. 登月舱起飞

7. 交会并对接

9. 返回地球停泊轨道

5. 登月舱分离和着陆

2. 指令服务舱与登月舱（LM）对接

3. 用尽的 S4B 级坠向月球

1. 使用火箭级 S4B 进入地月转移轨道

4. 插入月球轨道

上图：迈克·柯林斯（Mike Collins）操控的位于月球轨道上的"阿波罗"11号指令/服务舱——"哥伦比亚"号，由"鹰"号登月舱宇航员尼尔·阿姆斯特朗和巴兹·奥尔德林拍摄。

右图：在训练期间由于发射台发生火灾而牺牲的"阿波罗"1号的宇航员。这是他们训练时的照片，从左至右依次为罗杰·查菲（Roger Chaffee）、爱德华·怀特（Edward White）和格斯·格里索姆（Gus Grissom）。

球上。为实现这一任务，更小型的"土星"C-5火箭已经开始研制。地球轨道交会方法的一个颇具吸引力的附带好处，就是可以在地球轨道上建立一个空间站，充当登月任务中交会、组装和重新添加燃料的基地，这个基地也可以用于科研。

第三种方法是月球轨道交会方法。在太空交会还没有完成的时候，在轨道上建立大型部件的前景启发了美国国家航空航天局，于是提出了第三种方法：通过发射附着在"土星"C-5上的飞行器来完成月球轨道交会。这是3种方法中最简单的，但也是危险的。按这一计划，将有3名宇航员进入母体船舱，第一步先到达地球轨道，然后飞向月球并进入其轨道绕行。着陆时，一名宇航员待在母船中，其他两人则进入登陆飞行器，并利用登陆飞行器的下降发动机在月球登陆。在月球行走后，

登月舱上半部分会起飞，而下半部分则留在月球上，在月球轨道上与母体船舱重新对接，随后母体船会脱离月球轨道，重返地球。因为是在月球轨道上交会，所以不允许出错。在宇宙飞船开始环月飞行以后，就应该做一些难度极大的轨道修正和机动。如果引擎不能把宇航员带出月球轨道，他们就会在太空中消失。

1962年，美国国家航空航天局采纳了最廉价的月球轨道交会方法。此时，"阿波罗计划"处于在7年内完成目标的路上。"双子星座计划"已经证明"阿波罗"在地球轨道上的需求，同时，发射不载人的月球探测装置用来为登陆找到最佳地点。由此开始了10年重要而且不同寻常的太空探险，人们称之为"震撼的60年代"，这在某种程度上归因于探月竞赛的快速发展。

登 月 舱

从登月舱的示意图可以看出，在月球上上升级是如何将下降级作为发射台的。

规 格

高度：7 米
宽度：9.45 米
质量：15 吨

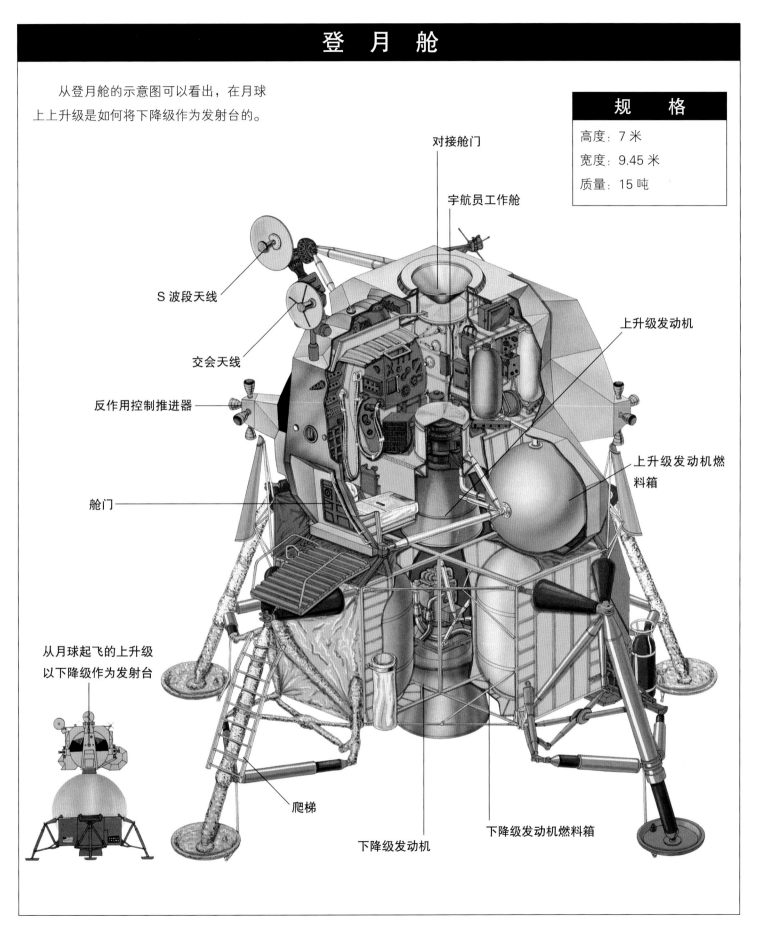

对接舱门

宇航员工作舱

S 波段天线

交会天线

反作用控制推进器

舱门

上升级发动机

上升级发动机燃料箱

从月球起飞的上升级以下降级作为发射台

爬梯

下降级发动机

下降级发动机燃料箱

"12，11，10，9，8……点火"。火箭底部出现一小团橙色的火焰，然后突然变成大火，并且在发射塔的每一边喷出烟和气。"一切运转正常"，"土星"号好像永远都待在那儿，火焰在翻腾。人群中发出了欢呼声："喔，起飞了。"

"阿波罗"宇宙飞船

"阿波罗"探月飞船由 3 个部分组成：指令舱，供 3 名宇航员往返月球；服务舱，直到再次返回到地球大气层之前一直与指令舱相连；登月舱，里面的 2 名宇航员可以在月球上登陆，再次起飞时进入月球轨道与指令舱对接。指令舱和服务舱的结合被称为 CSM，而登月舱被简称为 LM。

发射逃逸系统被放置在"阿波罗"指令舱顶部。如果"土星"5 号助推器出现故障，它将在发射的前 100 秒内被使用。发射逃逸系统包括一个固体助推火箭，上面有一个封闭的盖，能保护指令舱不被损坏。如果要终止任务，发射逃逸系统的火箭会点火，推动指令舱远离火箭的剩余部分，然后降落到靠近肯尼迪航天中心的海里（在主攻登月计划的卡纳维拉尔角空军基地北部）。如果不需要，在 100 秒后，携带着推进保护罩的逃逸系统会被丢弃。

"阿波罗"号飞船的登月舱位于指令舱和服务舱下部。船体在"阿波罗"离开"土星"5 号火箭继续前往月球之前，将有一个对换和对接操作。一旦偏离地球轨道，指令舱和服务舱将从"土星"5 号的第三级分离出来，转身并与登月舱对接。这个过程要使用位于指令舱头部的对接减速机构。随后指令舱将登月舱从"土星"5 号中抽出，合并后的飞船飞向月球。一旦对接探头被移除，宇航员们可以通过通道在两个舱之间移动。

5 吨的指令舱高 3.65 米，宽 3.65 米，与狭窄的"水星"号和"双子星座"号太空舱相比，拥有相对较大的空间。指令舱充当了驾驶舱、卧室、厨房、洗漱室和厕所，那里储存了固体废物袋，以及用来将尿排入太空的设施。

宇航员们坐在安装在地板上的 3 个倾斜的座位上，面对一个宽度为 2.1 米的显示器控制台，控制台上安装有包括飞行计算机、机动推进器和主推进发动机在内的各系统的开关和仪表刻度盘。在充当厕所的小床脚的下部有一个导航隔间。舱内的大气压是 1.03×10^5 帕，氧气含量为 100%。这个舱的大部分是隔热的，使宇航员接触不到 1649℃的高温。这个温度是飞船在以 40000 千米 / 时的速度进入地球大气时所达到的。

服务舱长 7.6 米，质量为 24 吨，在前部末端有一个圆锥形的火箭发动机喷嘴和一个能发出轰鸣声的通信天线。该舱包括了一台 91140 牛推力的系统发动机，这对月球轨道插入及月球转移轨道来说是至关重要的。除了火箭推进剂，服务舱还包括能产生电力和水的燃料电池。

"土星"5 号火箭上的计算机

"土星"5 号火箭配备了非常复杂的飞行计算机。仪表具有一个环绕火箭的环状结构，可以测量火箭助推器的加速度和方位，并且在指挥发动机燃烧之前，能够计算必要的修正值。它还能够测量火箭助推器的遥感、电力供应和热调节系统。仪表单元高 0.9 米，直径 6.4 米，质量 45 千克，其计算能力相当于当今最简单的袖珍计算器。

登月舱

登月舱看上去像只奇怪的昆虫，实际上过去常被称作"虫子"。登月舱是一个高 7 米、宽 9.45 米的两级飞行器，有 4

发射成功的狂欢

1967年9月9日，肯尼迪航天中心的39A发射台发射了第一枚"土星"5号火箭，发射产生了强大的爆炸声、光，以及冲击波。美国著名电视主持人沃尔特·克朗凯特（Walter Cronkite）报道了这次发射，尽管报道地点距发射现场有4.8千米远，发射产生的冲击波仍使他的工作室顶部出现塌陷。观察"土星"5号火箭发射是一件使人振奋的事，太阳在炎热、令人出汗的天气里开始升起。从肯尼迪航天中心的报道现场，所观察到的是一个白色的针状物——"土星"火箭。报道现场的气氛更像是在狂欢，很多人都带着卡片式的太阳帽，舒服地喝着饮品。飞船将载着3个人从地球出发，或许不能再返回。而现场却像是在报道温布尔登网球锦标赛。

发射时刻终于到了——开始倒计时，气氛紧张起来。当美国国家航空航天局的公共事务官倒数秒数时，现场相当安静。上百台照相机开始拍照，发出的声音就像无数只蟋蟀的叫声，这时人们听到"12，11，10，9，8……点火"。火箭底部出现一小团橙色的火焰，然后突然变成大火，并且在发射塔的周围喷出烟和蒸气。"一切运转正常……""'土星'5号火箭好像永远都会在那儿，火焰在翻腾"。人群中发出了欢呼声："喔，起飞了"。"土星"5号火箭开始升空，气氛慢慢地变得相当平静。火箭起飞7秒后沉静被打破了，隆隆作响的地面像是要把发射场地吞没掉。然后出现了噪声，像是撞击地面的冲击声和低空飞行的咆哮声。火箭在升高，产生了相当于火箭高度两倍长的火舌和烟雾，而且在发射塔的周围扩散出至少3000米宽的云。噪声在T+25秒达到高峰，在T+40秒开始降低。在T+60秒时，天空中的声音开始变得不那么震耳欲聋。这个过程结束了，发射台也空了，满是蒸汽。好一会儿都没有人说话，人们开始相互注视。随后，沉默消失了，人们爆发出欢笑声，狂欢的气氛再次出现。

右图：1969年7月16日，"阿波罗"11号飞船的惊人发射产生了巨大的冲击及震动，数千米之外的大地都感到了震颤。

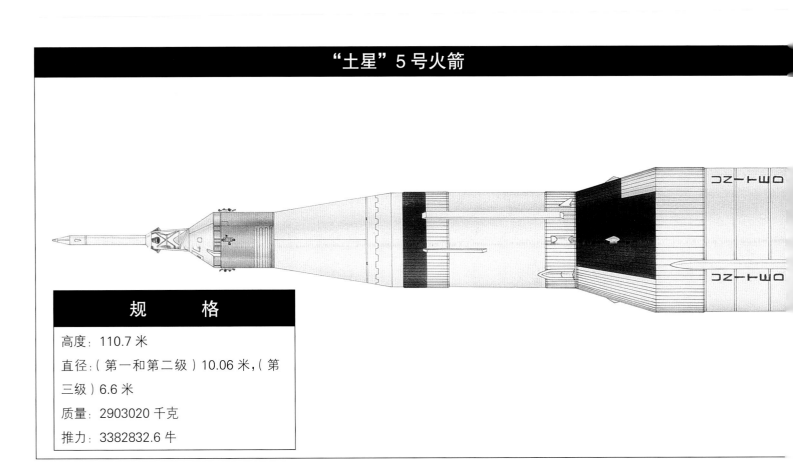

下图："土星"5号助推器是研制成功的最高的火箭，曾载着第一批宇航员飞向月球。

条细长的登陆支架。尽管它质量有 15 吨，由于它是由铝合金和薄薄的绝热层制成的，所以相对易碎。宇航员给它起了一个绰号，叫作"纸制的太空飞船"。

登月舱分为两部分。下降级是无人控制的，包括能执行登月的下降发动机。它的每个支架都备有一个梯子，宇航员可以沿着梯子下到月球表面。下降级的上面是上升级，是驾驶舱，以及为两名成员准备的起居室。舱里没有座位，宇航员站在飞行控制台上。指令长站在左边，登月舱宇航员站在右边，能通过 0.3 米宽的三角形窗户向外瞭望。主舱口是向内打开的，允许指令长先出去，用手和膝盖爬到梯子顶部的小走廊里。登月舱的宇航员与其说是宇航员还不如说是系统工程师。当完成探测时，宇航员将使用下降级作为发射台，

并引燃上升发动机进入月球轨道。为了交会并与指令服务舱对接，需由一名指令舱成员操纵。指令服务舱推进系统点火，载着全体宇航员飞出月球轨道驶向地球。接触地球的位置非常关键，不能有差错。当指令服务舱垂直落向地球时，指令舱将分离，像石头打水漂一样撞入大气层。这个操作充分降低了太空舱的速度，使太空舱最终进入大气层。重返的过程是由旋转的飞船来控制的，以确保精确着陆到大西洋上。如果指令舱直接撞到大气层，只要入射角接近 90°，它就会粉碎并燃烧，在几秒内毁坏。如果飞船以一个特定的角度撞击，它将被弹回太空，不再回来。

截至 1968 年，应用小型的"土星"1号和 1B 号助推器的各种"阿波罗"舱，

"土星"5号火箭

规 格
高度：110.7 米
直径：（第一和第二级）10.06 米，（第三级）6.6 米
质量：2903020 千克
推力：3382832.6 牛

左图:"土星"5号火箭的第三级,用S4B火箭把"阿波罗"飞船发射到地球停泊轨道,再次点火将"阿波罗"号飞船送往月球。随后,废弃的S4B火箭将撞击月球或进入太阳轨道。

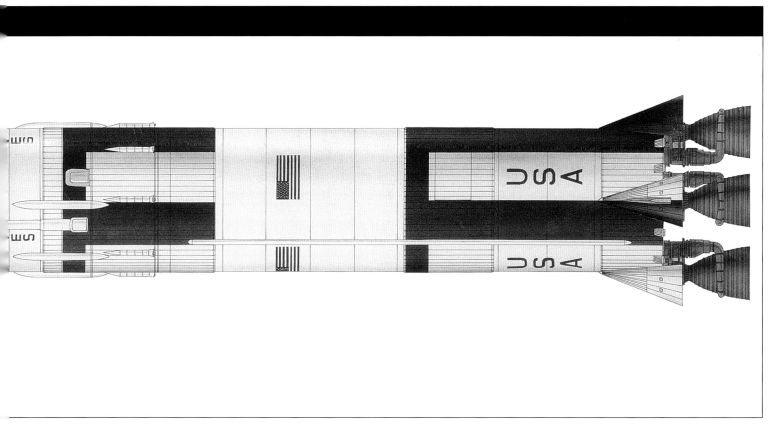

载人"阿波罗"号飞船航行日志

1968 年 10 月 11 日——"阿波罗"7 号飞船

由瓦利·斯奇拉（Wally Schirra）以及两个资深的宇航员唐·埃斯利（Donn Eisele）和瓦尔特·康尼翰（Walt Cunningham）指挥，完成了使用"土星"1B 火箭进入地球轨道的任务。阿波罗指令舱和服务舱在地球轨道上成功试航，停留了 10 天 20 小时 9 分 3 秒。

上图：1968 年 12 月，第一次载人轨道任务阶段由"阿波罗"8 号飞船拍摄的具有历史性的"地出"图像（Earthrise，从月球上看地球，地球从月球的地平线上升起——译者注）。

1968 年 12 月 21 日——"阿波罗"8 号飞船

这是非常有意义的探索性航行之一。由弗兰克·博尔曼（Frank Borman）及指令舱宇航员詹姆斯·洛弗尔（James Lovell）和宇航员威廉·安德斯（William Anders）操纵飞船，搭载第一批人类飞往月球。"阿波罗"8 号的成员在 20 小时 11 分之内绕着月球旋转了 10 圈，而此时地球上正在欢度令人难忘的圣诞节。在完成了持续 6 天 3 小时 42 秒的太空飞行任务后安全返回地球。

1969 年 3 月 3 日——"阿波罗"9 号飞船

在太空中进行登月舱模拟登陆和返回地球轨道的测试。指令长詹姆斯·麦克迪维特（James McDivitt）和登月舱宇航员拉斯提·斯维卡特（Rusty Schweickart）保持登月舱持续飞行了 6 小时 20 分，随后与指令舱宇航员大卫·斯科特（David Scott）进行对接。这次任务持续了 10 天 1 小时 54 秒。

1969 年 5 月 18 日——"阿波罗"10 号飞船

指令长汤姆·斯塔福德（Tom Stafford），指令舱宇航员约翰·杨（John Young）及登月舱宇航员尤金·塞尔南（Eugene Cernan）被送往月球轨道。斯塔福德和塞尔南进行了模拟登月飞行，在 8 小时的独自飞行中到达了距月球 14.5 千米的范围内。这次任务在月球轨道上持续了 2 天 13 小时 31 分，全部用时 8 天 3 分 23 秒。

1969 年 7 月 16 日——"阿波罗"11 号飞船

由尼尔·阿姆斯特朗（Neil Armstrong）主控，指令舱宇航员迈克·柯林斯（Mike Collins）和登月舱宇航员巴兹·奥尔德林（Buzz Aldrin）配合完成了第一次登月尝试。"鹰"号登月舱在 7 月 20 日安全登陆，之后阿姆斯特朗踏上了月球的静海。他和奥尔德林共用了 2 小时 21 分在月球表面上行走，收集到 22 千克的样本。"鹰"号登月舱在月球上停留 21 小时 30 分，独立飞行 31 天 3 小时 59 分。指令舱"哥伦比亚"号在月球轨道上停留 2 天 11 小时 30 分，全部飞行历时 8 天 3 小时 18 分 35 秒。

1969 年 11 月 14 日——"阿波罗"12 号飞船

查尔斯·皮特·康拉德（Charles Pete Conrad）和艾伦·宾（Alan Bean）乘"无畏"号登月舱到达月球的风暴洋。他们用"无畏"号登月舱登陆，而指令舱宇航员理查德·戈登（Richard Gordon）仍在月球轨道上的"扬基快船"（Yankee Clipper）号上。康拉德和宾在月球上进行了 2 次共用时 7 小时 45 分的行走，收集到 34 千克的样本。"无畏"号登月舱的独立飞行时间是 1 天 13 小时 42 分，其中有 1 天 7 小时 31 分是在月球表面。整个任务持续了 10 天 4 小时 36 分 25 秒。

1970 年 4 月 11 日——"阿波罗"13 号飞船

由主控宇航员詹姆斯·洛弗尔（James Lovell）、指令舱宇航员杰克·斯威格特（Jack Swigert）

和登月舱宇航员弗莱德·海斯（Fred Haise）完成的前往月球的弗拉毛罗（Framauro）高地的任务是不走运的。"奥德赛"号服务舱的爆炸削弱了前往月球的能力，阻止了由"水瓶座"号登月舱进行的登陆计划。宇航员克服了一连串的困难后终于从月球返回。他们的任务历时5天22小时54分41秒。

1971年1月31日——"阿波罗"14号飞船

这本应是"阿波罗"13号飞船完成的任务。主控宇航员艾伦·谢泼德（Alan Shepard，1961年美国进入太空的第一人）、指令舱宇航员斯图尔特·罗萨（Stuart Roosa）和登月舱宇航员艾德加·米切尔（Edgar Mitchell）开始一个持续9天2分57秒的旅行。任务包括"心大星"号（Antares）登月舱登陆，用时9小时22分，在使用有轮的工具和模型电车的两次太空行走中收集了44.5千克的样本。谢泼德和米切尔除了在"心大星"号登月舱上独立飞行1天15小时45分，还在月球表面停留了1天9小时31分。"小鹰"号指令舱在轨道上持续了2天18小时39分。

1971年7月26日——"阿波罗"15号飞船

主控宇航员大卫·斯科特（David Scott）、指令舱宇航员阿尔弗莱德·沃尔登（Alfred M. Worden）和登月舱宇航员吉姆·艾尔文（James Irwin）进入月球轨道。在那里，"奋进"号指令舱原预计停留12天7小时11分53秒，但实际上停留了6天1小时18分。"猎鹰"号（Falcon）登月舱在哈得利着陆，靠近哈得利溪。斯科特和艾尔文在3次月球行走中操纵第一个月球车，用时18小时25分，收集到78.5千克月岩样本。在月球上停留2天18小时55分。沃尔登在返回地球的途中，第一次做了38分的舱外活动，这或许是整个计划中最有科学价值的部分。

1972年4月16日——"阿波罗"16号飞船

这次的任务是约翰·杨（John Young），以及"卡斯帕"（Casper）号指令舱宇航员肯·马丁利（Ken Mattingly）和"猎户座"号登月舱宇航员查斯·杜克（Charlie Duke）控制的。"猎户座"号登月舱在月面迪斯卡特着陆，停留2天23小时14分。其间，杨和杜克进行了3次月球行走，历时20小时14分；在行走过程中，收集到96.6千克月岩样本。"猎户座"号登月舱的单独飞行时间是3天9小时28分。"卡斯帕"号指令舱在月球轨道上用时5天5小时53分，马丁利的最长的单独太空飞行中用时3天9小时28分。整个任务的时间是11天1小时51分5秒。马丁利在返回的过程中进行了1小时13分的舱外活动。

1972年12月7日——"阿波罗"17号飞船

最后的任务是在月球陶拉斯－利特罗（Taurus-Littow）上着陆，由登月舱宇航员、首位太空地理学家杰克·施密特（Jack Schmitt）完成。主控宇航员是尤金·塞尔南（Eugene Cernan），指令舱宇航员是罗纳德·埃万斯（Ron Evans）。"挑战者"号（Challenger）登月舱在月球表面停留了3天2小时59分。3次月球行走历时22小时5分，包括驾驶月球车，塞尔南和施密特收集110千克月岩样本。第二次月球行走历时7小时37分，也是月球行走最长的一次。"挑战者"号登月舱用时3天8小时10分，由"阿美利加"号指令舱控制，在月球轨道上历时6天3小时48分，整个任务持续12天13小时1分59秒。埃万斯在返回过程中进行了1小时6分的舱外活动。

下图：在"阿波罗"15号飞船任务期间，宇航员吉姆·艾尔文在哈得利基地靠近第一辆月球车附近所拍的照片。

在地球轨道上已经做了很多次飞行测试。同时，也进行过飞行测试的"土星"5号火箭属于大型推动设备，是专门用于载人登月的。"土星"5号火箭是由德国V2火箭设计师冯·布劳恩博士在位于哈斯垂尔（Hunstrille）的美国国家航空航天局的太空飞行中心设计和开发的。因为顶部是参照"阿波罗"系统设计的，所以这个奇特的火箭有110.7米高。它的5个第一级的设备聚集成一股3.35×10^7牛的推动力，每个设备会消耗136吨/秒的推进剂，并产生巨大的噪声，可以使数千米内的大地像地震一样震动，火箭包括三部分，有两部分在9分内完成任务。

第一级由一组液氧和煤油的发动机提供能量，这些设备能把火箭以13360千

上图：巴兹·奥尔德林（Buzz Aldrin）从"阿波罗"11号飞船登月舱的梯子上走下来。

右图："阿波罗"12号飞船的艾伦·宾（Alan Bean）正在"无畏"号登月舱边工作，准备在风暴洋的表面安放更多的仪器。

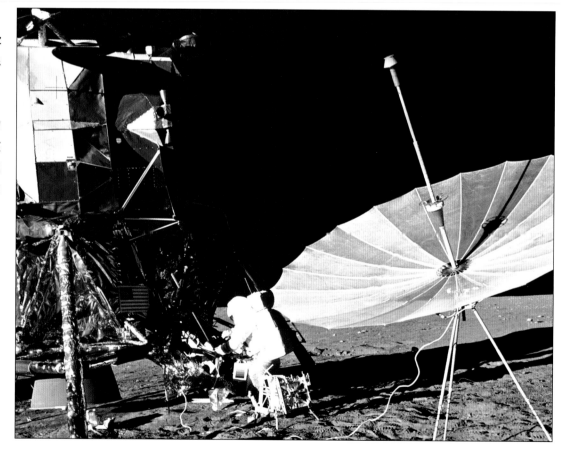

月 球 车

米/秒的速度在160秒内推向60千米的高度。当这部分被丢弃后，第二部分S2火箭点火。这部分由使用液氧和液氢组成的低温推进剂的5个J2引擎推动。用时6分30秒，使火箭达到182千米的高度，以24480千米/秒的速度飞行。第三部分是重新点燃S4B火箭，也是由低温J2引擎发动的。这次燃烧大约2.5分可达到地球轨道的速度。这一级含有"阿波罗"飞船的有效载荷，在停泊轨道绕地球旋转，直到设备再次点火，将"阿波罗"任务转入登月过程，这被称作月球

转移轨道插入。独立的J2引擎被点燃5分后，火箭速度增至39040千米/秒，能使"阿波罗"号的成员摆脱地球引力。在登月舱从S4B火箭中分离后，用尽的火箭级被丢弃到太空深处，可能进入太阳轨道，甚至可能撞击月球。

"联盟"号太空船和探测器

到1968年，在进行了一系列不同的试验飞行后，"阿波罗"载人飞行已准备就绪，并在1969年登月。据猜测，苏联人想在登月问题上打败美国，他们准备了

上图： 月球车是"阿波罗"15号、16号、17号任务探测用到的。尽管月球车表面看起来像一个简单的沙漠运输车，但实际上它是一个专业的太空工具，可以在真空和较大温差范围，以及崎岖不平的地带运转。

"联盟"号和"探测器"号飞船

苏联的"探测器"(ZOND)号月球
飞船是以载人的"联盟"号地球轨道飞
船为基础设计的。

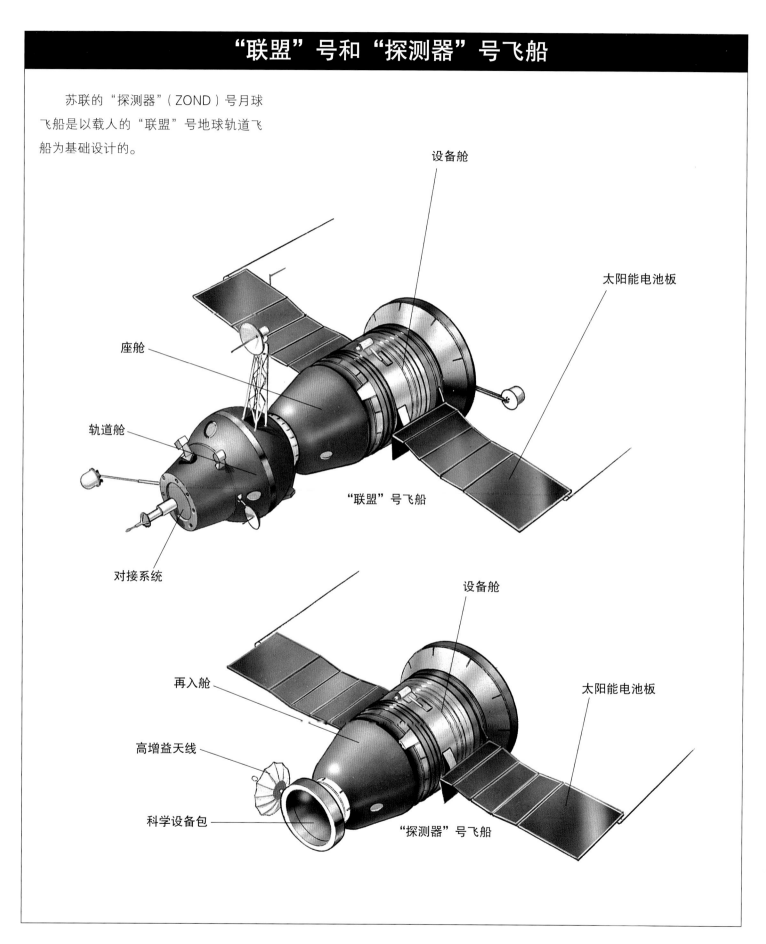

设备舱

太阳能电池板

座舱

轨道舱

对接系统

"联盟"号飞船

设备舱

再入舱

太阳能电池板

高增益天线

科学设备包

"探测器"号飞船

两个计划，一是让航天员绕月飞行，二是在"阿波罗"号登月前让一个航天员登月。苏联人开发了两个新的飞行器，一架"联盟"号载人运输机和称为N1的大型火箭。"联盟"号飞船要比早期的"东方"号（Vostok）和"上升"号（Vpskhod）飞船更复杂。"联盟"号飞船可载2—3名航天员，能在太空中交会对接，并成为空间站计划的一个重要部分。它包括一个具有着陆系统的轨道舱、飞行舱、再入飞行器，设备舱装有太阳能电池板，能够为飞船上的设备提供电力。经过稍微的改进，可以将设备舱设计成往返月球的形式。

最初的"联盟"号飞船，即"探测器"号飞船没有轨道舱，曾先后8次往返飞行探测月球。"探测器"号第一次飞行是无人飞行，之后的飞行由2名航天员操控。"探测器"号用改进型质子火箭发射，这个计划被称为L–1。1966年11月，首个"联盟"号原型在地球轨道上进行了非载人的测试。虽然"探测器"号完成绕月航行，返回了地球，并促使美国开始准备"阿波罗"号宇航员在1968年末进入月球轨道，但是"探测器"号并未载人。实际上，如果这几个未载人的任务都有航天员，他们也会因为故障而丧生。

苏联的登月计划

苏联的登月计划被称作L–3。如果说美国的"阿波罗"计划是充满野心的，那么L–3就是相当危险的。它是以"联盟"号、"探测器"号航天器技术和巨大的N1火箭为基础的。N1火箭是苏联对美国"土

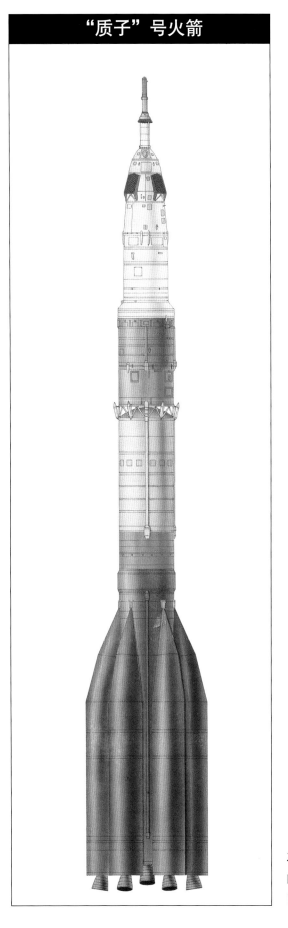

"质子"号火箭

左图：运载"探测器"号飞船的改进型"质子"号火箭。它已发射了11次，有4次失败。

月球"探测器"飞行日志

日　　期	飞　行　日　志
1967 年 3 月 1 日	"宇宙"（Cosmos）146 号飞船在地球轨道上进行试验飞行
1967 年 4 月 8 日	"宇宙" 154 号飞船没能到达正确的地球轨道
1967 年 9 月 28 日	发射失败
1967 年 11 月 22 日	发射失败
1968 年 3 月 2 日	"探测器" 4 号飞船绕月飞行，由于着陆区在苏联控制之外而被摧毁了
1968 年 4 月 23 日	发射失败
1968 年 9 月 14 日	"探测器" 5 号飞船绕月飞行，在一次控制失效后，进入返回地球大气层的轨道并在印度洋溅落，这会导致航天员的丧生
1968 年 11 月 10 日	"探测器" 6 号飞船绕月飞行，但是在返回地球的过程中泄压，降落伞打开失败，飞船被毁坏。这两个故障会导致航天员的丧生
1969 年 1 月 20 日	发射失败
1969 年 8 月 8 日	"探测器" 7 号飞船是唯一成功的飞船，环绕月球并安全返回了苏联
1970 年 10 月 20 日	"探测器" 8 号飞船进行了环绕月球飞行，但由于控制系统失灵，导致在印度洋溅落

注："探测器" 1—3 号飞船是探测金星和火星的探测器，它们都失败了。

右图：N1 发射器从哈萨克斯坦的拜科努尔航天发射基地离地升空。苏联"质子"号火箭的 4 次飞行都失败了。

星"号火箭的回应，是非常细长的飞行器，外形是一个匀称的锥形，顶部放置载人登月飞船。N1 底部的直径 15.25 米，有 91 米高。N1 的第一级有 24.3 米长，配备 30 台液氧和煤油的 NK–33 火箭发动机，能产生 4.9×10^7 牛的推力，设备将运行 1 分 50 秒；第二级由 8 台与 NK–34 火箭发动机相似的设备提供推力，运行 2 分 10 秒；第三级和最后的舱段由 NK–39 火箭发动机提供推力，这个设备运行 6 分 40 秒，这时载人飞船将到达地球停泊轨道。

双人 L–3 飞船由四部分组成：两个火箭级、一颗月球人造卫星、一个月球登陆舱。第一台火箭发动机被称作"布洛克"（Block）G，将把船箭结合体送往月球，然后被丢掉。第二台火箭发动机

"月球" 1 号发射器的第三级装备

这是上面级改进后用于载人的 "东方" 号飞船。主要改进了发动机性能和在火箭级上增加了一个圆柱形的保护罩,用来覆盖 "东方" 号制动火箭。它偶尔也用于苏联地球资源计划中不可回收卫星的发射。

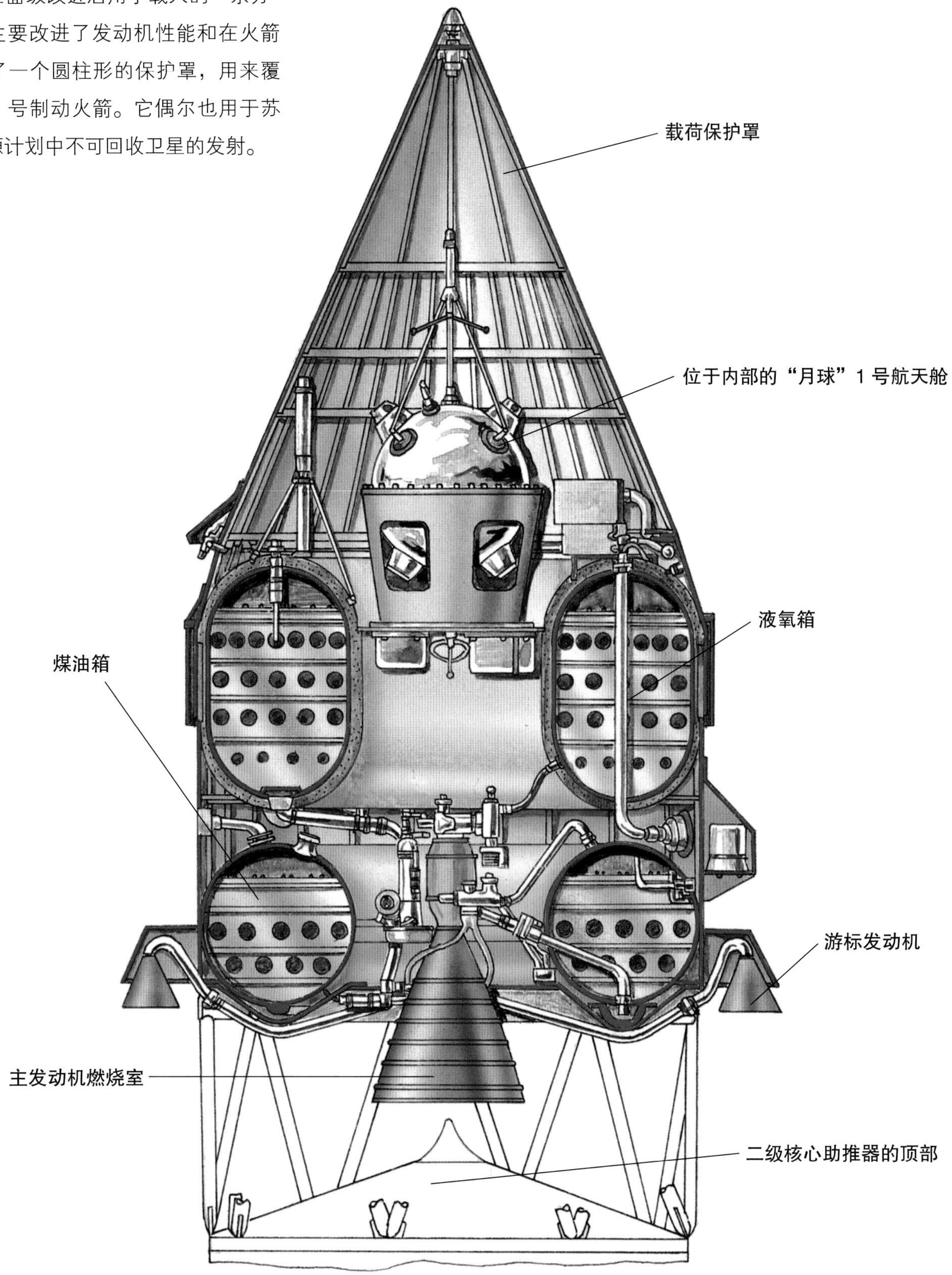

载荷保护罩

位于内部的 "月球" 1 号航天舱

液氧箱

煤油箱

游标发动机

主发动机燃烧室

二级核心助推器的顶部

右图：N1 火箭由一个特殊的
起重装置操纵，被运往发射
台，并被抬升到竖直的位置。

苏联 N1 火箭的发射尝试

1969 年 2 月 26 日

第一枚巨型 N1 火箭载着一名模拟月球登陆者从拜科努尔发射台发射，一切都运行正常。在 T+66 秒时，第一阶段设备的氧化管裂开了，漏出能引起火灾的液态氧。发射只持续了 4 秒多设备就被飞行计算机关闭了，发射系统起火并在大火结束前载着模拟登陆者到达安全的地带。

1969 年 7 月 3 日

第二枚 N1 火箭载着另一名模拟月球登陆者。当它刚从发射台升起时，一个金属物体掉入 8 号设备的氧化剂泵发生爆炸，导致其他设备和控制电缆失效。飞行器掉落到发射台发生爆炸，不仅摧毁了发射台，也摧毁了邻近的 N1 火箭发射联合体。

1971 年 6 月 27 日

第三枚 N1 火箭载着整个登月系统从修好的、邻近的发射台起飞，但很快翻转。到 T+39 秒，这个翻转已经超越了发射控制系统的极限。在 T+48 秒，N1 火箭的第二级开始离开；在 T+51 秒，自动飞行控制系统关闭了所有设备，N1 火箭落到拜科努尔草原。

1972 年 11 月 23 日

最后的 N1 火箭被装载了与第三枚 N1 火箭相似的有效载荷。在 T+90 秒，N1 火箭第一级的中心设备的关闭引起压力过载导致管线破裂而使飞行器起火。大约 20 秒后，第一级就爆炸了。

至 1972 年 12 月，已经有 12 个人在月面上行走。"阿波罗计划"现在看来像是对科技的放任，人类不太可能在接下来的 30 年内重返月球。

被称作"布洛克"D，点火后将月球飞船送入环月轨道上尽可能低的位置，大约是 16 千米处。这次发射计划准备让一名航天员登陆月球并返回（返回并没有把握）。航天员将穿上太空服进行太空行走，从外面而不是内部转移到下面的登月舱。他的同事留在"联盟"号飞船上。为了让登月舱降到月面上，要在月面上空 2.4 千米处将"布洛克"D 点火，4.47 米高的登月舱会分离，使用自身的小型设备进行着陆，而此时"布洛克"D 会在附近撞碎。唯一的一名航天员出舱沿着梯子下来踏上月面着陆，并插上苏联国旗。1 小时后，他会带着月岩样本返回舱内。与"阿波罗"号不同，登月舱会从月球上起飞，使用同样的下降发动机，与月球轨道舱对接。登月的航天员将会在另外一次舱外活动中拿着他认为有价值的月岩样本回到轨道舱。登月设备被抛弃，月球轨道舱将点燃发动机，并以与 L-1 任务相似的路线返回地球。

这个计划都依赖"联盟"号飞船和

"月球" 16 号飞船

1970 年 9 月发射的 "月球" 16 号飞船是首次飞行到月球上的自动太空飞船，通过远程控制设备收集了月球的土壤和岩石样本，并成功返回地球。设备的主要装置是带有一台电钻的土壤取样器。"月球" 16 号计划之后又有 4 个相似的任务，其中有两个相当成功。

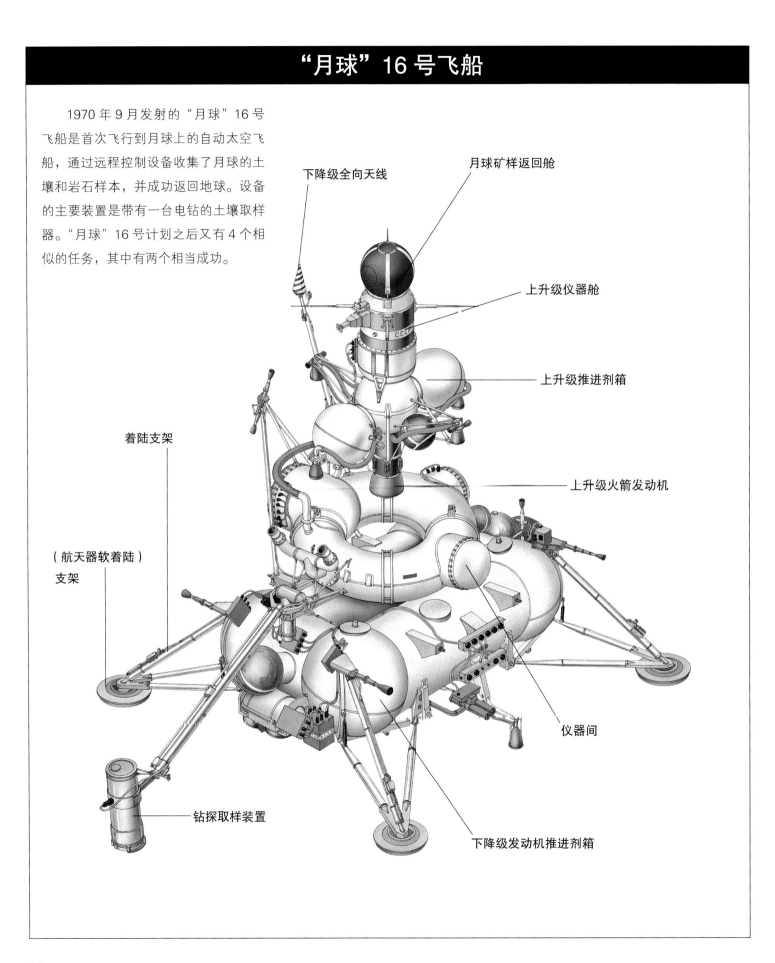

下降级全向天线

月球矿样返回舱

上升级仪器舱

上升级推进剂箱

上升级火箭发动机

着陆支架

（航天器软着陆）支架

仪器间

钻探取样装置

下降级发动机推进剂箱

左图：一名苏联航天员将登陆月面，并在上面行走。这个登月舱仅配备了一台发动机。

N1 火箭的成功试验，但试验并没有按计划进行。最终，只有美国人到达月球。到1972 年 12 月为止，已有 12 个人在月面行走，并把 385 千克的月岩样本带回地球。肯尼迪总统的目的达到了。但是当目标完成后，"阿波罗计划"迅速褪色了，其他登月计划也被取消。现在看来，"阿波罗计划"像是对科技的放任。虽然如此，对关注过这个计划的人来说，第一次月球行走仍是 20 世纪激动人心的事件之一。人类再用 30 年或者更多时间重返月球的可能性不是太大。

五
运载火箭

———

要想把人造卫星送入太空就需要运载火箭。一颗人造卫星至少要以 28000 千米 / 时的速度运行，才能进入 200 千米的低地球轨道。人造卫星绕地球一周需要 1.5 小时，这被称为轨道周期。卫星运行的轨道越高，它绕地运行的时间就越长。

并非所有的轨道都是圆形的，人造卫星也可以在最低点 200 千米、最高点 600 千米的椭圆轨道运行，最低点被称作近地点，最高点被称作远地点。区别人造卫星类型的重要参数有近地点、远地点、轨道倾角和轨道周期，卫星发射时运载火箭的性能必须与这些参数匹配。发射时，人造卫星必须以一定的加速度按照指定的方位角飞行，才能到达地球上空正确的轨道和位置。

可以在 114000 千米和 6880 千米轨道间放置一个 X 射线天文望远镜，它绕地球运转一周需要 48 小时。在尽可能的情况下，使其停留在远离地球妨碍辐射地带的位置，轨道与赤道成 40° 的倾角，望远镜将在澳大利亚和南美之间的范围内滞留 40 小时。

左图：1998 年，在卡纳维拉尔角空军基地 17 号发射台上正准备发射的美国"德尔塔"（Delta）3 号无人卫星。

上图：运载"阿波罗"2号飞船到达月球的"土星"5号推进器的SC1第一级，在从肯尼迪空间中心发射后不久就被丢弃了。

成像侦察卫星或遥感地球观测卫星会进入较低的轨道，在地球的极地上空飞行。人造卫星在南极和北极上空大约400千米的高度上飞行。地球自转一周，它绕地球转17周。极地轨道是与太阳同步的，也就是说每经过24小时，人造卫星会在一天的同一时间在赤道上的同一位置上经过。在相近的太阳角度对同一地区拍照是可能的，这样可以记录这个地区发生的变化，如洪水的程度，与已经拍摄的照片相比较，很容易发现其变化。用这种方法来比较遥感观测至关重要的数据，是非常方便的。

通信卫星的轨道则与之不同。如果人造卫星被放置在环绕赤道、轨道倾角为0°的轨道上，在它所在高度上的运行速度如果与地球速度相同的话，它就像是固定在天空中一样，高度大约是36000千米。这个轨道被称为地球同步轨道，已经部署了几百颗通信卫星，例如直接把电视图像转播到用户家中的卫星。运载通信卫星的火箭发射装置，通常把它的上部，以及卫星负载物放在对地静止的近地点和远地点上。随后，人造卫星上的发动机点火了，把人造卫星放置在地球同步轨道上。发射场距离轨道越近，进行地球同步轨道的发射效果就越好，因为火箭推进剂的节省意味着可以运载更多载荷。火箭发射基地越往南或越往北，它就会需要更大的动力到达赤道轨道，这就解释了为什么非常著名的通信卫星的发射场之一位于南美洲圭亚那的库鲁了。国际海上发射公司走出了更远的一步，它把发射平台建在了赤道上。"奥德赛"（Odyssey）海上发射平台是以半水下的钻井平台为基础的，俄制"天顶3L"（Zenit 3L）火箭被运到这个位置进行发射。

至于极地赤道卫星，因为某些发射场太危险而不能使用。从佛罗里达的卡纳维拉尔角空军基地发射到极地轨道是危险的，因为火箭会飞越陆地。从加利福尼亚的范登堡空军基地，可以跨越太平洋把火箭直接发射到南极。俄罗斯的火箭发射经过大片的无人区，但是当地还是有一些游牧民族，如在哈萨克斯坦大草原居住的人，据说他们使用坠落的废弃火箭级做居所，当然也有人受到发射失败爆炸后落下来的推进剂的影响。如果是角度为37°这

种低倾角轨道，就可以使用卡纳维拉尔角空军基地来安全地发射，火箭将飞越大西洋。

在天上或水下也可以发射人造卫星。美国的"飞马座"（Pegasus）号卫星发射器是有翼的3级或4级火箭，它从高空飞行的运输机上被释放出来，不必点燃自身的发动机就能达到几千英尺的高度。一旦脱离飞机，第一级的固体推进剂火箭发动机便点火，开始向轨道爬升。"飞马座"号可以运载大约500千克的载荷进入低地轨道。俄罗斯的一个机构用一种苏联军用导弹进行商业发射，这种被称作"静海"号（Shtilz）的火箭在1998年首次从巴伦支海的潜水艇上点火发射，将德国的一颗小型卫星送入轨道。

下图：设在法属圭亚那的库鲁（Kourou）大型"阿丽亚娜"（Ariane）火箭发射基地，能发射由商业组织阿丽亚娜航天公司（Arianespace）研制的"阿丽亚娜"4号和"阿丽亚娜"5号火箭。

上图：在波音 B-52 运输机上安装了"飞马座"（Pegasus）号卫星发射器，当飞机飞到一定高度，将卫星发射出去。

右页图：由商业组织斯达塞姆公司（Starsem）运营的"联盟"号运载火箭发射时的壮观场面，它把通信卫星送入低地轨道。

有历史意义的发射场

第一颗人造卫星"卫星"1号是从位于哈萨克斯坦的一个偏远发射场发射的，这个称作拜科努尔的航天发射场（Baikonur Cosmodrome）后来广为人知。发射场最开始是紧邻丘拉坦小镇，现在这个地方是莫斯科和塔什干铁路线的汇合处。据当地人讲，把这个地方叫作丘拉坦（Tyuratam）是因为在古代的一场战争中被杀的成吉思汗的一个不太著名的儿子被埋葬在这里，丘拉坦即"弓箭的埋葬地"或者"丘拉的埋葬地"的意思。丘拉坦位于远离主铁路线 28 千米的哈萨克大草原，并通向一个露天矿藏的采矿地。1955 年一座发射台建在这里，并成为苏联发射洲际弹道导弹的地点。发射"卫星"1号和加加林飞上太空的 1 号发射台，仍在发射"联盟"号飞船。1961

年这个地方被苏联政府命名为拜科努尔，由于是加加林飞上太空的发源地而被纪念。缺乏预见性的苏联官员为这个历史性的地点找了一个适宜的名字，因为拜科努尔意味着这里是一个富裕地区。

美国的"拜科努尔"，即卡纳维拉尔角空军基地，有一个同样有趣的历史。卡纳维拉尔角空军基地是太空时代的代名词，但是却很难与太空联系到一起。它是突入大西洋的一座亚热带沙地半岛，位于佛罗里达州东部。

这是一片到处是水、沙地、灌木、美洲蒲葵灌丛和棕榈树的荒凉区域，被很多野生动物占据，其中包括美洲鳄鱼、各种蛇、亚热带鸟类和成群贪婪的蚊子。当 1509 年胡安·德莱昂（Juan de Leon）发现佛罗里达时，卡纳维拉尔角只居住着美洲原住民。在西班牙、法国和英国统治的 3

"联盟"号运载火箭

右图："联盟"号运载火箭是以最初的苏联洲际弹道导弹为基础研制的，装备有一个改进的上面级和一枚发射逃逸系统的火箭。

个世纪里，它一直是很平静的。直到美国内战之后，在卡纳维拉尔角的西南部建起了科科拉（Cocoa）镇，在大片的泥土带上竖起了灯塔。现在灯塔仍在那里，曾有一名火箭观测者误认为那是火箭点火起飞的标志。当真正的火箭在别处起飞时，一名摄影师拍下了照片。1950年，在卡纳维拉尔角开始建造发射场，同年7月24日在那里发射了第一枚火箭。

今天，卡纳维拉尔角是繁忙的太空发射基地。在20世纪60年代，这里的发射台发射了无人的人造卫星，那时卡纳维拉尔角海岸地带建有一系列的发射架。很多发射架都被损毁了，其中包括曾发射了约翰·格伦（John Glenn）进行首次美国载人轨道飞行的14号发射台。卡纳维拉尔角空军基地的北部是美国国家航空航天局肯尼迪航天中心，那里起降航天飞机。美国肯尼迪航天中心是为阿波罗登月计划设立的，后来它的大部分基础设施用于航天飞机项目，包括大型的航天器装配大楼和发射台。

从"冷战"开始到"冷战"结束

进入太空时代40多年后，有一个令人惊奇的事实，在数千次发射中，美国和苏联及以后的俄罗斯有4种运载火箭——"德尔塔"、"宇宙神"（Atlas）、"大力神"（Titan）和"联盟"号（Soyuz），它们的第一级都是以1957—1962年开发的洲际弹道导弹或中程弹道导弹为基础的。其主要的不同是以运载火箭的容量决定人造卫星的大小，而现在是以人造卫星的大小和它所进入的轨道来决定运载火箭的推力，运载火箭的开发是为市场服务的，而不是市

今天，佛罗里达州的卡纳维拉尔角是繁忙的太空发射基地，在令人兴奋的20世纪60年代，曾发射了美国第一颗人造卫星，那时卡纳维拉尔角海岸带有一系列的发射架。

左图：1964年，从卡纳维拉尔角发射运载"徘徊者"7号探测器的"宇宙神－阿金纳"火箭。

美国 1958—1967 年运载火箭发射记录

在太空时代的首个 10 年，美国发射的火箭都是以弹道导弹的第一级为基础研制的。

首次成功发射时间	运载工具	原型导弹
1958 年 1 月	"丘比特" C	"红石" 中程弹道导弹
1958 年 10 月	"雷神 – 艾布尔"	拥有上面级的中程弹道导弹
1958 年 12 月	"朱诺" 2 号	拥有上面级的 "丘比特" 导弹
1958 年 12 月	"宇宙神" B（Atlas B）	洲际弹道导弹
1959 年 2 月	"雷神 – 阿金纳" A	拥有上面级的中程弹道导弹
1960 年 4 月	"雷神 – 艾布尔星"	拥有上面级的中程弹道导弹
1960 年 5 月	"宇宙神 – 阿金纳" A	拥有上面级的洲际弹道导弹
1960 年 10 月	"雷神 – 阿金纳" B	"雷神 – 阿金纳" A
1960 年 11 月	"德尔塔"	"雷神 – 艾布尔"
1961 年 5 月（载人）	"红石"	中程弹道导弹
1961 年 7 月	"宇宙神 – 阿金纳" B	"宇宙神 – 阿金纳" A
1961 年 9 月	"宇宙神" D	洲际弹道导弹
1962 年 6 月	"雷神 – 阿金纳" D	"雷神 – 阿金纳" B
1963 年 5 月	"加大推力雷神 – 阿金纳"	"固体火箭雷神 – 阿金纳" D
1963 年 6 月	"加大推力雷神 – 阿金纳" B	"加大推力雷神 – 阿金纳" D
1963 年 7 月	"宇宙神 – 阿金纳" D	"宇宙神阿金纳" B
1963 年 11 月	"宇宙神 – 半人马座火箭"	拥有上面级的 "宇宙神" D
1964 年 4 月	"大力神" 2 号	第二代洲际弹道导弹
1964 年 8 月	"加大推力德尔塔"	固体火箭 "德尔塔" 火箭
1964 年 12 月	"大力神" 3 A 号	"大力神" 1 号
1965 年 1 月	"雷神牛郎星"	拥有不同级的 "雷神" 导弹
1965 年 6 月	"大力神" 3C 号	"大力神" 3A
1966 年 7 月	"大力神" 3B 号 – 阿金纳 D	"大力神" 3A
1966 年 8 月	"巨人" D	"雷神 – 阿金纳"
1966 年 9 月	"雷神燃烧器" 2 号	拥有不同级的 "雷神" 导弹
1967 年 5 月	"长体塔特阿金纳" D	"长体塔特阿金纳"

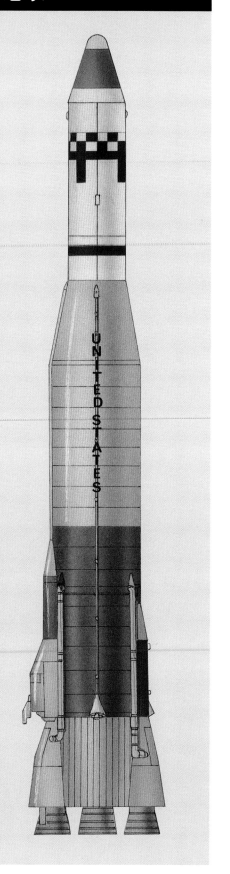

右图：加大推力的 "宇宙神" 洲际弹道导弹火箭，名为 "宇宙神" E/F，用来发射人造卫星。

加大推力型"德尔塔"运载火箭

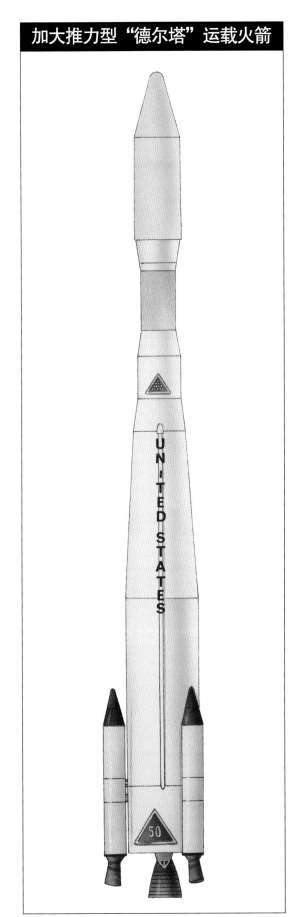

场依赖运载火箭。

　　过去，人造卫星制造和发射工业都是由政府运营的和由纳税人投资的，现在很多人造卫星制造和发射工业都是商业化的。从政府运营到私人运营的过程很长。1981 年美国国家航空航天局发射了第一架航天飞机。美国国家航空航天局第一个商业化任务是 1982 年 11 月开始的"哥伦比亚"号航天飞机的 STS5 任务，它将两颗人造卫星送入低地轨道。为了进行更深入

上图：新的波音"德尔塔"3 号火箭的核心级被安装在卡纳维拉尔角的 17 号发射台上，随后它被装载上固体火箭捆绑式助推器和人造卫星载荷。

左图：加大推力型"德尔塔"运载火箭拥有固体火箭助推器。

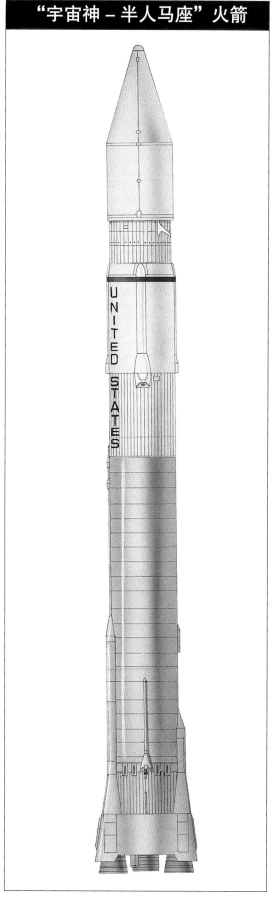

上图：新型液体推进剂火箭发动机在加利福尼亚州进行测试，这是作为发展新的商业化、环境友好型助推器的一个部分。

右图："宇宙神－半人马座"号火箭是以具有高能量、液氧、液氢上面级的宇宙神洲际弹道导弹为基础的。

的商业化活动，准备把一些发射搁浅的人造卫星修复后重新发射。航天飞机计划已步入正轨，发射经济逐渐被垄断，很多不载人的运载火箭被废弃。1986 年，"挑战者"号航天飞机的升空标志着转折点的到来。美国想维持这样一个发射系统是很冒险的，当"挑战者"号爆炸，7 名宇航员丧生后，航天飞机发射被取消了。

没有了商业性航天飞机的存在，美国的很多发射器被闲置。于是，一个充满活力的私人发射工业诞生了，而且与欧洲一些国家，甚至与俄罗斯都存在竞争。

太空导弹

苏联的解体带来了一次新的经济机遇。美国和俄罗斯太空工业间的合作是美国最新的发射装置"宇宙神"5 号火箭，它由俄罗斯的火箭发动机提供动力。这标志着随着太空时代开始的"冷战"结束了，合作时代到来了。

"雷神－德尔塔"号火箭

随着更重的卫星被发射,"雷神－德尔塔"号火箭家族的尺寸也在增加,这推动了史大威力的固体火箭助推器的开发。

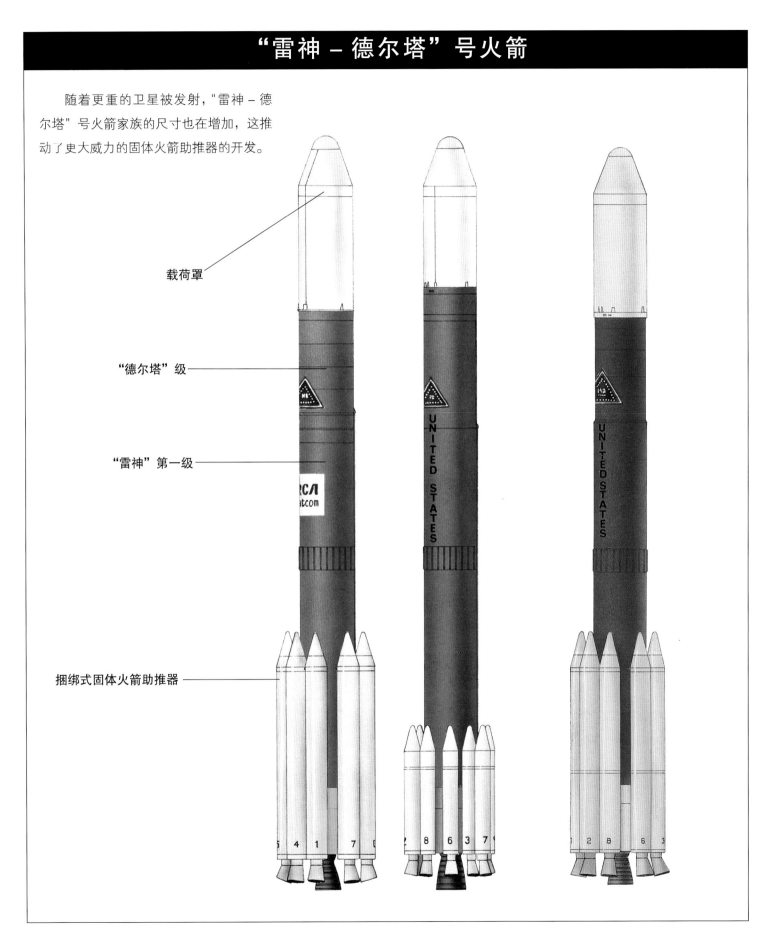

载荷罩

"德尔塔"级

"雷神"第一级

捆绑式固体火箭助推器

"大力神" 3B 号和 3C 号火箭

"大力神" 2 号弹道导弹附加上阿金纳级，就可以成为左侧的 "大力神" 3B- 阿金纳（左图）、右侧的 "大力神" 3C 号（右图），它们是推力巨大的火箭。

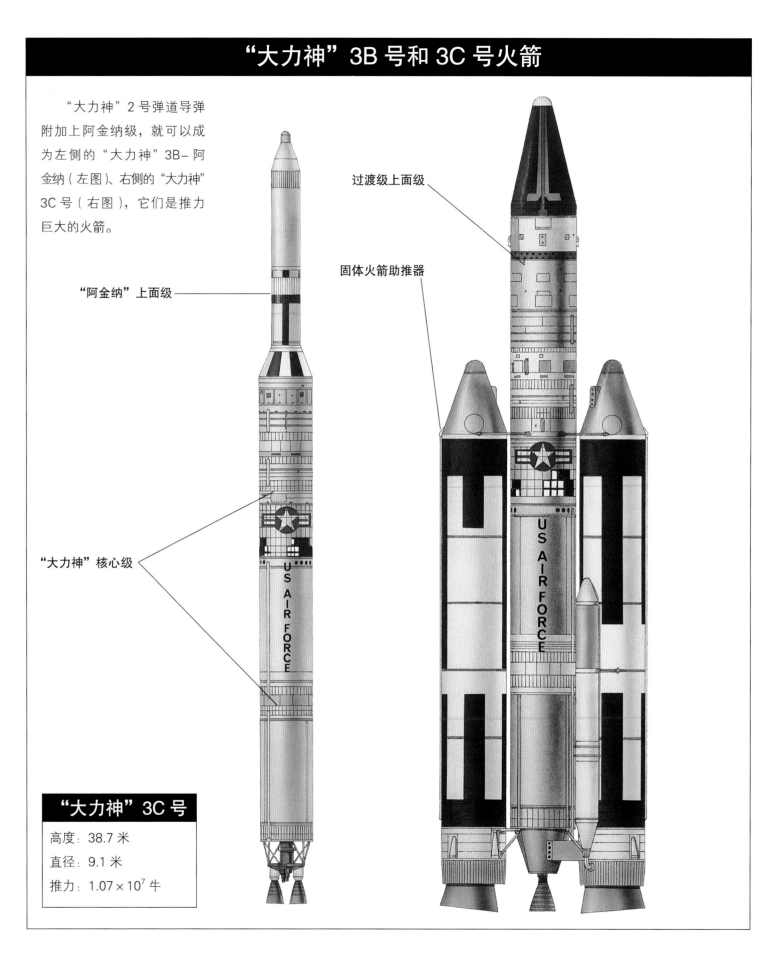

过渡级上面级

固体火箭助推器

"阿金纳" 上面级

"大力神" 核心级

"大力神" 3C 号

高度：38.7 米

直径：9.1 米

推力：1.07×10^7 牛

扭转"冷战"阶段的第一步，是把人造卫星送入轨道，在洲际弹道导弹助推器上面装上面级可以提供更大的推力。曾发射过"卫星"1号的苏联的洲际弹道导弹被加上了一个上面级用于发射月球探测器，经过更新，还能发射人造卫星和载人飞船。"东方联盟"号（Vostok Soyuz）和"闪电"号（Molniya）以其多样化的结构而闻名。现在，"联盟"U号已经发射了大约700次，创造了连续100次飞行无失误的纪录。它装备了两个新级爱卡（Ikar）和弗雷盖特（Fregat），使其能为国际发射市场服务。它由被称作斯达塞姆（Starsem）的俄法两国联合的组织进行商业化开发。

美国的"宇宙神"洲际弹道导弹也被装备了一系列的上面级，包括发动机"阿金纳"级。"阿金纳"被作为"索尔"和"大力神"导弹的上面级，并在1984年使用过。"宇宙神"定期更新更大马力的发动机，以提供高能量的上面级，被称作"半人马座"，在1963年的飞行测试中取得成功。作为商业化组织——国际发射服务公司运营的"宇宙神"2号发射器里更新的、经改进的"宇宙神–半人马座"号现在仍在飞行。而且在新的宇宙神模型上仍在使用"半人马座"。

雷神中程弹道导弹有很多种上面级，主要是"阿金纳"和"德尔塔"级。在1963年，为提高发射器的性能，"雷神"又进行了另一次改进，通过更换动力更强的上面级，"雷神"的第一级从捆绑式固体推进剂助推器获得了额外的推力。后来，通过使用不同的组合来提供不同的推力，以使发射不同质量的航天器成为可能。例

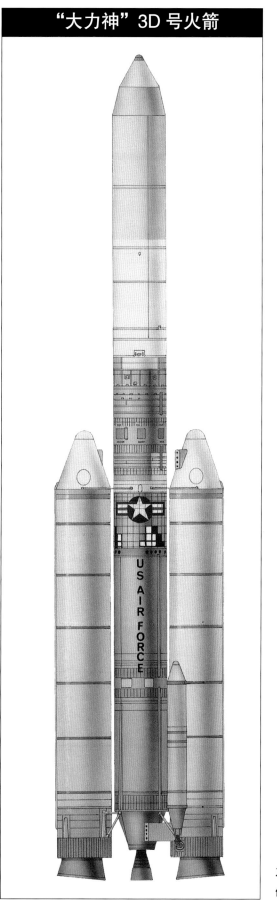

"大力神"3D号火箭

苏联的解体带来了一次新的经济机遇，在美国和俄罗斯太空工业间的合作是美国最新的发射装置"宇宙神"5号火箭，它是由俄罗斯的火箭发动机提供动力的。这标志着早期的"冷战"已经结束，合作时代到来了。

左图："大力神"3D号火箭能够运载质量更大的人造卫星。

"大力神" 3E 号与 "大力神" 34D 火箭

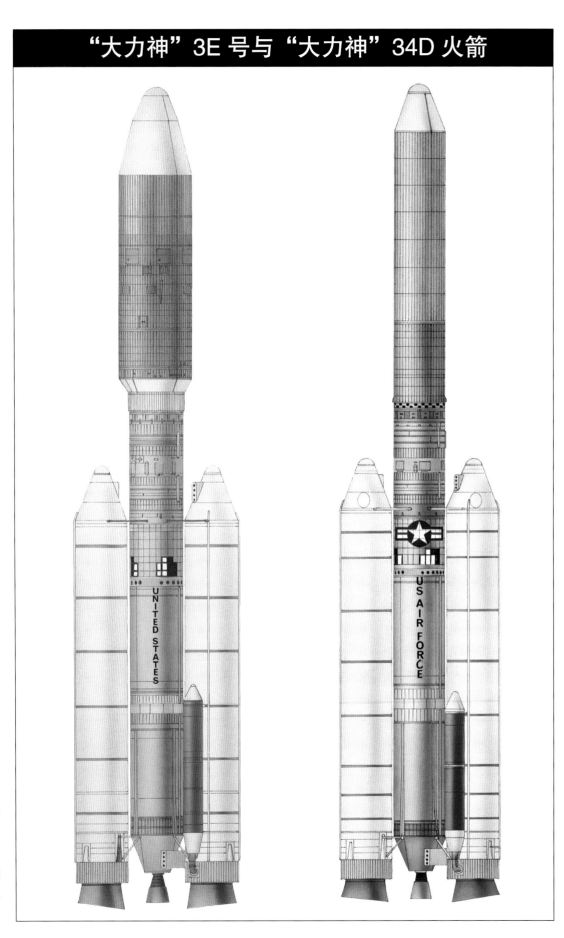

右图：为进行太阳系内的发射而开发的现代化的"大力神" 3E 号（Titan IIIE）火箭，而设计"大力神" 34D（Titan 34D）则是为了发射质量更大的人造卫星。

如，"德尔塔"2 号是从"雷神 – 德尔塔"号直接衍生的，根据飞行任务的不同可以结合 9 个、5 个或 3 个固体发射器。

1962 年，"大力神"2 号第二代洲际弹道导弹发射成功，很快成为卫星发射中大型的、固体推进的捆绑式火箭大力神家族的核心级，现在仍作为最强大的无人发射器"大力神 4B- 半人马座"的核心级被使用。随着美国开发"德尔塔"4 号和"宇宙神"5 号，"大力神"火箭最终将被淘汰。"德尔塔"4 号和"宇宙神"5 号的第一级捆绑有辅助火箭。这种方式被日本的 H2A 火箭采纳，用来为商业发射市场服务。

"德尔塔"的性能提升

1960 年首次发射的"雷神 – 德尔塔"号发射器，是"德尔塔"系列运载火箭中的第一个。随着新的"德尔塔"4 号的开发，该系列火箭可能一直运行到 22 世纪。"雷神 – 德尔塔"号是美国麦道公司于 20 世纪 50 年代末在"雷神"中程导弹基础上研制出来的，在 20 世纪 90 年代末麦道公司并入波音公司组成麦道·道格拉斯公司（McDonnel Douglas）后进一步发展起来。"雷神 – 德尔塔"号拥有细长的有效负荷，高约 30 米。它的负载起飞质量是 114.17 吨。"雷神 – 德尔塔"号以最大直径为 2.43 米的"雷神"中程弹道导弹 DM-21 第一级为基础、它的后翼 3.9 米左右。4.86 吨的第一级由一个单独的液氧、煤油洛克达因公司的 MB3 发动机提供能量，推力 7.64×10^5 牛，燃烧时间 2 分 26 秒。第二级 6.29 米高，直径 0.8 米，质量为 2.69 吨，由使用发烟硝酸及偏二甲肼（IRFNA UDMH）自燃式推进剂的航空喷气通用公司的 AJ10-118D 发动机提供动力，推力 3.36×10^4 牛，燃烧时间 2 分 50 秒。第三级 1.52 米高，直径 0.45 米，由固体推进剂 ABL X-248-A5 DM 发动机提供动力，推力 1.23×10^4 牛，燃烧时间 46 秒。"雷神 – 德尔塔"号可以把 226 千克的负载放入 480 千米的圆形轨道。"雷神 – 德尔塔"号因其有不同的改进形式，以及在 1998 年"德尔塔"3 号出现前发射超过 200 次而闻名。"德尔塔"3 号的发射记录很可悲，两次尝试都失败了，在 2002 年被"德尔塔"4 号取代。"德尔塔"3 号 39 米长，因为有扩大的第二级和直径为 4 米的载荷看上去顶部过重。起飞时助推器质量为 301.45 吨，能把 3.81 吨的负荷送入对地静止运行轨道。第一级实质上是更新的"雷神"中程弹道导弹，由可产生推力 8.72×10^5 牛、可燃烧液氧和煤油燃烧时间 301 秒的洛克达因公司的 RS-27A 发动机提供动力。第一级的推力由能燃烧 4 分 33 秒、高 14.7 米的 9 个大型固体火箭助推器来提供。第二级由来自"宇宙神 – 半人马座"助推器的发动机提供动力。RL-10B-L 半人马座低温发动机能将高性能的液氧和液氢燃烧 7 分 42 秒，产生 1.08×10^5 牛的推力。

新型发射器

商业市场是由阿丽亚娜航天公司，一个成功运营"阿丽亚娜"4 号和 5 号运载火箭的欧洲联合公司领导的。"阿丽亚娜"的首次飞行是在 1978 年，它的后继者"阿丽亚娜"4 号有各种组合形式，如混合的捆绑式液体和固体推进剂助推器；同时，新型的、强力的"阿丽亚娜"5 号有

1960 年首次发射的"雷神 – 德尔塔"号发射器，是"德尔塔"系列运载火箭中的第一个，加上正在开发的"德尔塔"4 号，该系列火箭可一直运行到 21 世纪。

97

上图：最强力的美国无人助推器"大力神 4 B- 半人马座"号，在卡纳维拉尔角空军基地的 41 号发射台上，向土星发射美国国家航空航天局"卡西尼"号宇宙飞船。

两个大的固体推进剂火箭助推器。通过运营"阿丽亚娜"系列火箭，阿丽亚娜航天公司能提供 7 种不同的助推器，以及将质量 2.1—6.8 吨的有效载荷送入地球同步轨道的能力。以阿丽亚娜航天公司灵活的能

力，每次它都能发射 40 颗人造卫星。

作为国际发射服务公司成员之一的俄罗斯，它的"质子"号火箭是美国"宇宙神"火箭的有效补充。"质子"号能够使用一个可重新点火的上面级直接将质量

"阿丽亚娜"1号和3号火箭

1979年12月24日发射的"阿丽亚娜"1号火箭,是一系列高度成功的欧洲商业发射活动中的第一次。这次发射包括使用技术舱取代人造卫星来监控火箭的飞行。1984年首次发射的"阿丽亚娜"3号的3个级都能增加发射的推力。

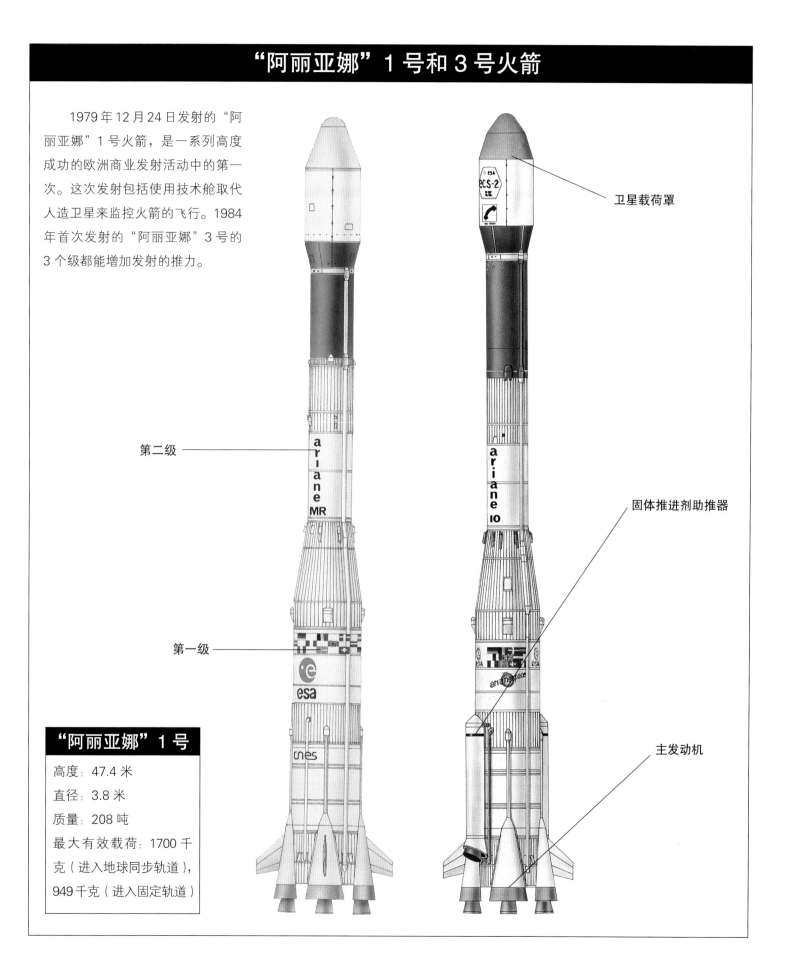

卫星载荷罩

第二级

固体推进剂助推器

第一级

主发动机

"阿丽亚娜"1号

高度:47.4 米

直径:3.8 米

质量:208 吨

最大有效载荷:1700 千克(进入地球同步轨道),949千克(进入固定轨道)

"阿丽亚娜" 4 号和 5 号火箭

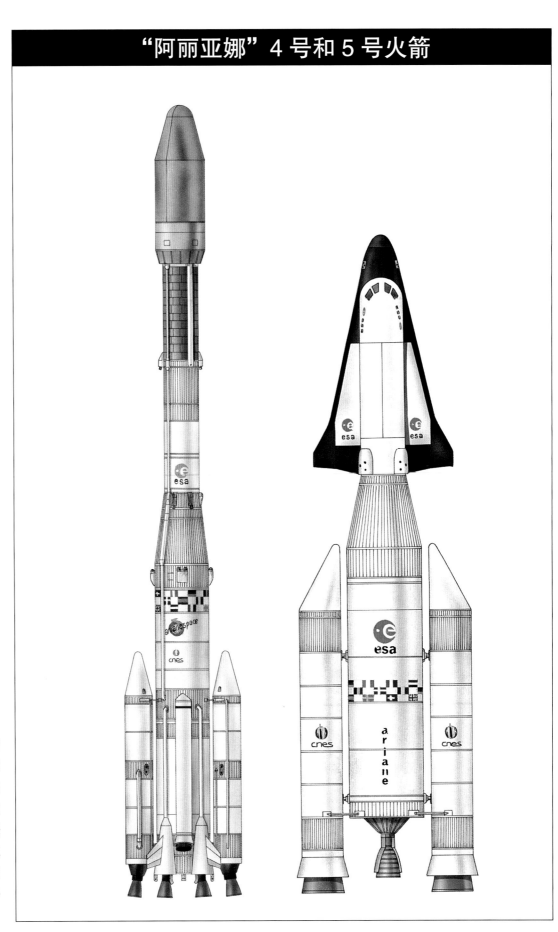

右图:"阿丽亚娜" 4 号火箭是在 1988 年首次发射的,而 "阿丽亚娜" 5 号火箭是在 1997 年首次发射的,它最初是用来发射本图所示 "赫尔姆斯" (Hermes) 小型航天飞机的。后来,"赫尔姆斯" 项目被取消,而 "阿丽亚娜" 5 号火箭也被改为他用。

2.6 吨的物体直接送入地球同步轨道。它的首飞是在 1967 年，总共进行了近 250 次发射。俄罗斯后来使用代号"安加拉"（Anagara）的新式火箭取代了"质子"号，它包括与核心级相连且绑定的助推器，可以为本国和外国的消费者提供灵活的有效载荷。俄罗斯也经营了一系列其他的发射器，包括使用捆绑式恩纳吉亚（Energia）重型助推器技术的"天顶"（Zenit）2 号，它是为俄罗斯已取消的太空航天飞机项目

左图："阿丽亚娜" 4 号火箭是阿丽亚娜航天公司的主力，有 6 种不同的配置。42L 有两个绑定的使用固体推进剂的装置。

火箭如何工作

观察火箭发射，很容易这样猜想：推动火箭向上的是火箭发动机推动地面产生的冲力，以及火箭下面空气的推力。但是，实际并非如此。如果是这样，那么火箭为何会在没有空气的真空环境中也能飞行呢？吹起一只气球后放开它，你会看到它冲向空中。火箭发动机的燃料燃烧时，能量经过一个精心设计并被指挥系统控制的喷嘴喷出。3个世纪前，牛顿得出了定律："每个作用力都会有一个相等的反作用力。"作用力反作用力定律便是火箭发动机的工作原理。实际上，火箭发动机更像是被控制的爆燃。最普通的太空火箭发动机燃烧能源，例如煤油，还有在燃烧室里的氧化剂液氧。这个燃烧产生了拥有巨大压力的热气，加过压的气体通过燃烧室后面的一个小的、限制性的出口喷出。强迫加压气体通过小出口使气体加速，提供了额外的冲力。被固定在燃烧室出口

右图：和美国一起研制的俄罗斯 RD-180 发动机，为新"宇宙神"3号助推器的第一级提供动力，于 2000 年进行了首次飞行。

处的圆锥形喷嘴，使气体加速更快，因为它们的流动更受限制。对喷嘴处的能量的方向进行控制，就能控制火箭的飞行方向。

安全、有效地混合和燃烧燃料与氧化剂，需要精心的设计。例如，在航天飞机（Space Shuttle）的主发动机系统里，燃料箱里的燃料是液氢而不是煤油，它与液氧先被加压、混合、预热，形成热混合气。随后，精密混合后的气体被引入燃烧室。液氧和液氢发动机被称作低温发动机，比传统发动机更有力，如使用液氧和煤油的美国的"宇宙神"。其他固体推进剂使用了不同的化学物质。二氧化氮氧化剂与肼（hydrazine）燃料混合时将会自燃，不需要点火。使用这种燃料的发动机称作自燃式（hypergolic）发动机。美国"大力神"助推器的核心第一级便使用这类发动机。所有固体推进剂的燃烧在飞行时都能被精确地控制，如果需要，发动机会被丢弃。这种情况不会发生在固体推进剂发动机上，因为它们通常被用在军事导弹上，也广泛地应用在太空工业中，为火箭发射的早期阶段提供额外的冲力。例如，航天飞机就使用了在2分后丢弃的、强大的、像蜡烛似的固体火箭助推器（SRBs）。如果出错，它是不能被关掉的。美国的"德尔塔"用了9个小的捆绑式助推器，它们被安装在推动级的底部附近。自燃式发动机和固体推进剂发动机多被用在火箭的上面级。它们也用来作为太空飞船上的推动系统，以调整飞船的轨道并控制高度。

"质子"D-1号火箭

1965 年发射的"质子"D-1 号火箭，是第一个进行商业通信卫星发射的运载工具。

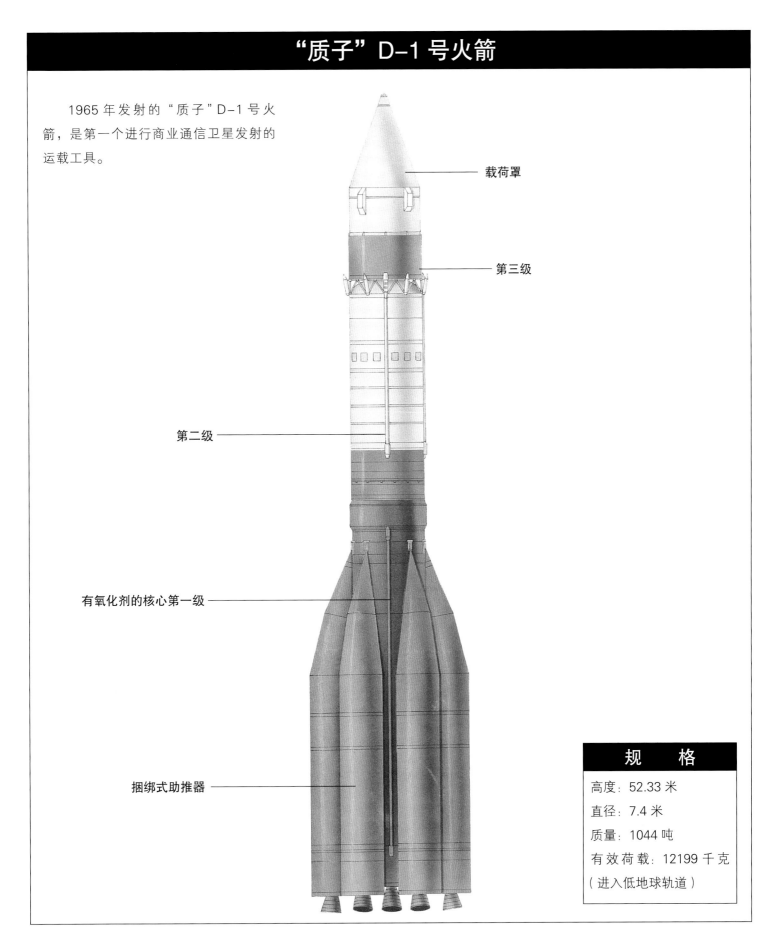

载荷罩

第三级

第二级

有氧化剂的核心第一级

捆绑式助推器

规　格

高度：52.33 米

直径：7.4 米

质量：1044 吨

有效荷载：12199 千克

（进入低地球轨道）

"宇宙" COSMOS B-1 和 C-1

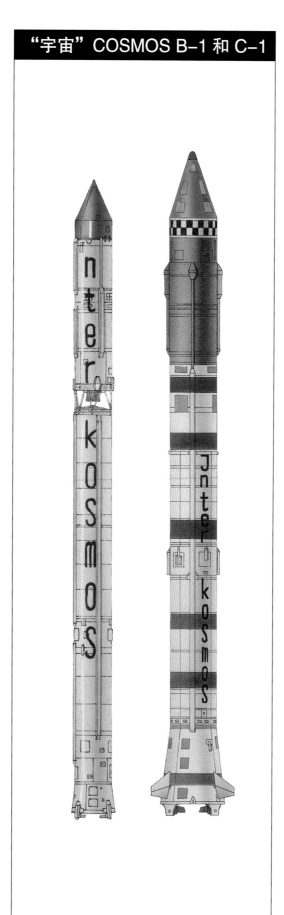

最右侧图：国际发射服务公司的工作主力是"质子"号（Proton）和"宇宙神"号火箭。"质子"号为国际海事卫星组织（Inmarsat）移动通信公司发射了一颗通信卫星。

右图：1962 年首次发射"宇宙"B-1。两年后又发射了"宇宙"C-1。它们是为"凉鞋"（Sandal）号战略弹道导弹和"短剑"（Skean）号战略弹道导弹设计的。

而开发的。其他的发射器包括"旋风"号苏联运载火箭（Tsyklon），是在 1996 年首飞的；以 SS09 斯卡普洲际弹道导弹（Scarp ICBM），以及以 SS-5 "短剑"中程弹道导弹（Skean IRBM）为基础研制的、最初于 1962 年发射的"宇宙"号。另一种俄罗斯以前的导弹是 SS-19，它已经改变

成由俄罗斯、德国两国的优罗科特公司（Eurokot）投入市场的"呼啸"（Rokot）号卫星发射器。作为与美国订立的《美苏限制进攻性战略武器条约》（SALT2）的一部分，俄罗斯已废弃了上百种导弹，并准备把其他的导弹也转变成卫星发射器。

其他国家在太空

另一个参与到商业发射市场的国家是中国，它在1970年使用被称作"长征"1号的改装的洲际弹道导弹发射了首颗卫星。今天，中国为本国和外国客户使用而提供了一系列的"长征"发射器。"长征"3B可以把质量5吨的载荷送入地球同步转移轨道。中国给它的发射定价大约是4000万美元，而西方国家则会要价8000万美元到1亿美元。

卫星运营者使卫星进入轨道所花的钱要比发射价格高得多。有代表性的卫星大约会花费1.5亿美元，加上发射费用，共计2.5亿美元。还要加上重要的发

上图：俄罗斯"质子"号商业助推器的这几个级被作为一个新运载火箭的组成部分。"质子"号是由美－俄联合公司运营的。

左图：中国长城工业公司运营了一系列的"长征"运载火箭，包括从西昌发射的"长征"2E号。

"长征" 1号和 "长征" 2号火箭

以中国的洲际导弹为基础的"长征"1号火箭,1970年4月24日发射了中国的首颗人造卫星。在首次发射5年后,仍在使用"长征"2C。它是上海新新机器厂制造的。中国要向国际市场进军,已经为此制造了"长征"系列运载火箭。中国正通过有竞争力的价格来回应西方人对这些发射装置的漠视。

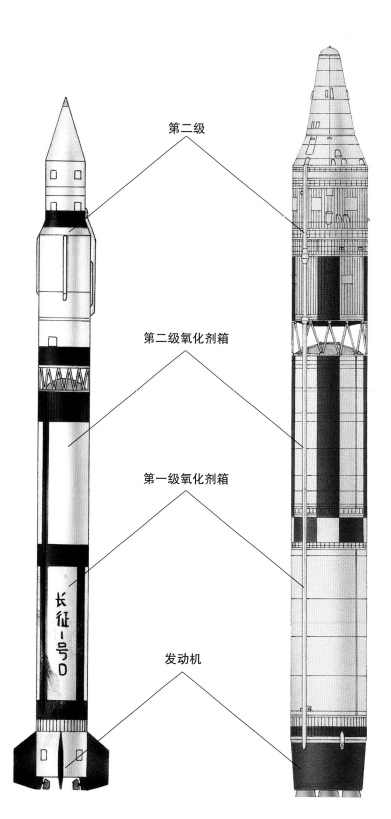

第二级

第二级氧化剂箱

第一级氧化剂箱

发动机

长征 2C

高度: 35 米

直径: 3.35 米

质量: 191 吨

有效荷载: 2199 千克（进入低地球轨道）

射程: 超过 5000 千米

左图: 从日本种子岛 (Tanegashima) 航天中心发射的日本 H2 火箭, 把一颗商业通信卫星送入地球同步轨道。

射保险费, 这样花费会达到 3.5 亿美元或更多。卫星发射保险经济是工业保险的主要部分, 保险率会考虑所用运载火箭的状况和发射成功的纪录。

1999 年, 有关国家的几次发射失败使市场损失了 10 亿美元, 超过了所得的

日本的 H1 和 H2 火箭

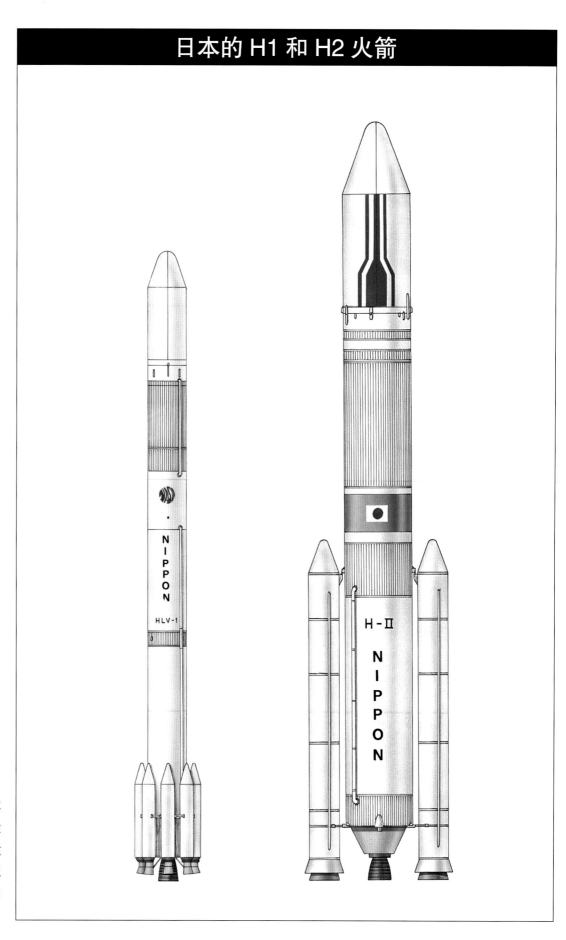

右图：日本的 H1 运载火箭要将 550 千克的物体送入地球同步轨道，而强大的 H2 运载火箭不仅是为了挑战"阿丽亚娜"5 号火箭，也挑战了美国最好的商业运载火箭。

卫星发射基地

日　期	发射基地
1957 年 10 月 4 日	丘拉坦 / 拜克努尔，哈萨克斯坦 / 苏联
1958 年 1 月 31 日	卡纳维拉尔角，佛罗里达，美国
1958 年 2 月 28 日	范登堡，加利福尼亚，美国
1961 年 2 月 16 日	渥勒普斯岛（Wallops Island），维吉尼亚，美国
1962 年 3 月 16 日	卡普斯京亚尔（Kapustin），俄罗斯 / 苏联
1965 年 11 月 26 日	汉马吉尔（Hammaguir），撒哈拉沙漠（法国）
1966 年 3 月 17 日	普列谢茨克（Plesetsk），俄罗斯 / 苏联
1967 年 4 月 26 日	意大利圣马可（San Marco）移动平台（美国）
1967 年 11 月 9 日	肯尼迪航天中心，佛罗里达，美国
1967 年 11 月 29 日	伍默拉（Woomera），澳大利亚南部（美国）
1970 年 2 月 11 日	鹿儿岛（Kagoshima），日本
1970 年 3 月 10 日	库鲁（Kourou），法属圭亚那（Guiana），南美洲（法国）
1970 年 4 月 24 日	酒泉，中国
1975 年 9 月 9 日	种子岛（Tanegashima），日本
1980 年 7 月 18 日	斯里哈里科塔（Sriharikota），印度
1984 年 1 月 29 日	西昌，中国
1988 年 9 月 19 日	帕勒马希姆（Palmachin）空军基地，亚夫涅（Yavne），内格夫（Nrgev），以色列
1990 年 4 月 5 日	利用 B52 在太平洋上空发射，美国
1990 年 9 月 3 日	太原，中国
1995 年 4 月 3 日	三星（TriStar）L-1011 在大西洋上进行空中发射
1997 年 3 月 4 日	斯沃博德内（Svododny），俄罗斯
1998 年 7 月 7 日	潜艇发射，巴伦支海，俄罗斯
1999 年 3 月 28 日	奥德赛海上发射平台，太平洋

上图：从太原发射的中国"长征"4 号火箭搭载了一颗观测气象的卫星。一些"长征"运载火箭逐步市场化。

左图：在太平洋中部的海上平台上发射卫星之前，准备测试海上发射"天顶 3SL"（Sea Launch Zenit 3SL）火箭。

右图：印度正在研制的一枚以斯里哈里科塔（Sriharikota）航天中心的极地卫星发射器的组成部分为基础的地球同步轨道卫星运载火箭。

太空碎片

一个令人难过的事实是，用过后丢弃在轨道中的火箭级，是未来空间利用的最大危险因素。太空碎片是很难处理的。太空中大约有8700个比网球大的人造物体，其中只有700个是正在工作的卫星，可以在地球轨道跟踪到。这些物体中，41%是爆炸后留下的碎片，通常是因点燃火箭级中未用尽的推进剂产生的。被丢弃的上面级产生了17%的碎片，22%的碎片是废弃的卫星，发射的负载盖以及进行太空行走的宇航员留下的工具等其他物体占13%。太空碎片的数量一直在增加。据估计，比网球尺寸小、大约1厘米的碎片数量超过15万个。以28000千米/时或约8千米/秒的速度运行的1厘米的碎片，能损坏价值1亿美元的卫星或航天飞机。

太空中约有34000个微米级的颗粒影响宇宙飞船的飞行。许多颗粒是由发射器上固体推动剂火箭发动机上的氧化铝组成的。小的颗粒能很容易地刺穿宇航员在舱外活动（EVA）所穿的太空服。"挑战者"号航天飞机的窗户可以被0.3毫米的微粒以4米/秒的速度切成碎片。

最早报道的太空物体撞击，是1996年法国"西雷斯"（Cerise）号卫星的长天线被"阿丽亚娜"4号第三级的一个碎片以14千米/秒的速度撞击。防止碎片增加的方法之一是将剩在罐内的燃料泻入太空。这样会减少火箭级爆炸的风险，以防止产生更多的太空碎片。阿丽亚娜太空公司已经引入了这个在发射过程中可操作的步骤，目的是不发生太空碎片的撞击，火箭的各级能顺利地脱离轨道，并在完成工作后安全地返回地球。

随着太空技术在全球的扩散，朝鲜和其他国家，包括朝鲜的邻居韩国，在未来几年里将加入太空俱乐部。

保险金。这种情况必然推动保险率的升高。

其他国家，包括日本、巴西、印度和以色列，也在经营卫星发射。巴西在使用垂直发射系统（VLS）推动器进行两次发射尝试都失败后，便没有再发射卫星。垂直发射系统是小型发射器，仅能向低空地球轨道发射质量200千克的物体，所以不可能商业化。日本在1971年发射了第一颗卫星，现在正在运营的H2运载火箭已经能发射通信卫星。

印度使用极地卫星发射器进行过一次商业发射，运载了具有国家遥感卫星负载的背负式（piggyback）卫星。印度也在开发自己的地球同步卫星运载火箭。以色列使用"沙维特"（Shavit）运载火箭进入低地球轨道，这是与美国技术合作研发的商业化助推器。"沙维特"运载火箭是以爱尔兰的军用导弹为基础的。朝鲜正计划用它的"大浦洞"2号（Tapeodong 2）火箭发射卫星。随着太空技术在全球的扩散，朝鲜、韩国和其他国家在未来几年里将加入太空俱乐部。

六
航天飞机

——

　　1981 年以来，航天飞机可以说是当今最著名的太空交通工具，已经执行了 100 多次飞行任务。虽然航天飞机的飞行并不像 1972 年项目开始时计划的那样频繁，但是它已经让太空旅行呈现了清晰的前景。在这一点上，没有任何其他的太空交通工具可以与之比拟。

航　天飞机由 3 个主要部分组成，即轨道器、燃料箱和助推火箭。轨道器装备着 3 台巨大的发动机，这些发动机名为"航天飞机主发动机"（SSME）。航天飞机主发动机的燃料由附着在轨道器腹部的一个巨大的褐色外部燃料箱里的液态氧和液态氢供给。在轨道器到达初始轨道重返地球大气层时，外部燃料箱是航天飞机唯一可抛弃的部分，它在 1981 年的最初两次任务中被涂上白色，现在则是大家熟悉的褐色。附着在外部燃料箱两侧的是两个固体火箭助推器（SRB），它们在飞行的最初两分内为航天飞机主发动机提供辅助动力，并在每次飞行后从大海中收回。固体火箭助推器的大部分部件可以在以后的航天飞行中再次使用。

左图：发射平台附近海滩上的自动照相机所拍摄的航天飞机发射瞬间，轨道器被外部燃料箱和固体助推火箭所遮盖。

有效载荷能力

航天飞机的有效载荷主要取决于载荷舱，载荷舱有 18.3 米长、4.6 米宽。宇航员的装备与用品，以及其他货物和试验器材都装在位于飞行器驾驶舱下的中舱内。中舱也用作起居室、厨房及暂时的健身场所，内部还设有一个卫生间。宇航员可以在中舱的睡袋中休息，但是很多宇航员自己选择地方休息，如在气闸舱或者飞行舱。气闸舱通常用作进入天空实验室、空间居住舱和舱外活动的入口。天空实验室是一个装备在载荷舱里的实验室，这个实验室已经多次用于执行不同的科学任务。空间居住舱可以为一些航天飞机任务提供额外的工作、储藏和放置仪器的空间。像天空实验室一样，空间居住舱可以扩展进有效载荷舱，为了执行与空间站对接的航天飞机任务，气闸舱通向对接舱。

虽然宣传中说在轨道倾角为 28.5° 的低地球轨道上，航天飞机的初始最大有效载荷能力可达 29.48 吨，但是实际所能承受的最大有效载荷只能达到 23.72 吨，这还是 1986 年发射失败的"挑战者"号的数据。自那之后，最大的有效载荷是 1999

上图："奋进"号航天飞机和它的移动发射平台到达 39 发射区。准备发射期间，由左边的旋转服务装置完成整体封装。

左页图：一架航天飞机在肯尼迪航天中心组装完成后，由移动发射平台运到了 4.83 千米外的发射场。

航天飞机的诞生

上图：在航天飞机建造之前，美国曾提出过多个版本的设计方案，其中包括基于"土星"5号火箭第一级的版本。

建造可重复使用的太空"飞机"的概念是非常符合逻辑的。沃纳·冯·布劳恩以及他的佩内明德火箭团队，曾计划基于V2火箭技术开发一种有翼的、可回收的"航天飞机"。很多人认为，未来太空飞行器应该是有翼的、像飞机那样的火箭式飞船。1950—1960年，美国试飞了可重复使用的火箭式飞机，包括具有传奇色彩的X－15，这种飞机曾接近太空的边缘。如果没有那么多受冷战政策影响的紧急情况，航天飞机可能很快就被研制出来了。最接近航天飞机的是美国一个叫"动力滑翔飞行器"（Dyna Soar）的设计概念。这是一种有翼的像滑翔机那样的太空飞机。这种飞机可以通过"大力神"3C（Titan）运载火箭发射，为美国空军完成载人军事任务服务。在这个计划被取消之前，已经有6名宇航员被选中进行飞行训练。太空竞赛优先考虑的是最先进入太空能够载人的太空舱成为这个竞赛的主题。

在"阿波罗"11号飞船降落到月球表面之前，研制一种真正的航天飞机并没有得到美国国家航空航天局（NASA）或者政治家们的足够重视。"阿波罗"11号飞船有9项要完成的任务，但是由于反对意见以及预算的减少，有3项任务被取消了。在20世纪70年代早期，NASA的下一项雄心勃勃的目标是建造一个空间站，并使用一辆"太空的士"来渡运往返于空间站与地球的货物和宇航员，让这种太空旅行就像乘飞机飞行那样寻常。因为这项预算要比整个阿波罗计划多出25亿美元，白宫和国会并不热心。NASA被迫取消了庞大的空间站项目，仅剩下一辆不知驶向何处的"太空的士"。

这种被认为是完全可重复使用的"太空的士"，被NASA重新命名为航天飞机，它们可以携带商业卫星进入轨道，并因此而获得收益。它可以作为一种小型空间站及实验室，实施太空维修，以及完成更多的太空任务。然而，在项目进行过程中，NASA在将航天飞机作为航天发射器还是作为航天器之间进行了折中，还声称这种飞行器在1980年前可以飞行20次，到1991年可以完成650项任务。

很多航天公司开始设计这种新的飞行器。其中，最有吸引力的一种是具有两级、带翼、有助推器的太空飞机，这种飞机根据任务来确定有人驾驶或无人驾驶。为了能在大气中工作，助推器将装备吸气发动机。然而，问题是航天飞机的预算非常有限，仅相当于阿波罗项目的1/5。也就是说，建造航天飞机的挑战性要5倍于阿波罗计划，结果显然是可以预料的。理查德·尼克松（Richard Nixon）总统在1972年1月优先考虑了航天飞机的研制。在同年7月，先前的罗克韦尔公司（现在是波音的一部分）同NASA签订合同开始建造航天飞机，由于经费问题和工程上的妥协，所选择的设计方案并不是完全为了航天飞机可以重复使用的。

航天飞机轨道器

美国共建造了6架航天飞机轨道器，"企业"号仅用于测试而不进行太空飞行。首先是"哥伦比亚"号，紧接着是"挑战者"号、"发现者"号和"亚特兰蒂斯"号。在"挑战者"号遭遇空难后，建造了"奋进"号并用它来代替"挑战者"号。

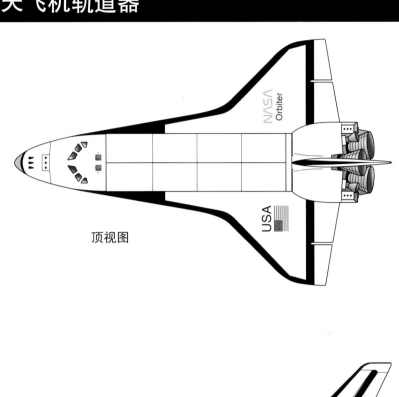

顶视图

正视图

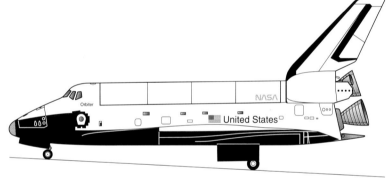

侧视图

后视图

最小离地间隙

机身襟翼（后部）：3.68 米

主起落架（门）：0.87 米

头部起落架（门）：0.90 米

翼尖：3.63 米

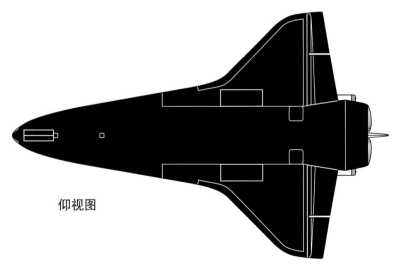

仰视图

年执行 STS93 任务时，"哥伦比亚"号的最大有效载荷为 22.58 吨，若经改进后，可增加到 24.95 吨，但是这也仅能满足4 天的工作需求，而且航天飞机是在最低轨道进行卫星部署。即便如此，没有任何一架航天飞机达到这样的有效载荷。"挑战者"号事故不仅暴露了固体火箭助推器设计上的问题，也发现航天飞机发射时的动态载荷远远超过最初设计时预计的载荷，只不过这一事实之前被美国国家航空航天局掩盖了。发射的整个系统经过重新设计并得到加强，整个发射系统的总体质量增加了，但却造成了有效荷载能力的减小。

有效载荷能力取决于所要完成任务的轨道倾角。超过 28° 时，轨道倾角每增加1°，有效载荷相应地就要减少 226 千克。从肯尼迪航天中心发射的航天飞机可以从美国东海岸进入 57° 轨道，在一个部署侦察卫星的任务中，轨道倾角则要达到 62°。在这项计划的早期，曾计划从加利福尼亚州的范德堡空军基地发射进入 90° 倾角的极地轨道。在 1986 年的"挑战者"号遇难之前，一个有 7 名宇航员的小组为了完成一项军事任务而登上了"发现者"号，但这次发射被取消了。出于安全方面的考虑，在范德堡基地进行的所有飞行任务都相继被取消了。

下图：1977 年，"企业"号航天飞机进行了一系列的迫近与降落测试。在试验中，轨道器载着两名宇航员从一架波音747 飞机上分离后向跑道方向飞行。

最初，航天飞机计划要飞行 30 天，但是这并没有实现。尽管后来创下了 17 天的飞行记录，但这是使用了一种新装置——延时轨道器（EDO）才实现的。这种延时轨道器为轨道器提供了更多的燃料电池，因此产生了额外的电能。其他类似的长期飞行任务也都采用了这种延时轨道器。先前的计划是在 14 天内再发射一个轨道器以完成任务。由于这个过程比原计划需要更多的时间，而且要更换的部件也比最初预计的多而未能实现。

自 1977 年"企业"号开始，共建造了 6 架航天飞机轨道器。"企业"号并不是一架能用于航天飞行的飞行器，而是用于在进行太空任务之前的大气滑行测试。5 项迫降与降落测试由两个有两名宇航员的小组——弗莱德·海斯（Fred Haise）和戈尔登·福勒顿（Gordon Fullerton）、乔·恩格尔（Joe Engle）和迪克·特鲁利（Dick Truly）完成。"企业"号被连接到一架波音 747 飞机上，而后被释放飞行，最终在位于加利福尼亚州的爱德华兹空军基地着陆。最长的飞行持续时间超过 5 分，是在 1977 年的 8 月与 10 月间取得的。第一架进行太空轨道飞行的是"哥伦比亚"号，时间是 1981 年；第二架是"挑战者"号，1983 年；第三架是"发现者"号，1984 年；而后是"亚特兰蒂斯"号，1985 年。在 1986 年"挑战者"号失事后，建造了"奋进"号并于 1992 年进行了首次飞行。

独特的火箭助推器

这种轨道器长 37.24 米，翼展 23.79 米，从着陆装置到顶部的高度达 17.27 米。

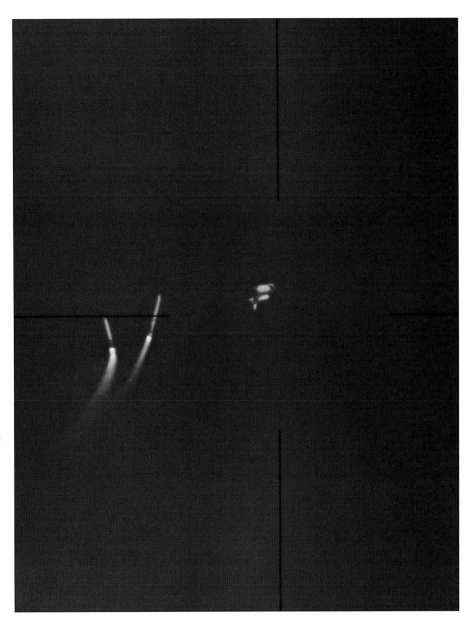

当航天飞机安装到发射架上并满载准备发射时，质量达 2041 吨，其中轨道器为 113 吨（占 5.54%）。固体火箭助推器高 45.46 米，直径 3.7 米。外部燃料箱长 47 米，宽 8.38 米。整个系统的总长度从燃料舱的顶部到固体火箭助推器尾部是 56.14 米。

固体火箭助推器既是飞行中最大的固体推进剂发动机，也是第一台可重复使用的火箭发动机。在发射开始时，每个重达 57 吨，80% 的推进剂用于提供推进动力，推进剂中含有氧化剂、铵化物、铝燃

上图：1981 年，STS-2 任务发射两分后两枚固体火箭助推器和航天飞机分离。

航天飞机

航天飞机由一个轨道器、一个外部助推燃料箱，以及两个固体火箭助推器组成，其能力通常根据任务的不同而变化。

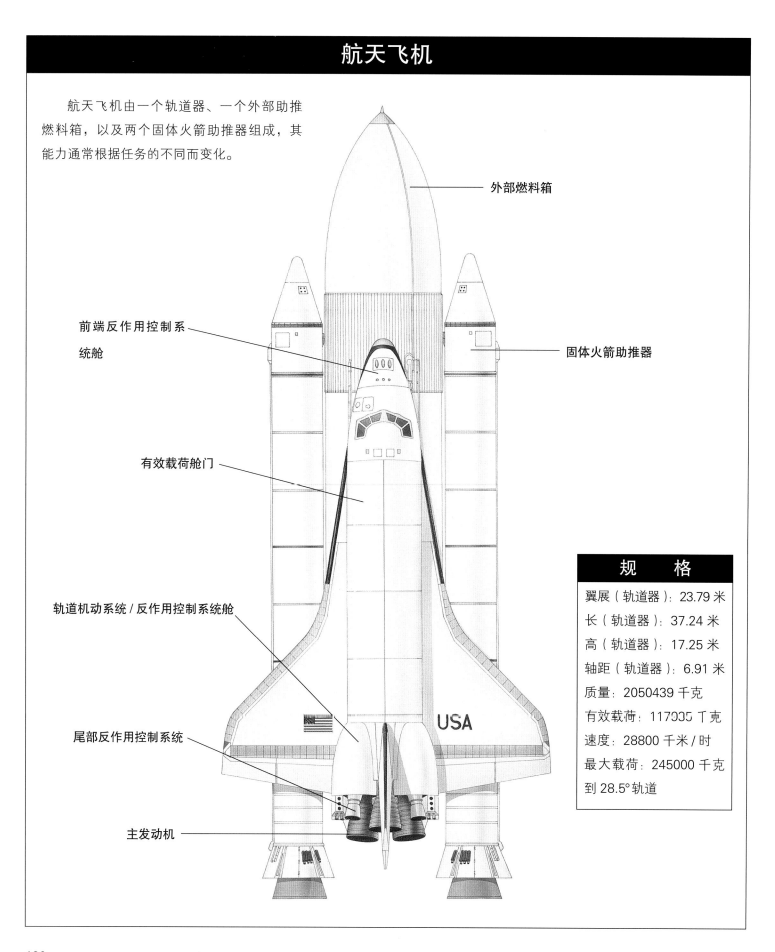

外部燃料箱

固体火箭助推器

前端反作用控制系统舱

有效载荷舱门

轨道机动系统 / 反作用控制系统舱

尾部反作用控制系统

主发动机

规　　格
翼展（轨道器）：23.79 米
长（轨道器）：37.24 米
高（轨道器）：17.25 米
轴距（轨道器）：6.91 米
质量：2050439 千克
有效载荷：117035 千克
速度：28800 千米 / 时
最大载荷：245000 千克到 28.5°轨道

料、氧化铁、聚合混合物，以及一种环氧成分。这种固体火箭助推器每台能够提供 1.47×10^7 牛的推力，并且只是在主发动机为航天飞机起飞提供 71% 的推力后点燃。和航天飞机主发动机一样，在第二阶段开始 50 秒后，为避免在最大动态压力下过载，固体火箭助推器将被熄灭，这个过程被称为最大动压段（MAX Q）。推力矢量控制系统同时也能控制固体火箭助推器的喷嘴流量。燃烧两分后，在 16 个独立马达的辅助下，固体火箭助推器将会在海拔 44 千米的高度被丢弃。随着它们向上飞行时的惯性，固体火箭助推器在落向地面之前还要向上飞行 75 秒，达到海拔高度 65 千米处。发射 4 分 41 秒后，在发射方向 225 千米的范围内，固体火箭助推器将在 3 个降落伞的作用下掉入大西洋中。在这里，固体火箭助推器将被收回，它们的 5 个部分被分解后运回犹他州重新翻新并组装。

航天飞机推动力

航天飞机满载后，质量最大的部分是 751 吨的外部燃料箱，其中装着 617 吨的液氧和 103 吨的液氢。外部燃料箱的质量在 1981 年 STS1 任务发射之后减少了 1/2。后来，通过安装一种新型的轻型燃料箱使质量减少了 3.5 吨，达到 747 吨。这

左图：航天飞机主发动机关闭不久，外部燃料箱被抛弃并在大气层中焚毁。

主发动机、固体火箭助推器以及外部燃料箱

　　3 台主发动机位于轨道器的尾部，由外部燃料箱提供液态氧和液态氢推进剂。每一台主发动机都在高室压下运行，有类似铃铛外形的喷嘴，以及一个再生冷却推力室以确保其发挥最优性能。每台发动机在运行时推力向量控制都是万向的。每一架航天飞机主发动机都有一个基于数字计算机的控制器，可以监控发动机的性能并按照所需推力和推进剂混合比率来自动调整发动机的运行状态。如果 3 台主发动机的其中一台突然熄火，燃料将被转移以满足其他发动机更长时间工作的需要。在部分外部燃料箱上喷射泡沫绝缘材料来减少发射过程中结冰或者结霜，并保证最少的热量传递到燃料舱内，以防止液态推进剂因温度过高而发生沸腾。两个可以由降落伞回收的固体火箭助推器要和轨道器的主发动机同时点火，以使航天飞机能够垂直飞行。

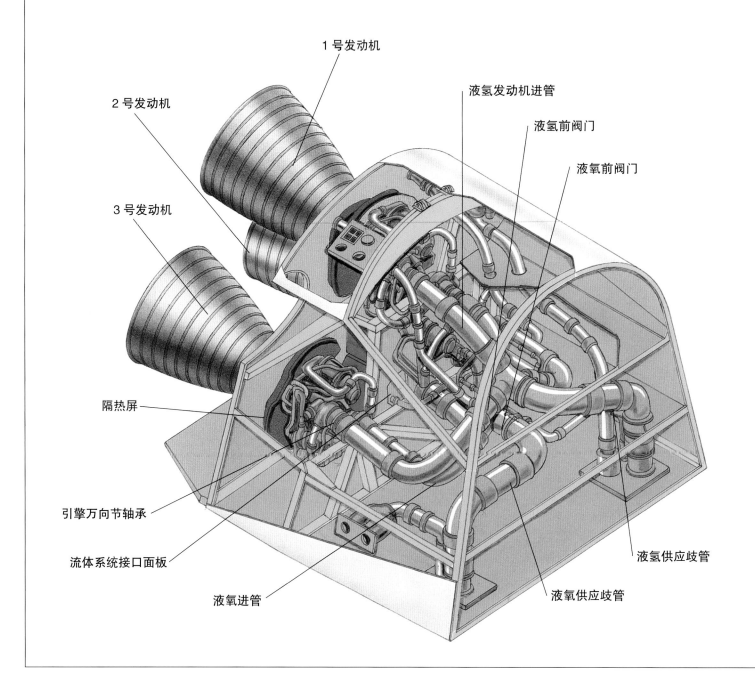

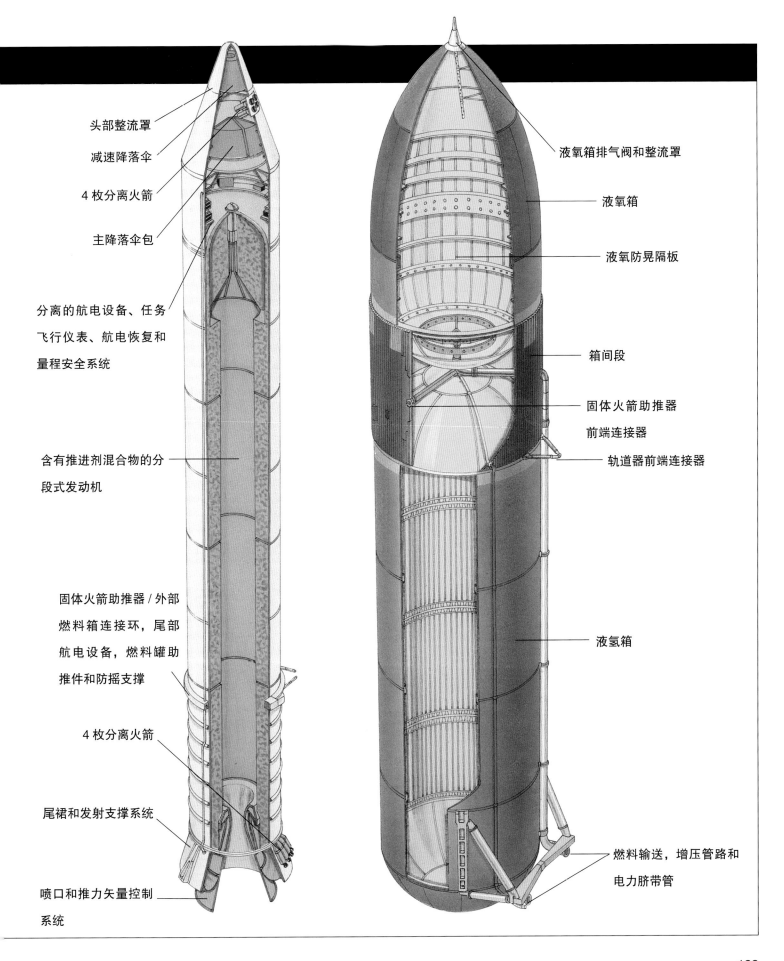

头部整流罩

减速降落伞

4 枚分离火箭

主降落伞包

分离的航电设备、任务
飞行仪表、航电恢复和
量程安全系统

含有推进剂混合物的分
段式发动机

固体火箭助推器／外部
燃料箱连接环，尾部
航电设备，燃料罐助
推件和防摇支撑

4 枚分离火箭

尾裙和发射支撑系统

喷口和推力矢量控制
系统

液氧箱排气阀和整流罩

液氧箱

液氧防晃隔板

箱间段

固体火箭助推器
前端连接器

轨道器前端连接器

液氢箱

燃料输送，增压管路和
电力脐带管

种新型燃料箱使用铝锂合金代替了以前的纯铝，并使用一种轻型绝缘泡沫来减轻质量。航天飞机的任何一种有效减轻质量的措施，都能转变为增加有效载荷。外部燃料箱始终与航天飞机连接在一起，直到航天飞机主发动机在发射8分后于海拔80千米处被关闭，此后外部燃料箱被丢弃并在大气层中焚毁。轨道器的航天飞机主发动机的推进剂是低温的液氧－液氢（LOX－LH），曾被认为是所有设计中效率最高的火箭发动机。这也被1985年8月的STS 51F任务的发射所证实，在温度出现异常的情况下，只有一台发动机不得不关闭。推进系统燃料在完全进入燃烧室之前就已

点燃，使发动机的温度和压力升高，达到了更高的效率。液氧与液氢的比例为6∶1，这个比例由拥有2台备份的电脑控制。航天飞机主发动机按顺序点火。第三号主发动机在T–6.6秒开始启动。在T–3秒，3台主发动机都达到最大推力。如果T–2秒内任何一台主发动机没有达到这种推力，所有主发动机就会自动关闭。在发射时因出现技术问题而导致一台主发动机不能启动或被关闭的事故已经发生了5次。这种在发射台上的异常中断是很危险的，有可能引起大火。如果发生火灾，宇航员就要通过紧急出口经滑索滑到地下的地堡中，或者是进入装甲卡车内快速逃离。尽管从

上图：航天飞机进入轨道后，宇航员罗伯特·吉布逊（Robert Gibson）可以在任务开始之前稍微放松一下。

左页图：一架安装在发射台上的自动相机拍摄到的航天飞机的主发动机，以及发射时从固体燃料火箭中喷出的浓烟。

航天飞机轨道器的内部

　　根据航天飞机的设计，在使用时可以搭载 7 名宇航员进入太空轨道。其中，两人分别是指令长和驾驶员，其他人是科学家和技术人员。利用航天飞机轨道器进入太空，并不像以前的航天任务那样宇航员要承受很大的压力。在起飞时的加速阶段，加速度限制在 3g（3 倍于重力加速度）而再入时的加速度要小于 1.5g。因此，一名健康的人可以只进行少量的飞行训练就能进行太空旅行。航天飞机轨道器的客舱的设计是多用途的，是工作、生活及存储的地方。供 4 名宇航员使用的座位安放在驾驶舱内，中舱为另 3 名宇航员提供座位，在中舱下面是设备和储备隔间。

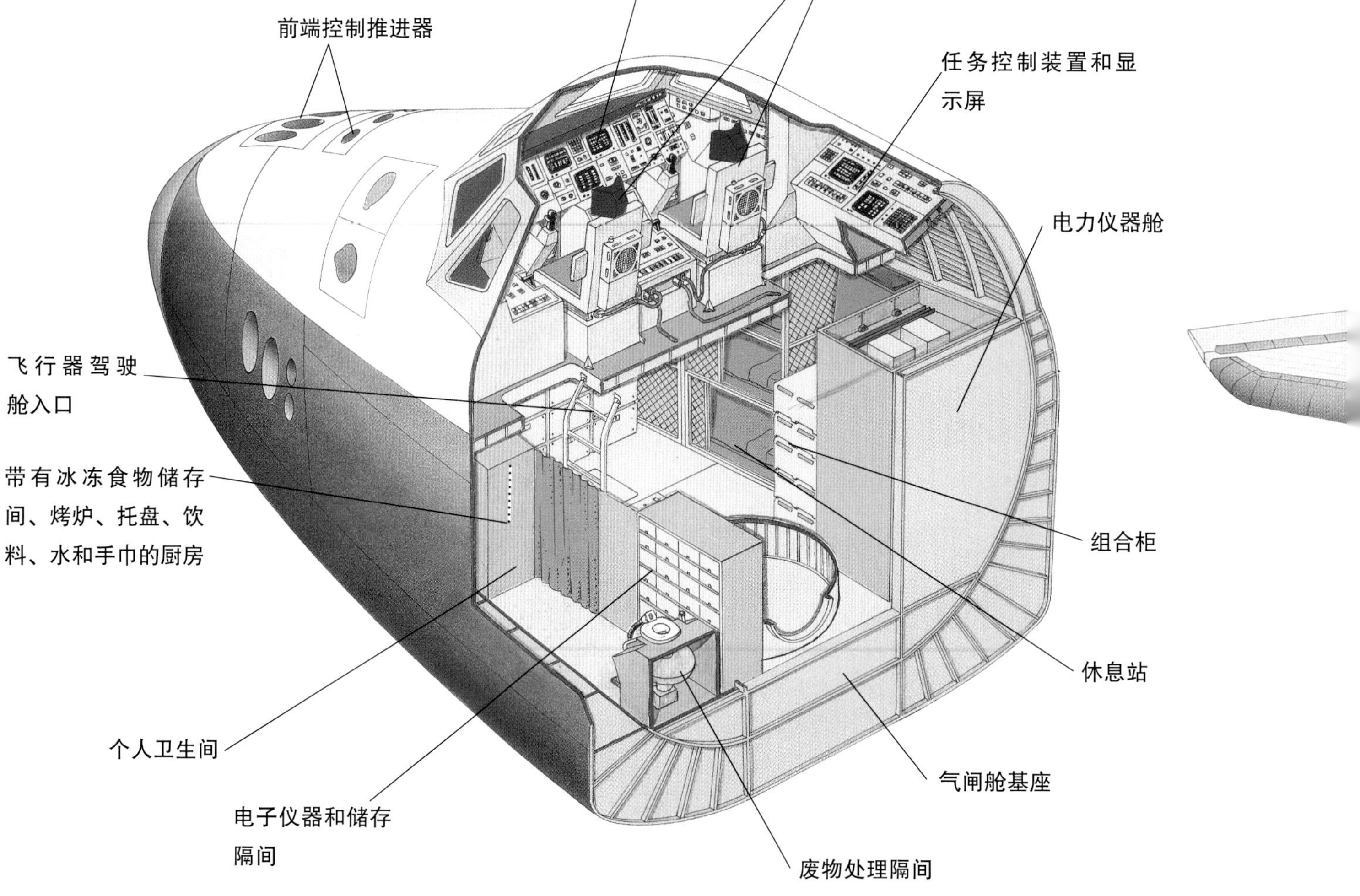

飞行器驾驶舱控制装置和显示屏

指令长（左）和驾驶员（右）的座位

任务控制装置和显示屏

前端控制推进器

电力仪器舱

飞行器驾驶舱入口

组合柜

带有冰冻食物储存间、烤炉、托盘、饮料、水和手巾的厨房

休息站

个人卫生间

气闸舱基座

电子仪器和储存隔间

废物处理隔间

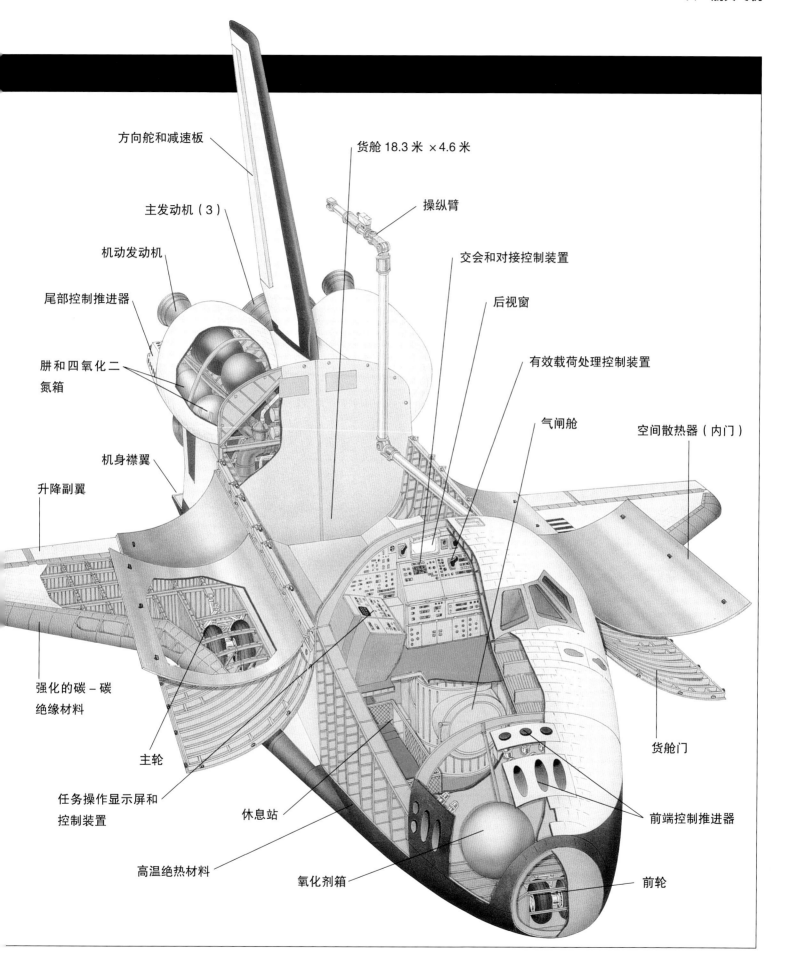

方向舵和减速板

主发动机（3）

机动发动机

尾部控制推进器

肼和四氧化二氮箱

机身襟翼

升降副翼

强化的碳－碳绝缘材料

主轮

任务操作显示屏和控制装置

高温绝热材料

休息站

氧化剂箱

货舱 18.3 米 ×4.6 米

操纵臂

交会和对接控制装置

后视窗

有效载荷处理控制装置

气闸舱

空间散热器（内门）

货舱门

前端控制推进器

前轮

"挑战者"号航天飞机灾难

在项目发展过程中不可避免地会有时间延误，这导致了首次航天飞行从 1978 年延期到 1981 年。为了在此期间能够继续建造航天飞机，美国国家航空航天局扩大了这个项目，并声称将要使太空飞行变得平常而安全。很多人相信这个想法，尽管这种航天飞机从来没有达到广告中所说的飞行速度，但是它却有一些特殊的设备，包括俘获、修理失灵的卫星并将它们送回到轨道或者地球。一些飞行需要搭载非宇航科学家，很快就有"普通人"参与航天飞机飞行的需求。为了保持人们的好奇心以及资金的注入，美国国家航空航天局官员宣称要挑选普通人作为航天飞机的"乘客观察员"。尽管新闻记者排队想进入太空，但是在经过全国性的竞争后，一名叫克瑞斯塔·麦考利芙（Christa Macautliffe）的教师被选中进行一次飞行体验。这种狂躁的情绪看起来有些失控，尽管航天飞机系统还处于测试飞行状态，但是却已经公布航天飞机可以很安全地作为交通工具来运送乘客。"挑战者"号航天飞机在第25 次飞行之后，麦考利芙和包括一名机械专家在内的 6 名宇航员同伴，在一个寒冷又充满阳光的日子里坐进航天飞机在肯尼迪航天中心升空。美国通过电视向全国现场直播，甚至在学校的教室内都能看到直播。升空 73 秒后，航天飞机解体并爆炸，所有宇航员都牺牲了。事故原因是其中一个固体火箭燃料箱发生泄漏。这场空难震惊了整个世界，但这样的事情本不应该发生。美国国家航空航天局的公关人员忘了提醒公众，这架航天飞机是用于试验并且航天飞机是存在危险的。"挑战者"号事故是航天飞机发展史的一个分水岭，自此之后安全问题成为首要问题。

上图："挑战者"号航天飞机在升空 73 秒后解体并爆炸，在它们被地面安全人员处理之前，固体火箭推进器还在燃烧。

左图：宇航员科特·布朗（Curt Brown）通过位于舱尾的驾驶员座舱的操纵杆，控制航天飞机的推力。

下图：两名宇航员进行太空行走，从广角视角看到的航天飞机有效荷载舱，以及遥控机器手系统的机器手。

大火中逃生有周密的步骤，但现实中还没有用到过。

航天飞机主发动机的排气喷嘴有 4.26 米高，直径 2.43 米。航天飞机主发动机能被控制进行俯仰、转向和翻滚操作，同时也能在 67%—109% 的额定推力范围内熄火，100% 的推力意味着相当于海平面上 170 吨的质量。推力在发射的最初应该达到 100%，在起飞后 6.5 秒达到额定推力的 109%。推力在 T+60 秒出现最大动压（MAX Q）时会有所减小，而后发动机会关闭。在 T+10 秒发出"启动主发动机"命令之前，在发动机附近会出现黄色的火花，这是发动机附近的气态氢燃烧造成的。航天飞机主发动机是可以重复使用的，通过减小部件之间的磨损（尤其是涡轮机中的一些部件，如涡轮机的叶片），主发动机在航天飞机项目中的使用期限将得到显著提高。

航天飞机的主要任务

时 间	航天飞机名称	持 续 时 间
1981 年 4 月 12 日	"哥伦比亚"号 STS 1	飞行 2 天 6 小时 20 分。航天飞机的处女航，宇航员是约翰·杨（John Young）和鲍勃·克里彭（Bob Crippen）
1982 年 11 月 11 日	"哥伦比亚"号 STS 5	飞行 5 天 23 小时 14 分。航天飞机的首次商业飞行，部署了两颗通信卫星
1984 年 2 月 3 日	"挑战者"号 STS 41B	飞行 7 天 23 小时 15 分。首次通过使用载人机动装置进行独立的太空行走，首次在发射场结束太空任务
1984 年 4 月 6 日	"挑战者"号 STS 41C	飞行 6 天 23 小时 40 分。捕获、维修并重新部署"太阳麦斯"号（SOLAR MAX）卫星
1984 年 11 月 8 日	"发现者"号 STS 51A	飞行 7 天 23 小时 45 分。找到了与地面失去联系的卫星，并成功地将卫星带回地面
1985 年 8 月 27 日	"发现者"号 STS 51I	飞行 7 天 2 小时 14 分。捕获、维修并重新部署"租赁"（LEASAT）3 号卫星
1985 年 10 月 30 日	"挑战者"号 STS 61A	飞行 7 天零 44 分。创下第一次有 8 个人同时参与飞行的纪录
1986 年 1 月 28 日	"挑战者"号 STS 51L	飞行 1 分 13 秒。在 14.33 千米高空爆炸；迪克·斯科比（Dick Scobee）、麦克·史密斯（Mike Smith）、朱迪思·雷斯尼克（Judith Resnik）、罗纳德·麦克奈尔（Ronald McNair）、艾利森·奥尼朱卡（Ellison Onizuka）、克瑞斯塔·麦考利芙（Christa McAuliffe）、格里高利·贾维斯（Gregory Jarvis）全部遇难。起飞但还没进入太空，是美国第一个航天飞机灾难
1988 年 9 月 29 日	"发现者"号 STS 26	飞行 4 天 1 小时。在"挑战者"号遇难 2 年零 8 个月后，美国重返太空
1989 年 5 月 4 日	"亚特兰蒂斯"号 STS 30	飞行 4 天 57 分。部署"麦哲伦"（Magellan）号，它将飞向金星轨道，这是第一次从载人航天器上部署星际航天器
1990 年 4 月 24 日	"发现"号 STS 31	飞行 5 天 1 小时 16 分。部署哈勃空间望远镜（HST）
1992 年 5 月 7 日	"奋进"号 STS 49	飞行 8 天 21 小时 58 分。捕获了"国际通信卫星"（INTELSAT）6 号并重新将其送入地球同步轨道，创造了 8 小时 29 分的舱外活动纪录
1993 年 12 月 2 日	"奋进"号 STS 61	飞行 10 天 19 小时 58 分。哈勃空间望远镜服务及维修任务，美国创下了 5 项舱外活动的纪录
1995 年 6 月 27 日	"亚特兰蒂斯"号 STS 71	飞行 9 天 19 小时 23 分。美国的第 100 次载人发射，与苏联"和平"号空间站对接，并交换了宇航员
1996 年 11 月 19 日	"哥伦比亚"号 STS 80	飞行 17 天 15 小时 54 分。持续时间最长的航天飞行任务
1998 年 10 月 29 日	"发现者"号 STS 95	飞行 8 天 21 小时 43 分。再次进入太空的宇航员约翰·格莱恩（John Glenn）已有 77 岁，曾在 36 年前完成了 7 次飞行任务。他是进入太空年龄最大的人
1998 年 12 月 4 日	"奋进"号 STS 88	飞行 11 天 19 小时 50 分。第一次国际空间站组装任务，将美国"团结"（Unity）1 号节点舱与苏联的"曙光"（Zarya）号进行连接
1999 年 7 月 23 日	"哥伦比亚"号 STS 93	飞行 4 天 22 小时 50 分。搭载了创纪录的 22.58 吨有效荷载，指令长艾琳·柯林斯（Eileen Collins）是女性

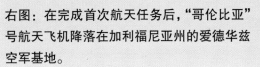

右图：在完成首次航天任务后，"哥伦比亚"号航天飞机降落在加利福尼亚州的爱德华兹空军基地。

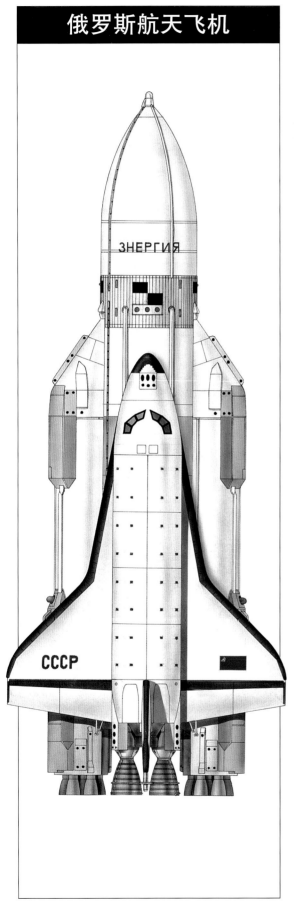

高度机动的飞行器

　　在主发动机关掉后，两个轨道机动系统开始工作。轨道机动系统连接在航天飞机尾部的两侧，这两个轨道机动系统点火并使航天飞机加速到预定轨道，速度达到7.74千米/秒。其间需要经过几次点火后才能使航天飞机进入预定轨道，后来轨道机动系统发动机已经用于在上升过程中辅助主发动机工作。每次航天飞机发射都有其特有的参数和需求。轨道机动系统发动机同样是轨道器的减速火箭，它在点火后工作2分时间，可将轨道器的速度降低91米/秒。推力为 1.79×10^4 牛的轨道机动系统，使用一接触便能自发点火的自燃式四氧化二氮和肼推进剂。

　　偏航、滚动以及速度的微小改变都是通过反作用控制系统（RCS）进行控制的。反作用控制系统由38个推进器组成，每个能够提供 1.73×10^5 牛的推力。其中，14个位于头部，每个轨道机动系统发动机上有12个。此外，还有6个游标推进器，2个在头部，4个在尾部。这些发动机都是由自燃式推进剂提供动力。在轨道机动系统不工作的紧急情况下，可以使用反作用控制系统，反作用控制系统发动机和轨道机动系统发动机的点火方式是一样的。

　　航天飞机的飞行操控是通过电子计算机系统进行的。4台电子计算机在飞行的关键时刻同时工作，例如在发射、上升、离轨、再入，以及着陆阶段。为防止任何一台计算机出现故障，它们对每个数据的输入都进行鉴别，而且响应440次/秒。第五台电子计算机作为飞行控制系统的备份。后来的系统取代了1970年的IBM电

左图：俄罗斯航天飞机"暴风雪"（Buran）号，只执行了一次太空任务。1988年用"能源"号（Energia）火箭发射。"暴风雪"号进行了一次自动飞行，返航时在拜科努尔发射基地着陆。这个航天计划以及"能源"号运载火箭都因预算困难而被取消。

上图：航天飞机的空间实验室。这是在有效荷载舱内部看到的，这次任务由 7 名宇航员完成。

脑，所引入的玻璃驾驶舱的显示器最终代替了所有轨道器的开关和刻度盘。加入航天飞机项目的宇航员都在玻璃驾驶舱中进行训练，他们发现在航天飞机中的驾驶员座舱已经过时了。2000 年 5 月，安装玻璃驾驶舱的"亚特兰蒂斯"号首次执行了飞行任务。

机械臂

　　航天飞机的大多数飞行都带有遥控机

械手系统（RMS）。这是一种复杂的机械臂，可以由宇航员在飞行舱内进行遥控。位于驾驶舱后面的控制者可以对遥控机械手系统的部件进行操控，包括该系统的"手"、电脑和电视摄像机，也可以通过飞行舱尾部的窗户进行观察。这种远程控制系统的臂长达 15.24 米，同时配有可以活动的"肩膀"及"肘关节"，可以伸向不同的方位。宇航员在舱外活动中可以用它来部署及捕获有效载荷，并可以作为宇航员进行太空行走的活动载体，宇航员在舱外活动时可以站在手臂的末端。这种遥控机械手系统被证实在航天飞机飞行中是必不可少的，而且这种技术在国际空间站中也得到应用。

返回地面

在轨道机动系统再次点火之后，飞行任务进入最后阶段，航天飞机开始由一

艘宇宙飞船转变为一架滑翔机。航天飞机在 122 千米的高空再入，并开始以 8.5 千米 / 秒的速度滑行 8000 千米的距离到达着陆场。在再入返回地球时，航天飞机轨道器能向左或者向右最远飞行 1200 千米进行调整，从而能够在紧急情况下着陆。这种技术动作叫作"横向机动"。即使在正常的着陆过程中，也需要一些横向机动。航天飞机与大气层摩擦时会使其表面温度升高，对这种温度升高的防护并不像以前的载人

上图：由一颗飞行的卫星拍摄的航天飞机在轨道中的照片。这颗卫星后被航天飞机捕获并被带回地球。

左图：航天飞机上空间实验室的照片，宇航员正在努力工作，进行一系列试验。

133

航天飞机任务次数

年份	任务
1981	2 次成功
1982	3 次成功
1983	4 次成功
1984	5 次成功
1985	9 次成功
1986	1 次成功和 1 次失败
1987	0 次成功
1988	2 次成功
1989	5 次成功
1990	6 次成功
1991	6 次成功
1992	8 次成功
1993	7 次成功
1994	7 次成功
1995	7 次成功
1996	7 次成功
1997	8 次成功
1998	5 次成功
1999	3 次成功
2000	2 次成功

合计：98 次，包括 1 次失败

轨道器飞行次数

成功飞行次数

"哥伦比亚"号	26
"挑战者"号	8 次成功和 1 次失败
"发现者"号	27
"亚特兰蒂斯"号	21
"奋进"号	15

注：截至 2000 年 2 月 11 日。

飞船上的烧蚀热防护罩，航天飞机安装了独特的防热瓦和防热毯。这种热防护系统（TPS）由陶瓷以及碳复合材料制成，应用在航天飞机的铝结构中。像煤气取暖器的电阻丝一样，热防护系统的防热瓦即使受热发红，也能迅速冷却而不至于损坏。

因为轨道器不同部位受热程度不同，航天飞机需要 6 种不同的热防护系统材料。机翼前缘和轨道器下部要正面承受再入时的温度升高，机身上部受热则会较小。航天飞机上的诺梅克斯（Nomex）表面绝热毯（FRSI）保护了有效荷载舱的舱门、机身上部以及轨道机动系统舱，使这些部位可以承受 371 摄氏度的高温。航天飞机的低温重复使用表面绝热材料（LRSI）由 99% 纯度的硅瓦组成，可以承受 649 摄氏度的高温，安装在有效荷载舱门的下部、机身两侧、机翼的上表面以及轨道机动系统舱的个别部位。航天飞机的有些部位则安装了先进柔性可重复使用表面绝热材料（AFRSI），这是一种被子状的硅纤维毯。高温重复使用表面绝缘材料（HRSI）由硅玻璃以及无定向纤维制成，这种材料应用在机身前侧、驾驶员座舱以及轨道器的腹部，这些部位温度可达到 1260 摄氏度。这种可重复使用的耐高温表面绝热材料，已经有一部分被耐高温纤维复合材料绝热层（FRCI）取代。增强型碳复合材料绝热瓦，用于保护温度超过 1260 摄氏度的部位，例如航天飞机的头罩以及机翼的前缘。

航天飞机轨道器的速度减小到 3400 米/秒时，可以使用垂直减速系统；在速度达到 1190 米/秒时就可以启动人工操纵。无论飞行是由自动控制还是由宇航员操纵都要进行侧滑飞行，以及"S"形飞行以减小惯性能量。着陆地点通常是肯尼迪航天中心，航天飞机飞往着陆点与普通飞机相比，角度比普通飞机大 7 倍，速度是其 20 倍。在距地面的垂直距离为 25.3 千米时飞行角度减小到 14°，速度为 850 米/秒，

航天飞机着陆过程概要图

下图说明了航天飞机安全着陆的具体步骤，以及高
度和速度的调整。

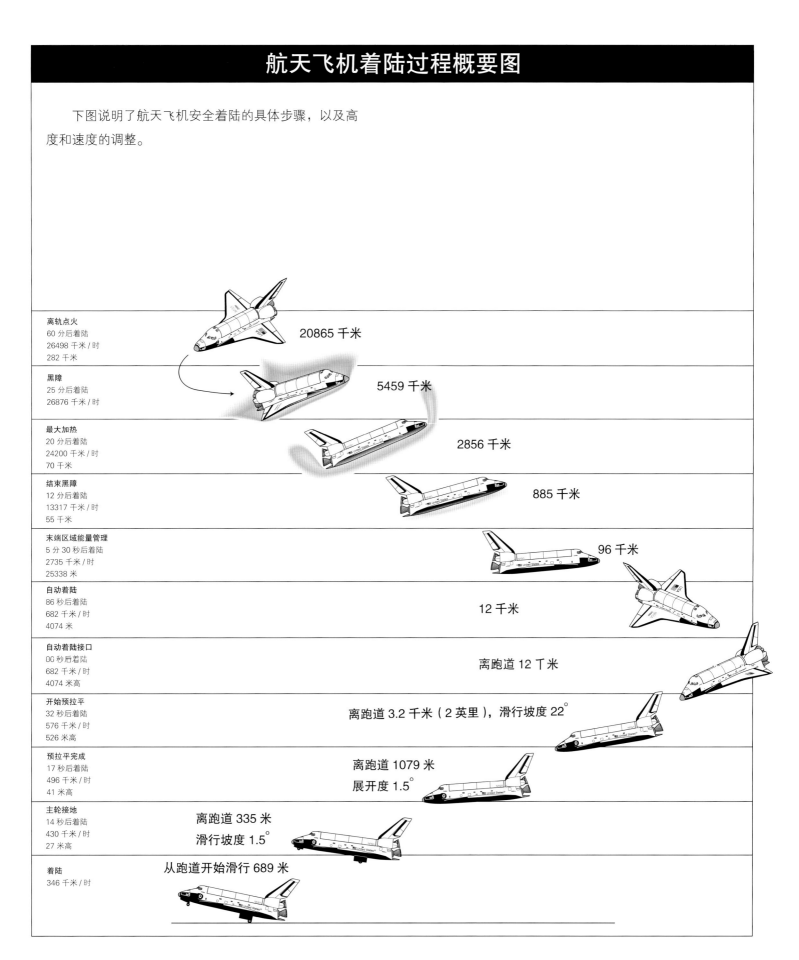

离轨点火
60 分后着陆
26498 千米 / 时
282 千米

20865 千米

黑障
25 分后着陆
26876 千米 / 时

5459 千米

最大加热
20 分后着陆
24200 千米 / 时
70 千米

2856 千米

结束黑障
12 分后着陆
13317 千米 / 时
55 千米

885 千米

末端区域能量管理
5 分 30 秒后着陆
2735 千米 / 时
25338 米

96 千米

自动着陆
86 秒后着陆
682 千米 / 时
4074 米

12 千米

自动着陆接口
00 秒后着陆
682 千米 / 时
4074 米高

离跑道 12 丁米

开始预拉平
32 秒后着陆
576 千米 / 时
526 米高

离跑道 3.2 千米（2 英里），滑行坡度 22°

预拉平完成
17 秒后着陆
496 千米 / 时
41 米高

离跑道 1079 米
展开度 1.5°

主轮接地
14 秒后着陆
430 千米 / 时
27 米高

离跑道 335 米
滑行坡度 1.5°

着陆
346 千米 / 时

从跑道开始滑行 689 米

上图：航天飞机的热防护瓦（TPS）。绝热系统被平铺在航天飞机的底部，在飞行过程中它可以吸收大部分的热量。

距离跑道96千米。距地面的垂直距离为14.9千米时，速度减小到340米/秒以下，距离跑道40千米。微波着陆系统在距离着陆场12千米时开始工作，利用技术操作将迫近角度减小到1.5°以便着陆。当距地面的垂直距离为91.44米时着陆装置即被放下，22秒后航天飞机轨道器在肯

尼迪航天中心4.57千米长的跑道上进行着陆。

航天飞机着陆时，在触地一瞬间速度大于320千米/时。1982年，STS 3任务创下了着陆时的速度记录为400千米/时。航天飞机的着陆技术应该感谢那些被称作"举升体"的小型有人驾驶的航天飞机

计划中止

航天飞机在发射后的最初 3 分是最危险的，尤其是在固体火箭助推器推进（SRBS）的两分内。如果在固体火箭助推器阶段有一个主发动机关闭，此时几乎所有的推力都由固体火箭助推器提供，系统所承受的压力可能毁掉整个系统。最坏的假设是在发射台上，当固体火箭助推器点燃时所有的主发动机都突然冒起火焰，整个系统很可能由于固体火箭助推器的压力过大而破坏成几部分。如果在飞行中一个固体火箭助推器不能工作，这将导致空难以及伤亡，在最初的两分内几乎是没有获救的可能。如果航天飞机失去控制，很可能会解体成几部分。如果航天飞机失去控制飞向有人居住的地方，它将会自毁，每名宇航员都知道这将意味着什么。在极端的环境中，航天飞机将被抛弃。但是，在空气动力作用下，航天飞机将被分解成几块，它们甚至有可能碰上固体火箭助推器的尾焰。如果一台或更多的发动机失灵，或者在固体火箭助推器点火时已经失灵，那就无法挽回也无法继续。（后面有备选方案）

不仅发动机有可能产生故障，其他主要系统也可能出现问题或者舱内压力出现问题。计算机的软件可能出现完全自动的"突然中断"，应对这种情况的最好办法是能够控制航天飞机着陆的地点。例如，百慕大以及其他东海岸着陆地点可以从美国南卡罗来纳到加拿大新斯科舍省。着陆失败则意味着出现海难。这种情况发生之前，宇航员可以从航天飞机中弹出，但此时航天飞机的高度要高于 3.05 千米或者在 6 千米以上。这种逃生也应该是在水平飞行中。现在已经使用了一种延长杆，以确保宇航员在向下滑行的

过程中不至于撞到航天飞机前缘。每一名宇航员必须使自己的降落伞连接到一个环上，这将帮助宇航员可以从延长杆上滑下来，并打开降落伞。宇航员必须跳伞是因为落在海里是无法生存的。宇航员可能受到专业的训练，但在实际情况中冲击力可能会使他们丧命。

上图：在固体火箭助推器点燃的两分内，如果航天飞机的任何一部分出现问题，那么想营救宇航员几乎是不可能的。

经改进的航天飞机

　　航天飞机的一项主要的升级就是引入了"飞回式"有翼液体助推器，如下图所示。

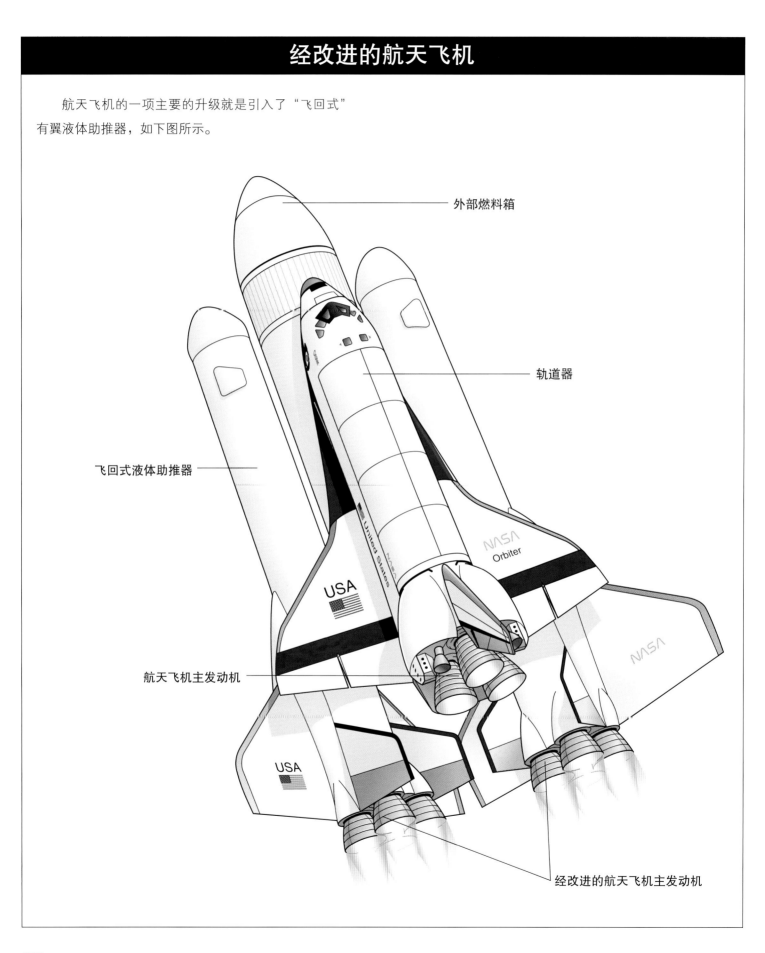

外部燃料箱

轨道器

飞回式液体助推器

航天飞机主发动机

经改进的航天飞机主发动机

左图：“发现者”号在轨道中的这个特写镜头，是由一台安装在卫星上的自动摄像机拍摄的。该照片显示了有特色的隔热瓦和隔热毯。

下图：航天飞机正在肯尼迪航天中心引导下着陆。图中右侧是航天飞机组装大楼。

原型——如 X-24，它们为这些技术进行了多次试验飞行。这些飞行器从飞机上落下来模拟迫近与着陆。在 STS 50 飞行任务中使用了阻力伞来辅助减速。轨道器被关闭并拖回到航天器组装大楼内，为下次任务做准备。在被运到两个发射台中的一个发射台（KSC 的 39A 或 B）之前，它先是被运送到肯尼迪航天器组装大楼（VAB），与新的固体火箭助推器以及外部燃料箱重新组装到一起，以备下一次的发射。

七
空 间 站

———

　　空间站的形状就像自行车的车轮，它不断旋转以产生重力；宇宙飞船就像飞机一样起飞，运送乘客。在太空时代开始之前，这些就是早期的书及电影中所描绘的太空时代给人们留下的印象。这些梦想直到今天也还没有实现，太空仍然只是极少数人能去的独特地方。

　　实际上，今天真正的空间站是由一些巨大的管子组成的，这些管子相互连接组成模块化平台。航天站的工作人员生活在相对艰苦的环境中。他们经常被提醒生活环境的危险，以及往返轨道之间旅程的风险。飞往太空以及建造空间站组件所需的巨额费用已经成为其发展的主要障碍。这一点可以通过国际空间站直到2004年才建成米证实，因为这比计划晚了10年，而且费用也几乎是1984年提出这一计划时的10倍。最著名的国际空间站是俄罗斯的"和平"号空间站。它是一个相互连接的航天舱的组合体，第一个模块是在1986年发射升空的。因为脱离轨道的计划推迟，"和平"号直到2000年还在工作。在"和平"号之前，进入太空的是一系列"礼炮"号（Salyut）空间站。"礼炮"号空间站的首次发射是在1971年，

左图：俄罗斯"和平"号空间站在地球轨道上，它的中心是1986年发射的首个核心舱，到21世纪初"和平"号还在太空中继续服役。

该系列空间站主要是由一些单独的舱组成。与俄罗斯在过去30年中积累了大量空间站建设经验相比，美国仅建造了一座空间站，于1973年发射，而且运行不到1年。它被称为"阿波罗应用计划"（APP）。

美国的"天空实验室"

1966年，随着"阿波罗登月计划"的推进，美国国家航空航天局开始着手利用为"阿波罗"研发的零件在地球轨道上建立一座空间站。"阿波罗应用计划"并不是美国国家航空航天局最终想要的空间站设计，只是用于论证其技术能力的一个临时措施。"阿波罗应用计划"将在最后一次"阿波罗"登月时被放飞，这为美国国家航空航天局享有声望的太空探索创造了两次狂欢。这个空间站在后来被称为"天空实验室"，它可以通过"土星"5号和"土星"1B助推器，将宇航员送入"阿波罗"号的指令与服务舱（CSMS）工作。

这座空间站包含一枚装备完整的"土星"5号火箭的第三级。当清空这一级中的所有推进剂后，宇航员将其变成设施齐全的空间站，即该第三级在发射之前就已全副装备。"天空实验室"还要以月球舱为基础携带望远镜。为解决"天空实验室"的经费问题，降低了其他预算，甚至取消了"阿波罗"任务。

"天空实验室"的主要部分是轨道车间，该车间是以"土星"5号火箭第三级为基础的。轨道车间长14.6米，直径6.7米，提供了两层共283平方米的生活和工

下图：1973年5月，在肯尼迪航天中心最后一枚"土星"5号火箭将"天空实验室"送入轨道。

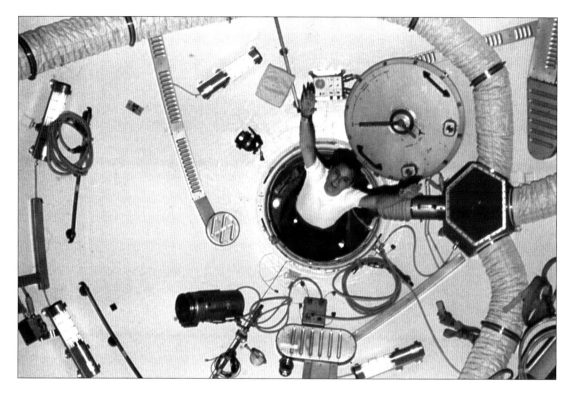

左图：科学家航天员爱德华·吉布森（Edward Gibson）在打破纪录的"天空实验室"4飞行任务期间，飘上宽大的"天空实验室"空间站。这次飞行任务持续了84天。

作场所，由一个网格地板彼此隔开。底层有休息室、厨房、洗浴室、居住区，且有一扇大型落地窗可以观察地球。机械设备位于底层，在地板上有一个含有垃圾处理箱的气闸舱。上层包含宇航员的大部分工作场所和物品，如设备、个人装置及衣服等。

在轨道车间的顶部是一个通往气闸舱的通道，从这个气闸舱可以进行太空行走。气密舱通向多用途对接舱（Multiple Docking Adapter），多用途对接舱可以使多个指令与服务舱连接到空间站上。例如，当执行太空救援行动时，多用途对接舱可以安装在出现故障的指令与服务舱上。与多用途对接舱的一侧连接，是"天空实验室"最重要的一项操作。阿波罗望远镜架上安装了5台望远镜，它们可以用不同的波段进行观察，主要用于研究太阳。实际上，"天空实验室"的一项主要成绩，就是收集到了这个离地球最近的恒星的大量资料。

"天空实验室"是在1973年5月14日发射的，计划搭载1名宇航员1天后进入轨道。然而，"天空实验室"的发射并不完全成功。在发射过程中，"天空实验室"一侧的绝热板脱落了一块，带走空间站两块太阳能电池板中的一块，影响了另一块太阳能电池板的工作。这意味着空间站一旦进入太空就会遭遇厄运。

第一次载人任务称为"天空实验室"2号，不仅是一次航天飞机的常规飞行，还将是一个可以全面使用的基地。对太空行走有丰富经验的皮特·康拉德（Pete Conrad）带领两名新宇航员进入天空实验室，度过了28天，并进行了一次非常危险的太空行走，使空间站变成了太空行走的一个空间基地。"天空实验室"3号创造了59天的飞行纪录后，"天空实验室"4号创下了84天的飞行纪录。后来人们认识到，"天空实验室"是一项重要的科学成果。但可惜的是，在随后的5年中它在轨道中被丢弃。后来，"天空实验室"再次进

"天空实验室"的发射并不总是成功的，发射过程中会发生微流星体防护罩脱落、带走空间站的太阳能电池板以及阻塞其他器物等。这些都表明，空间站在到达轨道之前是会遇到很多危险的。

天空实验室

"天空实验室"是美国的第一座可生活和工作的空间站。宇航员在"水星计划"单人宇宙飞船、"双子星座"航天器、"阿波罗"飞船上都生活在狭小的空间中，主要吃通心粉，饮用装在包里的液体。"天空实验室"提供了一些更人性化的物质服务，有水可供偶尔进行淋浴，有食物储存在柜里和冷藏室里，可以提供一些更丰富的日常饮食。衣服存在称作"28天衣服舱"的柜子中，在空间站中什么东西都洗不了，穿过的衣服放在生活区地板下的一个容器里。最大的奢侈是"废物管理隔间"，这里在满足宇航员生活需要的同时，还是一个用来研究宇航员身体的矿物质和水分平衡的医疗实验室。

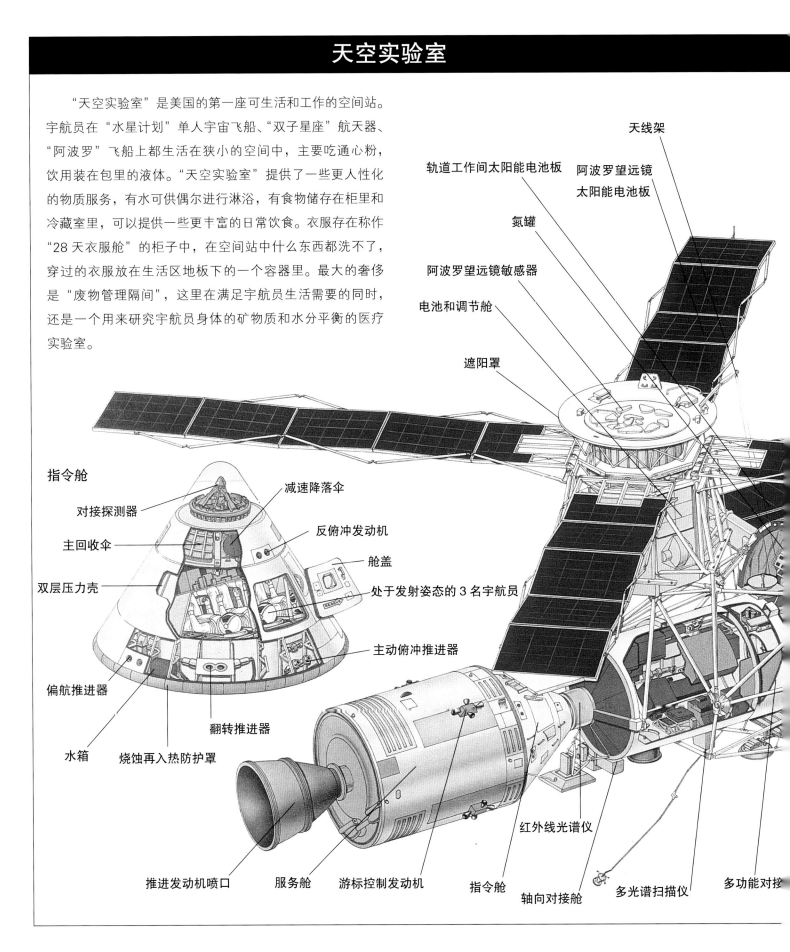

天线架
轨道工作间太阳能电池板
阿波罗望远镜
太阳能电池板
氮罐
阿波罗望远镜敏感器
电池和调节舱
遮阳罩

指令舱
减速降落伞
对接探测器
反俯冲发动机
主回收伞
舱盖
双层压力壳
处于发射姿态的3名宇航员
偏航推进器
主动俯冲推进器
翻转推进器
水箱
烧蚀再入热防护罩
推进发动机喷口
服务舱
游标控制发动机
指令舱
红外线光谱仪
轴向对接舱
多光谱扫描仪
多功能对接

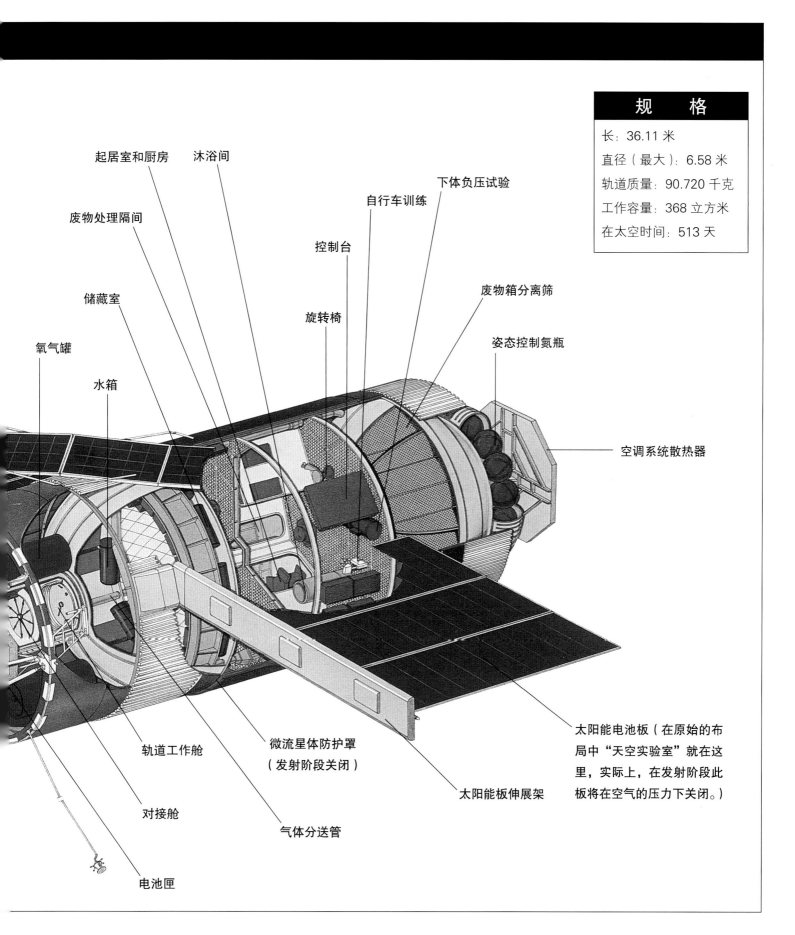

起居室和厨房

沐浴间

废物处理隔间

储藏室

氧气罐

水箱

下体负压试验

自行车训练

控制台

旋转椅

废物箱分离筛

姿态控制氮瓶

空调系统散热器

规　格

长：36.11 米

直径（最大）：6.58 米

轨道质量：90.720 千克

工作容量：368 立方米

在太空时间：513 天

轨道工作舱

微流星体防护罩
（发射阶段关闭）

太阳能电池板（在原始的布局中"天空实验室"就在这里，实际上，在发射阶段此板将在空气的压力下关闭。）

对接舱

气体分送管

太阳能板伸展架

电池匣

"联盟"T号空间站

　　"联盟"（Soyuz）T号空间站在1979年末由苏联启动，并于次年进行了载人飞行。尽管这个空间站保留了"联盟"号的基本设计，但也进行了很大的改进。苏联曾非常自豪地声称，"联盟"T号空间站安装了新型经改进的计算机系统，但是这种系统的性能，只相当于美国10年前的有人驾驶的宇宙飞船上所使用的系统。尽管"联盟"T号空间站可以搭载3名航天员，但是大部分时间只有两名航天员。随着"礼炮"（Salyut）7号飞行任务的完成，"联盟"T号空间站开始投入使用。

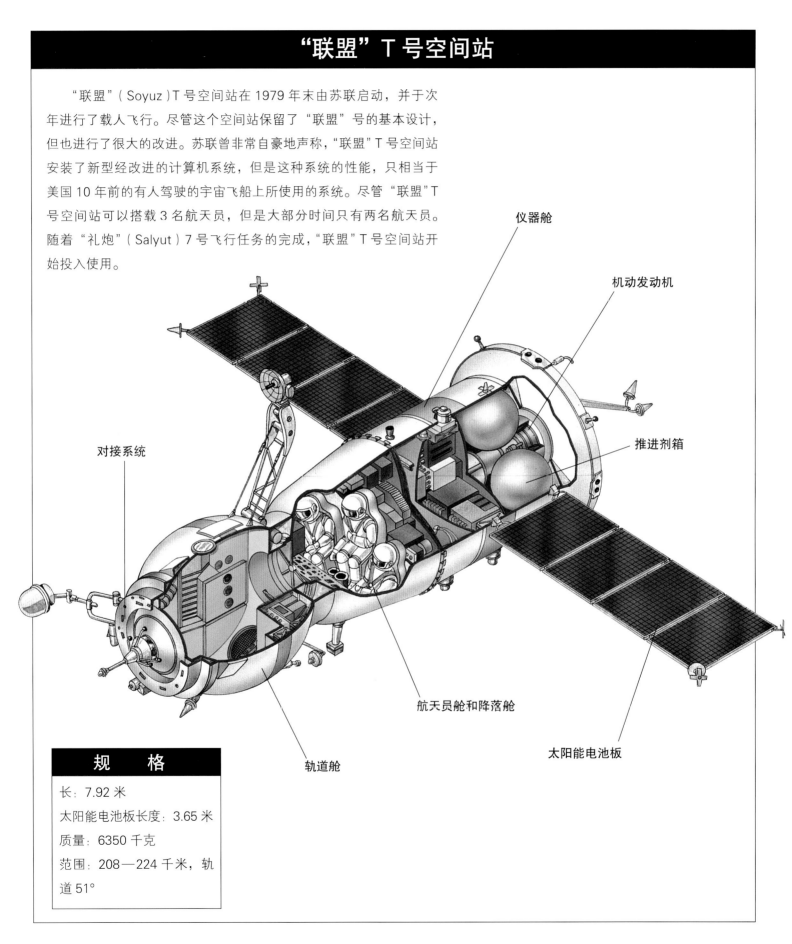

仪器舱

机动发动机

推进剂箱

对接系统

航天员舱和降落舱

太阳能电池板

轨道舱

规　　格
长：7.92米
太阳能电池板长度：3.65米
质量：6350千克
范围：208—224千米，轨道51°

"礼炮"1号

"礼炮"(Salyut)1号被连接在"联盟"号太空渡运(Soyuz space ferry)火箭上。空间站包括两对太阳能电池板和一个主试验区域。

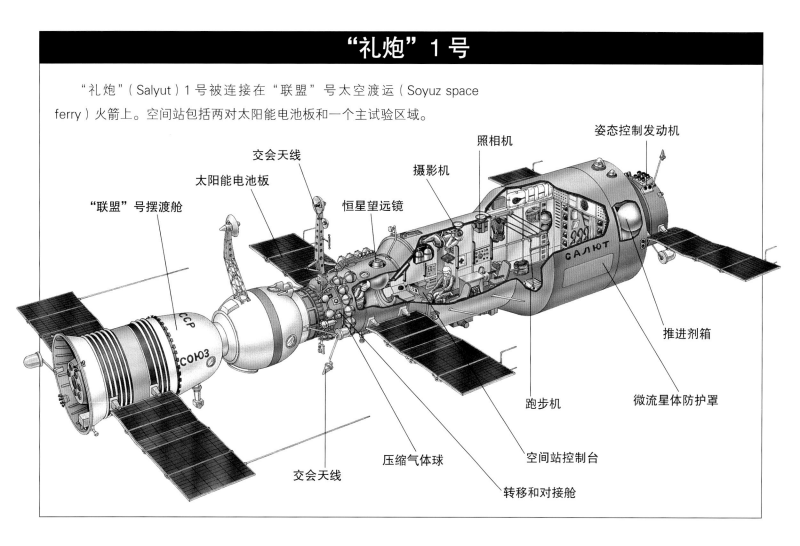

苏联的太空渡运火箭

比"天空实验室"早两年,苏联于1971年发射了人类第一个空间站——"礼炮"号。"礼炮"号空间站原计划依靠飞行器在地球与太空之间运送航天员。"联盟"号飞船能搭载3名俄罗斯航天员进入"礼炮"号空间站,并能在轨道中进行单独的科研飞行。

"联盟"号质量为6.6吨,长8.35米,包含设备舱、下降舱和轨道舱。设备舱里有一个推进系统用于点火以及轨道中的操控;下降舱是一个飞行舱;轨道舱是一个增压舱,可以在单独飞行中进行试验,并在需要时作为对接单元。太阳能电池板两侧的径距是9.5米。

"联盟"号的第一次有人控制飞行是在1967年4月。这是一次不必要且很危险的飞行,只是为了赢得太空竞赛的声誉。这次计划是将两个飞行器在轨道中对接,并将航天员从一个飞行器转移到另一个中。美国"双子星座"航天器也曾进行过这样的任务,但没有完全成功。这次飞行是一次灾难,第二次发射被取消了。孤独的"联盟"1号俄罗斯航天员弗拉基米尔·科马罗夫(Vladimir Komarov),在宇宙飞船降落伞打开失败后遇难。"联盟"号还进行了其他飞行,包括1969年非同

入大气层,小块的残骸阵雨般地散落在澳大利亚内陆地区。

"阿波罗－联盟" 测试计划

世界上最有挑战性的太空合作试验发生在 1975 年的 7 月，美国的"阿波罗"宇宙飞船与苏联"联盟"号对接，此时它们距离地球表面 225 千米。这项计划就是广为人知的"阿波罗－联盟"测试计划（ASTP）。在这次计划当中，美国宇航员和苏联航天员要进入彼此的宇宙飞船并进行实验，这次计划完成得很成功。为了能够进入有不同压力的"阿波罗"号和"联盟"号中，美国要将由美国和苏联共同研制的对接舱送入轨道。美国宇航员和苏联航天员在进入另一个航天器之前，须进入对接舱中以适应新环境中的压力。

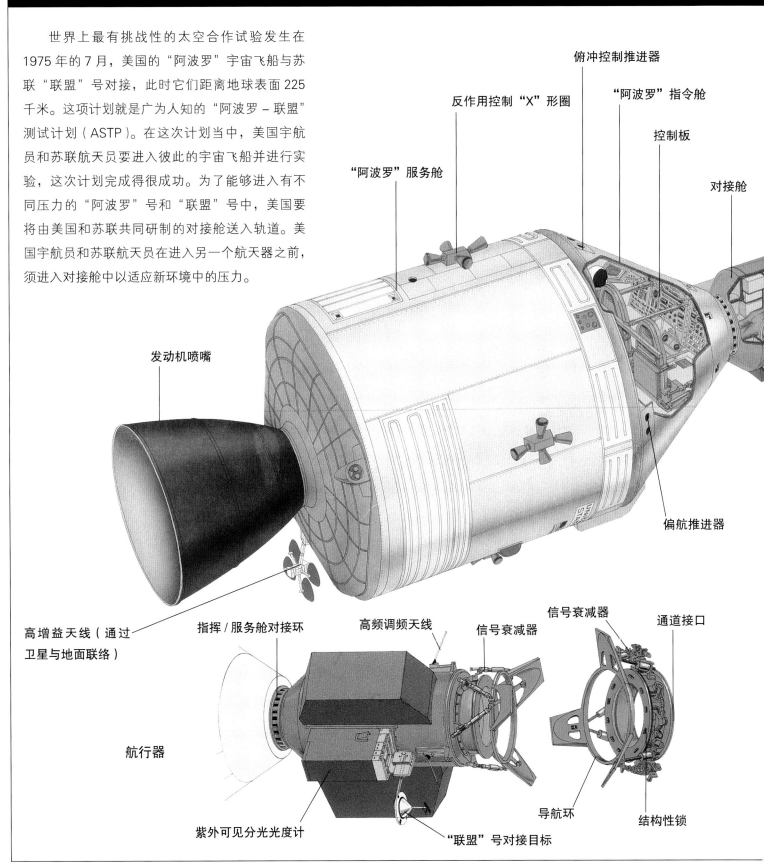

俯冲控制推进器

反作用控制"X"形圈

"阿波罗"指令舱

控制板

"阿波罗"服务舱

对接舱

发动机喷嘴

偏航推进器

高增益天线（通过卫星与地面联络）

指挥 / 服务舱对接环

高频调频天线

信号衰减器

信号衰减器

通道接口

航行器

导航环

结构性锁

紫外可见分光光度计

"联盟"号对接目标

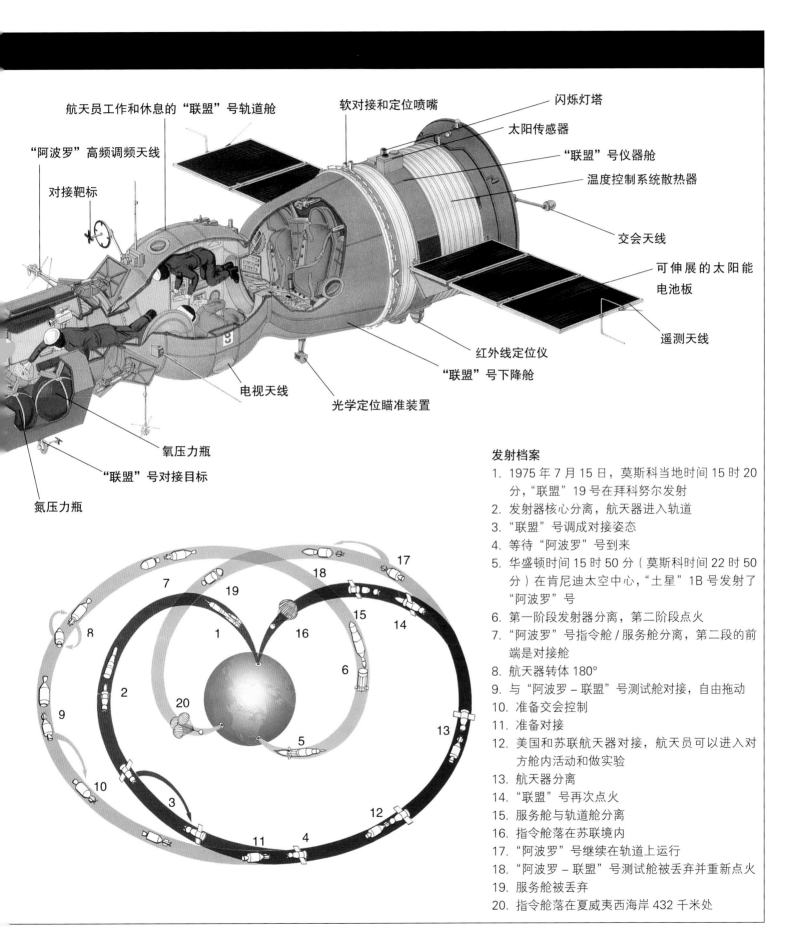

航天员工作和休息的"联盟"号轨道舱

软对接和定位喷嘴

闪烁灯塔

太阳传感器

"阿波罗"高频调频天线

"联盟"号仪器舱

对接靶标

温度控制系统散热器

交会天线

可伸展的太阳能电池板

遥测天线

红外线定位仪

电视天线

"联盟"号下降舱

光学定位瞄准装置

氧压力瓶

"联盟"号对接目标

氮压力瓶

发射档案

1. 1975 年 7 月 15 日，莫斯科当地时间 15 时 20 分，"联盟" 19 号在拜科努尔发射
2. 发射器核心分离，航天器进入轨道
3. "联盟"号调成对接姿态
4. 等待"阿波罗"号到来
5. 华盛顿时间 15 时 50 分（莫斯科时间 22 时 50 分）在肯尼迪太空中心，"土星" 1B 号发射了"阿波罗"号
6. 第一阶段发射器分离，第二阶段点火
7. "阿波罗"号指令舱 / 服务舱分离，第二段的前端是对接舱
8. 航天器转体 180°
9. 与"阿波罗 – 联盟"号测试舱对接，自由拖动
10. 准备交会控制
11. 准备对接
12. 美国和苏联航天器对接，航天员可以进入对方舱内活动和做实验
13. 航天器分离
14. "联盟"号再次点火
15. 服务舱与轨道舱分离
16. 指令舱落在苏联境内
17. "阿波罗"号继续在轨道上运行
18. "阿波罗 – 联盟"号测试舱被丢弃并重新点火
19. 服务舱被丢弃
20. 指令舱落在夏威夷西海岸 432 千米处

右图：在"阿波罗－联盟"测试计划中一起工作的航天员（从左到右）：汤姆·斯塔福德（Tom Stafford）、阿列克谢·列昂诺夫（Alexei Leonov）、杜纳德·斯莱顿（Donald K.Slayton）。

寻常的三乘员任务（three-craft mission）。1975年，使用了一种特殊的对接舱在地球轨道中将"联盟"号和"阿波罗"号宇宙飞船对接。"阿波罗－联盟"测试计划是太空合作的一个很好的范例，但这一合作并没有持续下去。"联盟"19号发射时载有两名苏联航天员，包括对太空行走有丰富经验的阿列克谢·列昂诺夫（Alexei Leonov），随后的"阿波罗"18号搭载了3名宇航员。

"联盟"号第一次作为空间站渡运（space-station ferry）火箭是在1971年。被命名为"联盟"10号，它并没有牢固地对接在"礼炮"1号上，而是留给了"联盟"11号上的3名航天员，他们成功地进行了对接并进入轨道中。进入太空23天之后，当这3名航天员重新进入宇宙飞船时，因宇宙飞船压力降低而全部遇难，原因是他们当时穿的是长袖训练服而不是太空服。

后来，新的"联盟"号空间站渡运火箭被研发出来，它不用太阳能电池板，而是仅用装备的电池，来提供它们往返空间站与地球间两天飞行所需的能量。

第一次独立人工操作飞行是在1973年，经过几次与"礼炮"号空间站对接失败后，航天员们立即返回地球，所有的"联盟"号飞船再一次装备上了太阳能电池板。

"礼炮"1号

在"礼炮"7号空间站之前的一系列空间站设计中，都保留了"礼炮"1号的原有设计。即使是新的"和平"号空间站，其设计都是基于"礼炮"1号，"礼炮"1号空间站是在1971年4月19日发射升空的。这座空间站的质量为19吨，长14.5米，装有两对太阳能电池板，一个固定在设备舱的后面，另一个固定在3个工作舱的前面。对接和传送部分用于接受联盟号渡船和它的机组人员，这部分直接通向第一工作舱，直径2.9米，3.8米长；另一个方向通向最大的工作舱，这个舱4.1米长，直径4.15米。它的后面是推进

"礼炮" 4 号

"礼炮" 4 号的设计是以"礼炮" 1 号为基础的，主要的区别是将早期的 4 块不可操纵的太阳能电池板，换成 3 块较大的可操纵的太阳能电池板。舱门盖与前面的工作舱相连接，这样过渡舱在进行太空行走活动中就可以起到气闸舱的作用。尽管已经制订了太空行走计划，但是最终还是被取消了，主要是因为 4 月发射的失败及空间站人员进入的推迟。

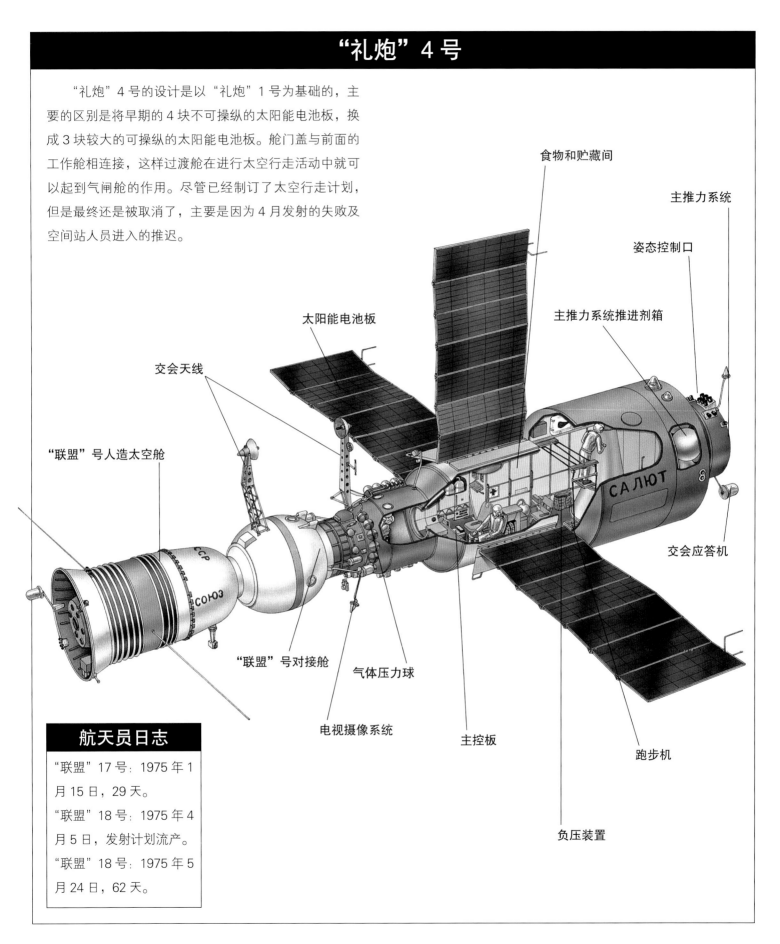

食物和贮藏间

主推力系统

姿态控制口

太阳能电池板

主推力系统推进剂箱

交会天线

"联盟"号人造太空舱

交会应答机

"联盟"号对接舱

气体压力球

电视摄像系统

主控板

跑步机

负压装置

航天员日志

"联盟" 17 号：1975 年 1 月 15 日，29 天。

"联盟" 18 号：1975 年 4 月 5 日，发射计划流产。

"联盟" 18 号：1975 年 5 月 24 日，62 天。

系统，2.17米长，直径是2.2米，并装备了操纵系统以及点火装置，整个系统的燃烧时间是16分40秒。"礼炮"1号携带了超过1300种设备，包括望远镜、摄像机、天文敏感器、科学敏感器、遥感敏感器以及锻炼设备，以保证航天员们在长期的失重状态下能够保持良好的身体状态。"礼炮"1号在一名航天员重新拜访后，于1971年10月再入地球大气层并在大气层中烧毁。

太空中的间谍

1973年，苏联发射了"礼炮"2号。尽管这个空间站的细节从未被披露，但有证据表明它与"礼炮"1号是很相似的。两者主要的不同是"联盟"号渡船对接在推进段的后部，这一设计的更改主要是为了与对接口适应。工作舱的设计基本上都是一样的，但是在前面，有一个圆锥形的设计用于脱离对接并返回地球。从仅有的苏联关于"礼炮"2号的报道中，可以清楚地看出它很可能是一个军用空间站，装备了侦察摄像机，这种摄像机可以随返回舱返回地面。

"礼炮"2号没能进入轨道，也从来没有载人，但是"礼炮"3号和"礼炮"5号空间站分别在1974年6月24日和1976年6月22日成功进入轨道。这3个空间站计划由3个小组操控，每个小组由两名航

"进步"号

无人的"进步"号（Progress）摆渡工具（ferry-vehicle）给"礼炮"号空间站提供推进剂、水、氧气和货物。

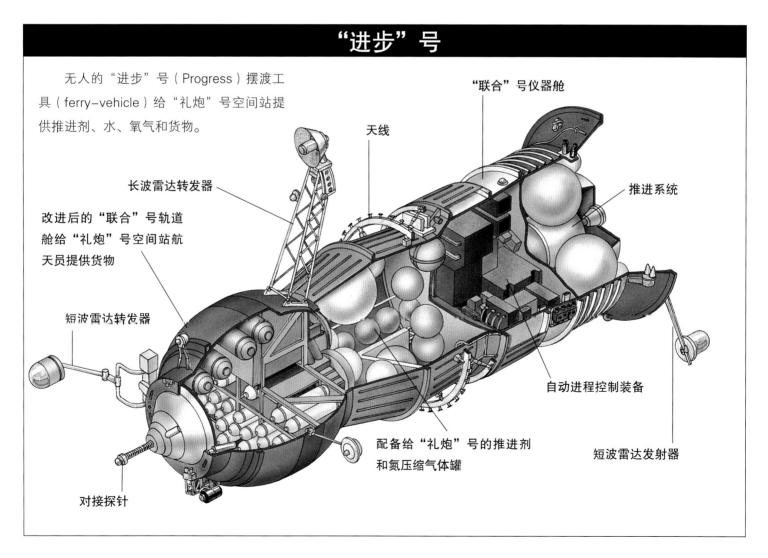

天线

"联合"号仪器舱

长波雷达转发器

推进系统

改进后的"联合"号轨道舱给"礼炮"号空间站航天员提供货物

短波雷达转发器

自动进程控制装备

对接探针

配备给"礼炮"号的推进剂和氮压缩气体罐

短波雷达发射器

主要的空间站任务

日　期	空间站	任　　务
1971 年 6 月 6 日	"礼炮" 1 号	格奥尔基·多布罗沃尔斯基（Georgi Dobrovolsky）、弗拉基斯拉夫·沃尔科夫（Vladislav Volkov）、维克托·帕察耶夫（Viktor Patsayev）创下了飞行 23 天的记录，但是在再次进入飞船之前由于"联盟"11 号飞船的失压而牺牲
1973 年 5 月 25 日	"太空实验室" 2 号	3 名宇航员创下了 28 天的飞行纪录，并进行了太空行走，修复了损坏严重的空间站
1973 年 7 月 28 日	"太空实验室" 3 号	3 名宇航员创下了 59 天的飞行纪录
1973 年 11 月 16 日	"太空实验室" 4 号	3 名宇航员创下了 84 天的飞行纪录，而且是最后一次到达"太空实验室"
1974 年 7 月 3 日	"礼炮" 3 号	联盟 14 号的帕维尔·波波维奇（Pavel Popovich）和尤里·阿尔秋欣（Yuri Artyukhin），是第一批太空间谍，飞行了 15 天
1975 年 1 月 11 日	"礼炮" 4 号	两名"联盟"17 号苏联航天员完成了 29 天的飞行任务
1975 年 4 月 5 日	"礼炮" 4 号	两名"联盟"18-1 号航天员瓦西里·拉扎列夫（Vasili Lazarev）和奥列格·马卡罗夫（Oleg Makarov），由于第二级失效，造成第一次发射中止
1975 年 5 月 24 日	"礼炮" 4 号	两名"联盟"18 号苏联航天员工作了 62 天
1976 年 7 月 6 日	"礼炮" 5 号	两名"联盟"21 号苏联航天员在太空中工作了 49 天，但是由于"礼炮"5 号的事故而撤回
1977 年 12 月 10 日	"礼炮" 6 号	"联盟"26 号的尤里·罗曼年科（Yuri Romanenko）和格奥尔基·格列奇科（Georgi Grechko）在太空中工作了 96 天，打破了太空试验室 4 号的纪录
1978 年 3 月 2 日	"礼炮" 6 号	"联盟"28 号搭载了两名航天员进行了 7 天的太空飞行，包括捷克斯洛伐克的弗拉基米尔·列梅克（Vladimir Remek），他是进入太空的第一名非美国、非苏联的航天员
1978 年 6 月 15 日	"礼炮" 6 号	"联盟"29 号的弗拉迪米尔·科瓦廖诺克（Vladimir Kovalyonok）和亚历山大·伊万琴科夫（Alexander Ivanchenkov）创下了飞行 175 天的纪录
1979 年 2 月 25 日	"礼炮" 6 号	"联盟"2 号的弗拉基米尔·利亚霍夫（Vladimir Lyakhov）和瓦列里·留明（Valeri Ryumin）创下了飞行 175 天的纪录
1980 年 4 月 9 日	"礼炮" 6 号	"联盟"35 号的列昂尼德·波波夫（Leonid Popov）和瓦列里·留明（Valeri Ryumin）完成了 184 天的飞行
1980 年 6 月 5 日	"礼炮" 6 号	"联盟"T2 号的两名航天员通过 3 天的飞行测试了新型的"联盟"号
1980 年 11 月 27 日	"礼炮" 6 号	"联盟"T3 号搭载了 3 名维护航天员飞行了 12 天
1981 年 3 月 12 日	"礼炮" 6 号	"联盟"T4 号的 2 名航天员完成了 74 天的飞行任务，完成了"礼炮"6 号的最后一次长期载人航天任务
1981 年 5 月 12 日	"礼炮" 6 号	两名"联盟"40 号的航天员完成了飞往"礼炮"号的最后一次任务，包括 1 名罗马尼亚航天员。任务持续了 7 天
1982 年 5 月 13 日	"礼炮" 7 号	"联盟"T5 号的阿纳托利·别列佐沃伊（Anatoli Berezevoi）和瓦连京·列别杰夫（Valentin Lebedev）创下了 211 天的飞行纪录
1983 年 6 月 27 日	"礼炮" 7 号	"联盟"T9 号的两名航天员完成了 149 天的飞行任务
1983 年 9 月 27 日	"礼炮" 7 号	"联盟"10-1 号上的弗拉基米尔·蒂托夫（Vladimir Titov）和根纳季·斯特列卡洛夫（Gennadi Strekalov）当运载火箭在发射平台上爆炸时使用逃生系统生还
1984 年 2 月 8 日	"礼炮" 7 号	"联盟"T10 号的列昂尼德·基济姆（Leonid Kizim）、弗拉基米尔·索洛维约夫（Vladimir Solovyov）和奥列格·阿特科夫（Oleg Atkov）博士创下了 236 天的飞行纪录，包括 6 次太空行走
1984 年 7 月 17 日	"礼炮" 7 号	"联盟"T12 号有 3 名航天员，包括斯韦特兰娜·萨维茨卡娅（Svetlana Savitskaya）。她是第一位在 11 天的飞行中完成太空行走的女性
1985 年 6 月 6 日	"礼炮" 7 号	"联盟"T13 号搭载着弗拉基米尔·贾尼别科夫（Vladimir Dzhanibekov）和维克托·萨维内赫（Viktor Savinykh）在系统失效后进行了修理，而后维修了"礼炮"7 号，任务持续了 112 天

天员组成，"礼炮"2 号的两名航天员未能进入轨道。尽管进行了一些科研工作，但很明显很多的工作都是保密的，包括使用了一个 10 米长焦距照相机，在地面上的分辨率为 1 米。苏联声称，由两个空间站释放了可回收的宇宙飞船，并返回到了地面。"礼炮"3 号在 1975 年 1 月 24 日再入地球大气层，"礼炮"5 号在两年后的 8 月 8 日返回。

民用的"礼炮"号

在军用的"礼炮"3 号和"礼炮"5

"礼炮"6号

　　随着"礼炮"6号在1977年12月的出现，苏联的太空计划变得更加雄心勃勃。新的空间站在前面和后面都有对接接口，重新安排的推进系统可以通过对接在空气阀后面的进步号货船进行燃料供给。与美国太空实验室不同，"礼炮"6号有一台可以再次启动的火箭发动机，可以将空间站推进到更高的轨道。"礼炮"6号为苏联服务超过3年，其航天员也多次创下了太空工作记录。这个空间站当然也接待了很多国际宇航员。下面这些插图展示了"礼炮"号和"联盟"号，以及"进步"号的对接情景。

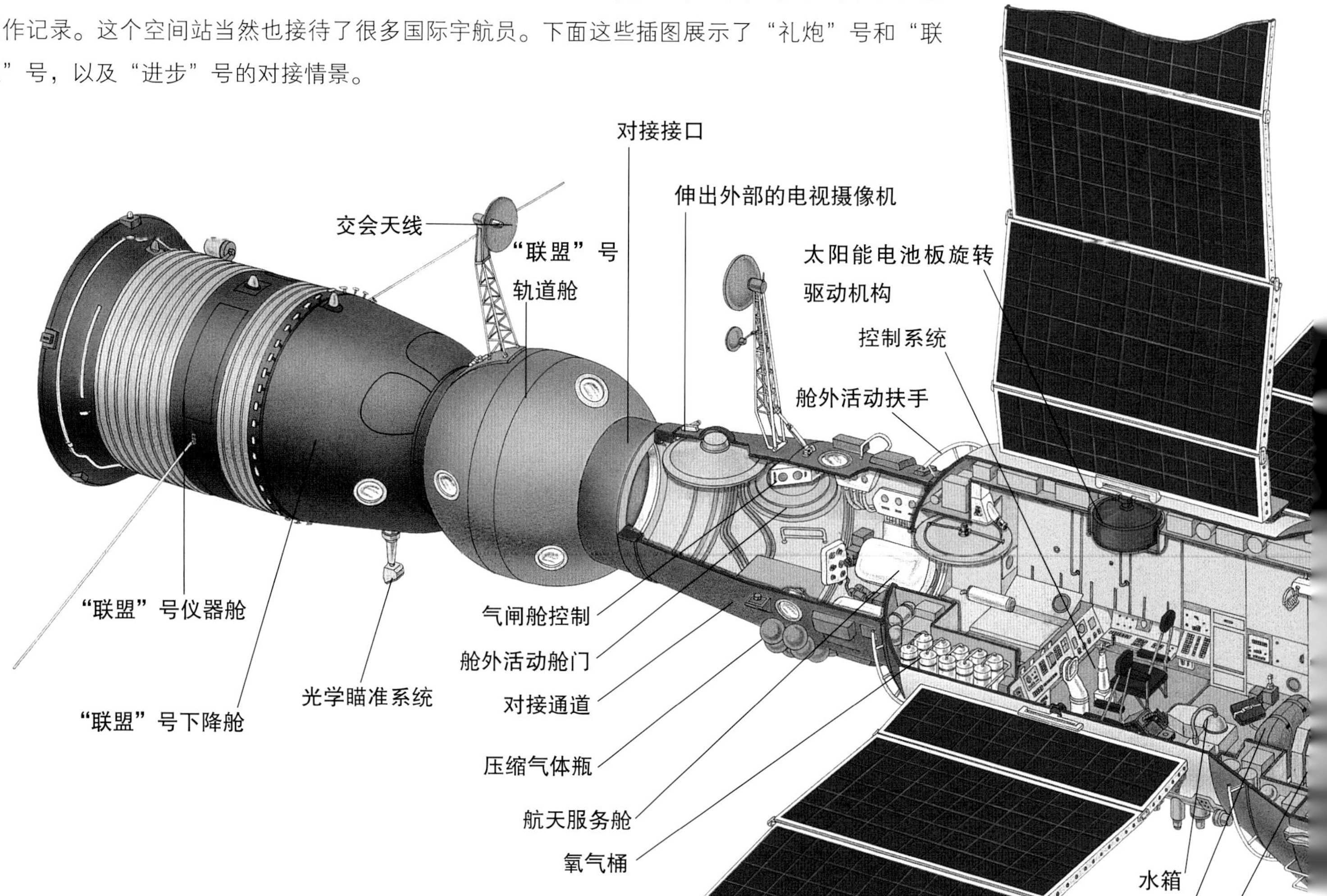

对接接口

交会天线

"联盟"号轨道舱

伸出外部的电视摄像机

太阳能电池板旋转驱动机构

控制系统

舱外活动扶手

"联盟"号仪器舱

光学瞄准系统

"联盟"号下降舱

气闸舱控制

舱外活动舱门

对接通道

压缩气体瓶

航天服务舱

氧气桶

水箱

真空桶

多光谱仪摄像机

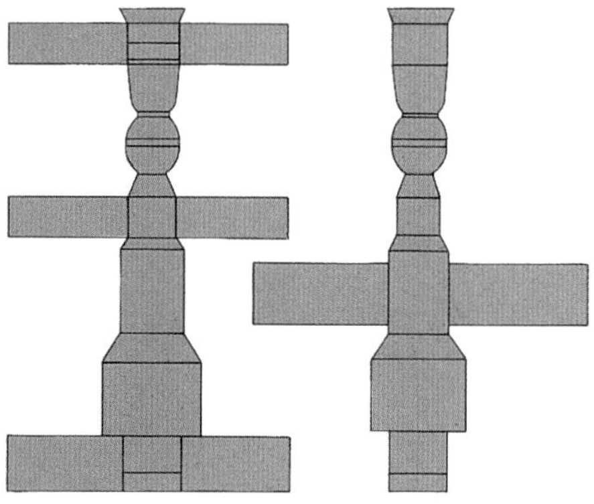

"礼炮"1号　　"礼炮"4号

左图："礼炮"1号上最初装有太阳能电池板的"联盟"号渡运飞船与"礼炮"4号上没有安装太阳能电池板的"联盟"号渡运飞船的对比。

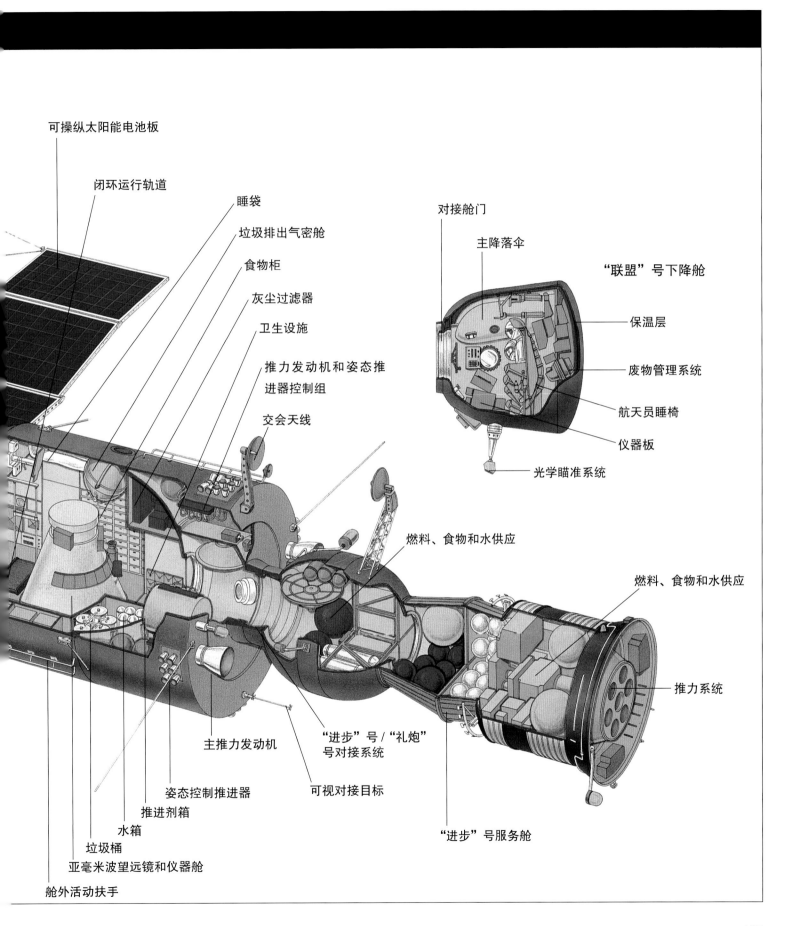

可操纵太阳能电池板

闭环运行轨道

睡袋

垃圾排出气密舱

食物柜

灰尘过滤器

卫生设施

推力发动机和姿态推
进器控制组

交会天线

对接舱门

主降落伞

"联盟"号下降舱

保温层

废物管理系统

航天员睡椅

仪器板

光学瞄准系统

燃料、食物和水供应

燃料、食物和水供应

推力系统

主推力发动机

"进步"号 / "礼炮"
号对接系统

可视对接目标

姿态控制推进器

推进剂箱

水箱

垃圾桶

亚毫米波望远镜和仪器舱

舱外活动扶手

"进步"号服务舱

"礼炮"7号

"礼炮"7号、"联盟"号载人渡运飞船（右），以及含有再入舱的"宇宙"1443号飞船（左）的图片。

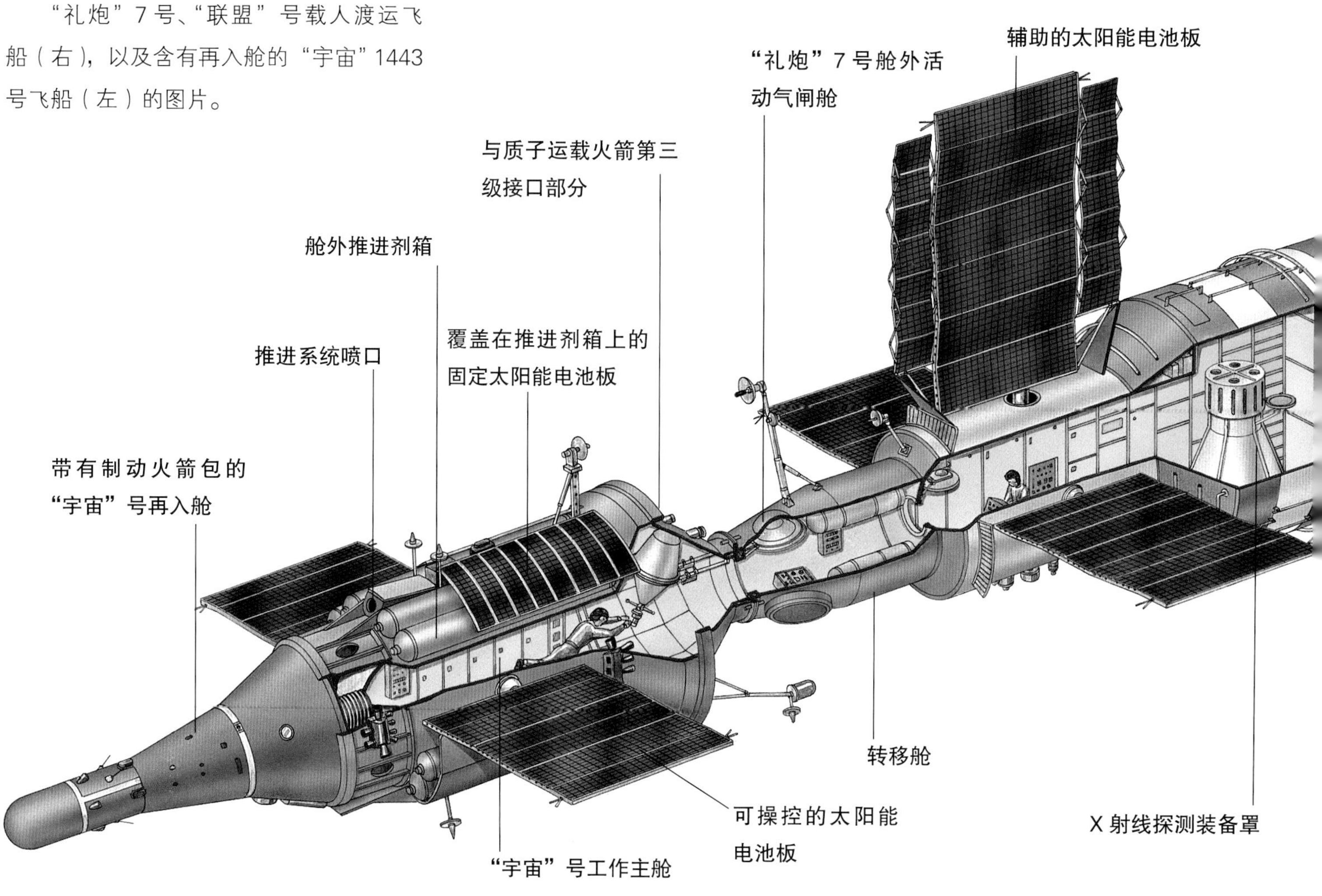

辅助的太阳能电池板

"礼炮"7号舱外活动气闸舱

与质子运载火箭第三级接口部分

舱外推进剂箱

推进系统喷口

覆盖在推进剂箱上的固定太阳能电池板

带有制动火箭包的"宇宙"号再入舱

转移舱

可操控的太阳能电池板

X射线探测装备罩

"宇宙"号工作主舱

下页右图：1982年发射的"礼炮"7号的在轨照片，它的最后一次载人飞行是在1985年。

号的任务之间，民用"礼炮"4号在1974年的12月26日发射成功。空间站的主体几乎与"礼炮"1号完全相同，只是没安装两对太阳能电池板，"礼炮"3号安装了3块太阳能电池板，每块都固定在第一工作舱的不同位置上。"礼炮"4号上一项主要的设备，是太阳轨道望远镜（Orbital solar telescope，OST），该仪器占据了工作间后面的大部分空间。这个空间站进行了6项天文学试验和7项医学试验，以及一系列的生物试验。两名长期的工作人员每天都忙忙碌碌，使空间站的工作似乎成了日常工作。一名航天员因发射失败而受挫，最终导致了1975年4月飞船的紧急迫降。1977年2月2日，"礼炮"4号再入地球大气层。

其中一项重要的创新就是引入了一种称为"进步"号（Progress）的"联盟"级无人驾驶飞船，它对接在空间站的后面以便提供燃料、水、氧气、食物，以及为在空间站工作的航天员，包括一些来访的东欧航天员，提供个人物品。它飞行的目的是为了宣传。

像"礼炮"4号一样，新的空间站的内部主要装有一部大型的亚毫米波望远

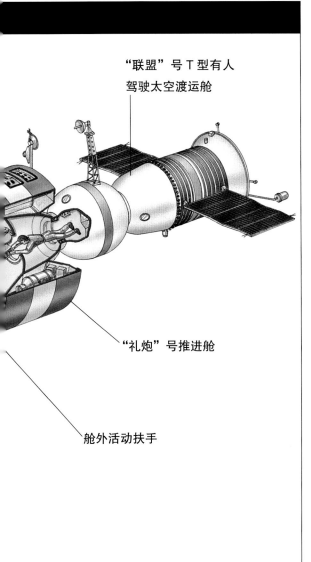

"联盟"号 T 型有人
驾驶太空渡运舱

"礼炮"号推进舱

舱外活动扶手

镜，称为 BST-1M，带有液氮低温冷却单元。其他设备包括 KATE-140 立体绘图仪、地形摄像机和 MKF-6M 地球资源摄像机。航天员在"礼炮"6 号上的主要工作，是太空行走进行日常维修，包括将大型射电望远镜暂时放在"礼炮"号的后部。"礼炮"6 号在服役期间，引入了一种称为"联盟"T 号的新型飞船，作为"礼炮"6 号的一项自动飞行试验。"联盟"T 号的一项重要的创新，就是它能够搭载 3 名航天员而不是 2 名。另一项创新是，1981 年 4 月 25 日发射了称为恒星舱的新型舱，它可以与"礼炮"6号对接，被正式命名为"宇宙"1267。在与"礼炮"号对接前，它释放了一个回收舱，让人推测它是个退役后又重新投入使用的军用交通工具。1982年7月29日，因为空间站自身的推进系统不能正常工作，"宇宙"1267还被用来为"礼炮"6号进行离轨点火。

"礼炮"7号在1982年的4月19日发射升空，运行过程中与两个重型"宇宙"舱1443和1686连接。这两个舱不但增加

了额外的工作空间和太阳能，而且"宇宙"舱1443在与空间站对接后还释放了一个再入舱。这两个登月舱与"礼炮"7号几乎是同样大小。在"礼炮"7号即将退役时，已经严重老化，1985年的2月该空间站失去了联系。与维修太空实验室空间站类似，两名航天员进入"联盟"T13号空间站，在非常不适合居住的条件下他们尽力使空间站恢复运行。任务完成后，"宇宙"1686再次发射以期完成另一项载人飞行任务。然

右图："联盟"号火箭助推器在拜科努尔航天发射基地升空，搭载了3名航天员飞往"和平"号空间站，发射逃逸系统位于助推器的顶端。

而，此项任务因一名航天员生病而停止，"礼炮"7号任务再一次被放弃。在新一代空间站"和平"号空间站的第一个舱发射成功后，它搭载的航天员在1991年2月7日"礼炮"7号回收前最后一次登上了"礼炮"7号。返回时残片散落在南美洲。

"和平"号的成功故事

建造"和平"号空间站是航天史上伟大的成功事件之一。尽管媒体大肆报道了有关空间站的发射失败、起火、爆炸等负面新闻，但它仍成绩卓著，2000年还在继续运行。"和平"号空间站最初由"礼炮"号舱体组成，最后扩大为由一个小型"量子"（Kvant）1号及4个大小与"和平"号核心部分相同，称为"量子"2号、"晶体"（Kristall）号、"光谱"（Spektr）号和"自然"（Piroda）号的舱体组成。"和平"号空间站搭载了大量的宇航员，完成了9项美国航天飞机任务，在整个生命周期内几乎全部都是有人驾驶。它所遇到的问题也是每一座空间站都遇到的。解决这些问题所积累的大量经验，对于"国际空间站"（ISS）来说是极具价值的。因此，西方记者认为，"国际空间站"将不会经历"和平"号空间站所经历的任何问题，因为国际空间站更优秀而且大多是美国造的。

质量20.9吨的"和平"号核心舱在1986年的2月26日发射，它有一个多功能对接舱，可以对接5个飞行器。"量子"1号舱质量为11吨，于1987年4月9日对接在"和平"号后部。"和平"号接近19米长。1989年12月6日发射的质量为18.5吨的"量子"2号对接在前面，并装备了一系列的望远镜、照相设备和"晶体"舱（苏联"和平"号材料工艺舱），质量达19.6吨，原计划1990年6月10日完成对接，但推迟到第二天在一个小型机器人手臂的帮助下对接在临近的接口上。"晶体"号舱体主要用来进行材料加工工艺试验。

建造"和平"号空间站是太空史上伟大的成功事件之一，尽管媒体沉溺于报道空间站的失败、碰撞、失火等负面新闻，但它在漫长的服役生涯中表现相当非凡。

"和平"号飞行日记

日　　期	任　　务
1986 年 3 月 13 日	"联盟" T15 号搭载航天员列昂尼德·基济姆（Leonid Kizim）和弗拉基米尔·索洛维约夫（Vladimir Solovyov）进行了一次 125 天的飞行并到达了 "和平" 号和 "礼炮" 7 号
1987 年 2 月 5 日	"联盟" TM2 号搭载航天员尤里·罗曼年科（Yuri Romanenko）创下了 326 天的飞行记录
1987 年 7 月 22 日	"联盟" TM3 号搭载了 3 名航天员，包括叙利亚航天员，进行了 7 天的飞行
1987 年 12 月 21 日	"联盟" TM4 号搭载航天员弗拉基米尔·蒂托夫（Vladimir Titov）和穆萨·马纳罗夫（Musa Manarov）创下了 365 天的飞行记录
1988 年 6 月 7 日	"联盟" TM5 号搭载了包括 1 名保加利亚航天员在内的 3 名航天员进行了 9 天的飞行
1988 年 8 月 31 日	"联盟" TM6 号搭载了来自阿富汗的航天员进行了 8 天的飞行，在轨道中出现了紧急情况
1988 年 11 月 26 日	"联盟" TM7 号上的两名航天员进行了 151 天的飞行。这是法国航天员费安·吕普（Fean-Loup）的第二次太空飞行，他也是第一位既不是美国也不是苏联的、进行太空行走的航天员，那次行走是在一次 25 天的飞行过程中完成的
1989 年 9 月 6 日	"联盟" TM8 号的两名航天员逗留了 166 天
1990 年 2 月 11 日	"联盟" TM9 号的两名航天员在和平号空间站逗留了 179 天
1990 年 8 月 1 日	"联盟" TM10 号的两名航天员完成了 130 天的任务
1990 年 12 月 2 日	"联盟" TM11 号的两名航天员完成了 175 天的飞行任务。第三名航天员进行了 7 天的飞行，他是日本记者秋山丰宽（Toyohiro Akiyama），他是第一名太空商务旅客
1991 年 5 月 18 日	"联盟" TM12 号的指挥官完成了 44 天的飞行任务，飞行工程师完成了 311 天的飞行任务（正值苏联解体和俄罗斯建立）双人创下了飞行 33 天内 6 次太空行走的记录。成员中包括一名英国航天员海伦·沙曼（Helen Sharman），她是第一名进入太空既不是美国人也不是俄罗斯人的女性，也是英国进入太空的第一位女性，她在太空中飞行了 7 天
1991 年 10 月 2 日	"联盟" TM13 号 3 名航天员包括来自哈萨克以及澳大利亚的航天员完成了 7 天的飞行任务
1992 年 3 月 17 日	"联盟" TM14 号完成了俄罗斯政府的第一次太空飞行（苏联解体之后）。航天员中包括 1 名德国人，进行了 7 天的太空访问。主要的航天员在太空中飞行了 145 天
1992 年 7 月 27 日	"联盟" TM15 号的 3 名男性航天员中有一位法国航天员，他进行了 14 天的飞行
1993 年 1 月 24 日	"联盟" TM16 号的两名航天员飞行了 179 天。亚历山大·塞里波罗夫（Alexander Serebrov）将他的太空行走记录增加到了 10 次
1993 年 7 月 1 日	"联盟" TM17 号的 3 名航天员中有两名完成了 196 天的飞行任务，并且 1 名法国航天员完成了 17 天零 45 分的飞行
1994 年 1 月 8 日	"联盟" TM18 号的 3 名航天员包括瓦雷里·玻利雅可夫（Valery Polyakov）博士，他在太空中创下了一年零 72 天的飞行记录
1994 年 7 月 1 日	"联盟" TM19 号上两名来自俄罗斯和哈萨克没有航天飞行经验的航天员，完成了 125 天的飞行
1994 年 10 月 3 日	"联盟" TM20 号的 3 名航天员完成了 31 天的太空访问，其中包括 1 名俄罗斯女性，以及 1 名德国航天员。这次飞行的主要任务持续了 169 天
1995 年 2 月 3 日	"发现者" 号载人航天飞机在 STS61 任务中，6 名宇航员为了准备与 "和平" 号的对接任务，进行了一次示范飞行，其中包括 1 名俄罗斯人
1995 年 3 月 14 日	2 名航天员与 1 名宇航员登上 "联盟" TM 21，在 115 天的任务之后乘航天飞机返回。其中包括美国宇航员诺曼·萨加德（Norman Thagard），他是第一个登卜俄罗斯火箭的美国人
1995 年 6 月 27 日	执行 STS71 任务的 "亚特兰蒂斯" 号航天飞机在 SMM（航天飞机——"和平" 号空间站任务）1 号任务期间与 "和平" 号空间站对接，两名俄罗斯航天员进入航天飞机。这是美国和俄罗斯两国的第一次联合飞行
1995 年 9 月 3 日	"联盟" TM22 号的 3 名航天员进行了 179 天的飞行，其中包括德国人托马斯·瑞特（Thomas Reiter）
1995 年 11 月 12 日	执行 STS74 任务的 "亚特兰蒂斯" 号航天飞机飞行了 8 天，开始执行 SMM2 任务
1996 年 2 月 21 日	"联盟" TM23 号 的两名航天员飞行了 172 天
1996 年 3 月 22 日	执行 STS76 任务的 "亚特兰蒂斯" 号航天飞机在 SMM3 号任务期间搭载着香农·卢西德（Shannon Lucid）飞行了 188 天
1996 年 8 月 17 日	"联盟" TM24 号的 3 名航天员包括 1 名法国女性科学家，进行了 16 天的太空飞行。主要的航天员进行了 195 天的飞行
1996 年 9 月 16 日	执行 STS79 任务的 "亚特兰蒂斯" 号载人航天飞机在 SMM4 号任务期间，约翰·布拉哈（John Blaha）在太空中飞行了 128 天，并将香农·卢西德（Shannon Lucid）带回地面

日　期	任　务
1997 年 1 月 12 日	执行 STS79 任务的"亚特兰蒂斯"号载人航天飞机在 SMM5 号任务期间，替换了约翰·布拉哈（John Blaha）的杰瑞·利宁杰（Jerry Linenger）在太空中飞行了 132 天
1997 年 2 月 10 日	3 名航天员登上了"联盟"TM 25 号，其中包括一位德国航天员，他在太空中待了 19 天。在这 184 天的飞行当中遇到了起火及碰撞事故
1997 年 5 月 15 日	执行 STS84 任务的"亚特兰蒂斯"号载人航天飞机在 SMM6 号任务期间，将迈克尔·弗勒（Michael Foale）送入太空。他在太空中飞行了 144 天，并将杰瑞·利宁杰（Jerry Linenger）带回地面
1997 年 8 月 5 日	两名航天员登上"联盟"TM 26 号并进行了 197 天的飞行，此次飞行是为了进行一次紧急维修
1997 年 9 月 26 日	执行 STS86 任务的"亚特兰蒂斯"号载人航天飞机在 SMM7 号任务期间将大卫·沃尔夫（David Wolf）送入太空，替换弗勒。完成了第一次由俄罗斯和美国两国共同参与的太空行走，这两名航天员是弗拉基米尔·蒂托夫（Vladimir Titov）和斯科特·帕拉津斯基（Scott Parazynski）
1998 年 1 月 23 日	执行 STS89 任务的"奋进"号载人航天飞机在 SMM8 号任务期间将安德鲁·托马斯（Andrew Thomas）送入太空飞行了 141 天，替换了沃尔夫（Wolf）
1998 年 1 月 29 日	"联盟"TM 27 号的指挥官是哈萨克人塔尔加特·穆萨巴耶夫（Talgat Musabayev），其他航天员包括 1 名飞行了 20 天的法国人。主要的航天员飞行了 207 天
1998 年 6 月 2 日	执行 STS91 任务的"发现者"号航天飞机完成第 9 个也是最后一个 SMM 任务。航天员包括柯林斯·托马斯（Collects Thomas）和瓦列里·留明（Valeri Ryumin）。瓦列里·留明是俄罗斯 1 名经验丰富的"礼炮"号航天员，"和平"号的项目主管
1998 年 8 月 13 日	"联盟"TM 28 号有 3 名航天员，包括尤里·巴图林（Yuri Baturin），他是航天观察员及前任总统助手，在太空中飞行了 11 天。这次飞行的主要任务持续了 198 天。谢尔盖·阿夫杰耶夫〔Sergei Avdeyev〕在持续飞行了一年零 14 天后降落在 TM 29 上，累积 3 次任务在太空中共逗留两年零 17 天
1999 年 2 月 20 日	"联盟"TM 29 号上的航天员完成了 188 天的飞行，其中包括德国航天员。斯洛伐克航天员飞行了 7 天。这被视作"和平"号的最后一次任务
2000 年 4 月	"和平"号被赋予了新任务

上图：从美国航天飞机上拍摄的"联盟"TM 号太空飞船的照片。这是航天飞机在 1995 年围绕"和平"号空间站飞行时拍摄到的。

左图：1995 年"亚特兰蒂斯"号航天飞机与"和平"号空间站对接。注意观察航天飞机与"和平"号在大小上的比较。

"和平"号空间站

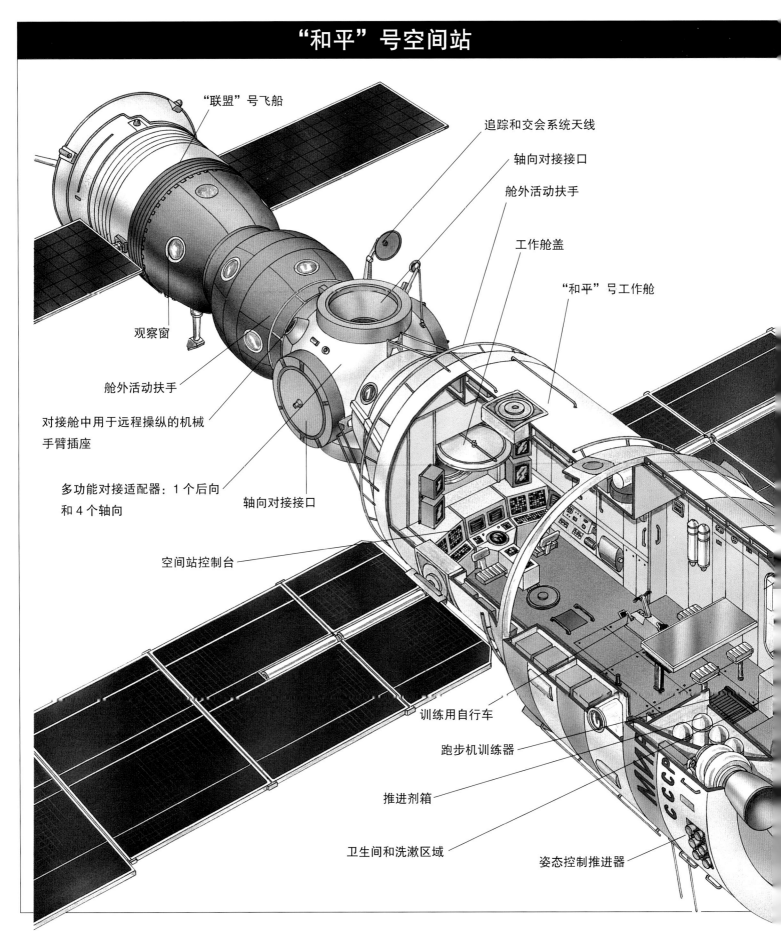

"联盟"号飞船

追踪和交会系统天线

轴向对接接口

舱外活动扶手

工作舱盖

"和平"号工作舱

观察窗

舱外活动扶手

对接舱中用于远程操纵的机械手臂插座

多功能对接适配器：1 个后向和 4 个轴向

轴向对接接口

空间站控制台

训练用自行车

跑步机训练器

推进剂箱

卫生间和洗漱区域

姿态控制推进器

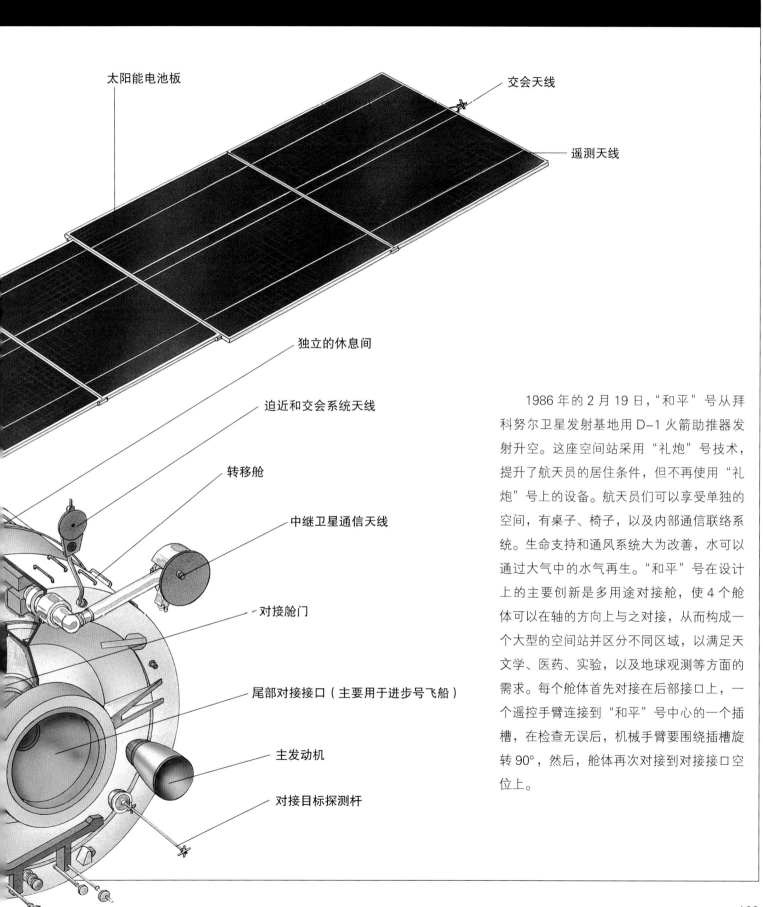

太阳能电池板

交会天线

遥测天线

独立的休息间

迫近和交会系统天线

转移舱

中继卫星通信天线

对接舱门

尾部对接接口（主要用于进步号飞船）

主发动机

对接目标探测杆

1986 年的 2 月 19 日，"和平"号从拜科努尔卫星发射基地用 D-1 火箭助推器发射升空。这座空间站采用"礼炮"号技术，提升了航天员的居住条件，但不再使用"礼炮"号上的设备。航天员们可以享受单独的空间，有桌子、椅子，以及内部通信联络系统。生命支持和通风系统大为改善，水可以通过大气中的水气再生。"和平"号在设计上的主要创新是多用途对接舱，使 4 个舱体可以在轴的方向上与之对接，从而构成一个大型的空间站并区分不同区域，以满足天文学、医药、实验，以及地球观测等方面的需求。每个舱体首先对接在后部接口上，一个遥控手臂连接到"和平"号中心的一个插槽，在检查无误后，机械手臂要围绕插槽旋转 90°，然后，舱体再次对接到对接接口空位上。

另一个对接的舱体是在 1995 年的 7 月 1 日对接的"光谱"号，发射时质量达 19.6 吨，主要是用于研究地球科学以及大气监测。"和平"号的最后一个舱体是质量达 19.7 吨的"自然"号太空舱，1996 年 4 月 26 日到达对接点，装备了一系列遥感照相机。

著名的"和平"号使航天员的飞行记录超过 1 年，积累了大量有价值的人类在太空中长期生活的生物医学数据。从 1986 年开始直到 2000 年，航天员持续不断地进入"和平"号。苏联解体后，也有其他国家的宇航员进入"和平"号空间站。俄罗斯开始对来自外国的宇航员太空之旅以及在空间站进行试验性的收费。在"和平"号外有规律的出舱活动是为了进行试验以及维修。

1995 年，第一位美国人访问"和平"号，并在里面生活。他们的出现标志着美国第一次有机会进行长时间的太空飞行，并有机会突破"太空实验室"4 号宇航员创下的 84 天的飞行记录。这个记录已经被苏联的航天员超过而且几乎超过了 5 倍。美国宇航员的这次露面引起了西方媒体对"和平"号空间站的关注。不过，它偶尔的机械故障和事故，带给了"和平"号不应有的曝光度。很多故障非常严重，例如货舱碰撞损坏了"光谱"号，差一点导致舱内的压力减小。美国的宇航员们通过航天飞机到达"和平"号空间站，对美国来说这是美国和俄罗斯对国际空间站联合工作的非常有效的演习。

国际空间站

美国国家航空航天局最初对空间站的

右图：国际空间站完全组装好后的照片（2004 年的计划方案）。这个计划不可避免地会有所推迟。

国际空间站构造图

此图解表明了不同的国家参与了国际空间站的生产和装配

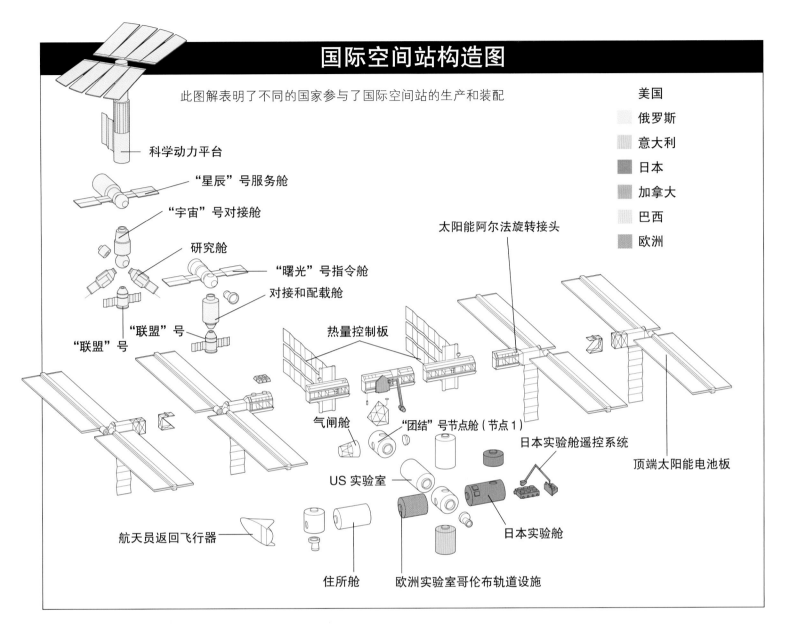

美国
俄罗斯
意大利
日本
加拿大
巴西
欧洲

科学动力平台
"星辰"号服务舱
"宇宙"号对接舱
研究舱
"曙光"号指令舱
对接和配载舱
"联盟"号
"联盟"号
太阳能阿尔法旋转接头
热量控制板
气闸舱
"团结"号节点舱（节点1）
US 实验室
日本实验舱遥控系统
顶端太阳能电池板
日本实验舱
航天员返回飞行器
住所舱
欧洲实验室哥伦布轨道设施

计划，由于 1970 年中期预算的削减而受到重创，当时美国国家航空航天局正在研发航天飞机。但是，在 1980 年航天飞机正式运行，且苏联发射"和平"号空间站之后，像冷战时期一样，美国国家航空航天局开始大力推进美国空间站的研发。里根（Ronald Wilson Reagen，1911—2004）总统提出了"冷战"战略防御措施以应对苏联导弹的威胁。里根总统于 1984 年开启空间站计划，宣布空间站将在 1994 年前全面运行。这是一个包括加拿大、欧洲国家和日本在内的国际性项目。这项计划的预算达到了 50 亿美元。

空间站命名为"自由"（Freedom）号。它的设计非常大胆，在 1992 年 1 年的时间内经过多次航天飞机飞行组装才形成了巨型的双龙骨结构。渐渐地，美国国家航空航天局和美国国会意识到"自由"号空间站项目太大胆，不可能在预算内完成，而且当时进度已经拖延。国会也对数十亿美元用在一个不断推迟的项目上有所不满，空间站的设计开始逐年缩小规模，以减少开支。

1994 年，这个项目已经有了 250 亿美元的赤字，但是并没有向太空发射什么，

国际空间站

国际空间站是人类尝试过的最大的国际民用合作项目。这个项目有美国、俄罗斯、加拿大、日本、巴西、比利时、丹麦、法国、德国、意大利、荷兰、挪威、西班牙、瑞典、瑞士15个国家参与。该项目完成后，空间站的质量将超过453吨，长达111.32米，相当于一个足球场那么长。空间站由6名宇航员操控，始终要保证至少有一名美国宇航员和一名俄罗斯航天员。空间站的一个主要部分是加拿大制造的遥控机械手系统，包括两支机器人手臂，其中一支长16.77米。一架运输机，可以在空间站上的轨道行驶。国际空间站是由舱体、节点、索具、太阳能电池板、拖船和散热器组装而成，可提供1624立方米的有压生活和工作空间，相当于波音747喷气飞机内部的空间大小。空间站有1个生活舱、2个美国实验室、1个欧洲舱、1个日本舱、2个俄罗斯研究舱，以及其他服务舱。这个空间站需要45枚火箭来完成发射，主要是由航天飞机完成的。4个光电舱，每个有两列34.16米长、11.89米宽的太阳能电池板，每个舱可以产生23千瓦时的电能。太阳能电池板的总表面积有2000平方米，体积为2500立方米。供电系统与12.81千米长的电线连接。电池头尾相接将长达883米。与国际空间站相连接的是圆顶舱，有4个窗户，提供了360°的视角来观察地球。52台计算机用来控制国际空间站的系统，包括方位控制、电能切换以及太阳能电池板的调整。

上图：1999年拍摄的"曙光"号指令舱（下部）和"团结"号正在等待更多的舱体与"曙光"号的尾部对接，并为这个"团结"号增加更多的对接接口。

左图：国际空间站早期的太空行走，在外部安装天线及其他设备。

而且在不久的将来也没有什么发射计划。于是，国会通知美国国家航空航天局，除非让俄罗斯参与这个项目，否则不会再有"自由"号空间站项目的经费支持。这种令人震惊的转变完全是由于苏联的解体。"和平" 2 号的计划由于经费问题被迫放弃，所以两个国家都需要彼此合作，因为两国都想拥有一个空间站。当美国国家航空航天局的项目受挫，其他国家的参与者转为旁观时，俄罗斯加入到了现在人所共知的国际空间站当中。

由于一系列问题，国际空间站的启动日期一再地被迫推迟，直到 1998 年的 10 月，第一个国际空间站的舱体——俄罗斯的"曙光"舱才被发射。1998 年的 12 月美国的"团结"号对接在"曙光"舱上。另一架航天飞机在 1999 年 5 月进行了一次维修飞行，但那之后，由于国际空间站的多次推迟，国际空间站几乎有一年都处于无人驾驶之中。国际空间站进入全面运行的日期推迟到了 2004 年，被延误了 10 年。一艘俄罗斯服务舱"星尘"（Zvezda）号，于 2000 年发射升空，可以使以后的航天飞机继续完成国际空间站的组装，为第一次到此探险的人们设立合适的住处提供了可能性。进一步的推延看起来是避免不了的。由于未来的进度拖延以及经费原因，国际空间站即便全部完成，也不会组装成设计时那样，只可能在一步步的研发基础上进行建设。

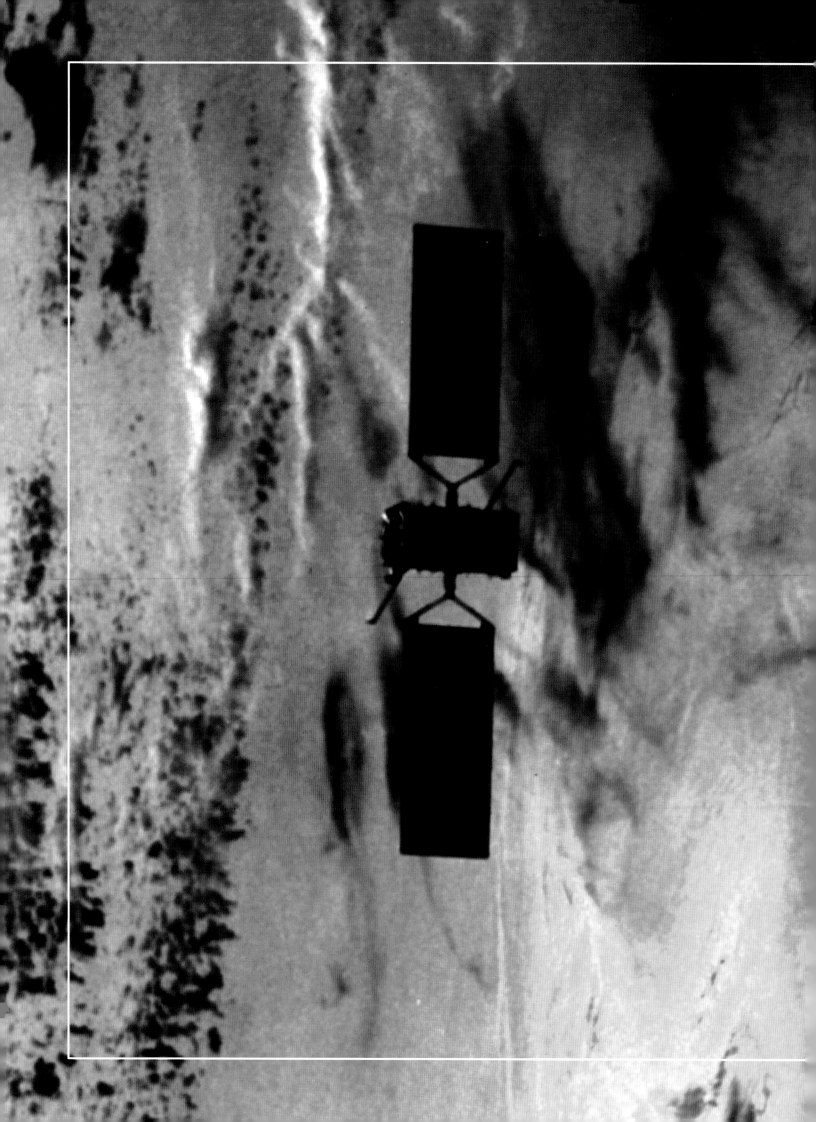

八
当今的卫星

———

　　每年有几十颗卫星发射到环地球轨道上，此外还有各种航天器被送往太阳系中的其他目标，例如火星、小行星或者彗星。和太空时代的初期不同，当今的太空飞行已经常态化。很少有人意识到，卫星为工业化世界中大多数人的日常生活提供了至关重要的服务。

　　当今，即使是发展中国家和欠发达国家，在一定程度上也从太空中受益匪浅。像哈勃空间望远镜这样的科学卫星，能帮助我们欣赏到美丽浩瀚的宇宙和其中的奇观以及太阳的运转。像"银河"11号这样的通信卫星，支撑或提供包括国际电话、移动电话和卫星电视在内的许多种通信服务。此外，通信卫星还在迅猛发展的互联网中起了重要的作用。像"斯波特"（Spot）号这样的遥感卫星，正在为不同的行业和组织提供服务，如帮助地质学家寻找富矿区，帮助城市规划者确定新开发区域，还能帮助环境保护者监测河流和海洋的污染水平。

左图：在佛罗里达州肯尼迪航天中心拍摄的欧洲"尤里卡"（Eureka）多用途科学卫星。该卫星是由航天飞机送入轨道的。

当今，飞机、轮船和车辆需要使用全球定位系统（Global Positioning System，GPS）的卫星进行导航，道路和船舶管理也需要数据信息和定位卫星的辅助。我们的电视气象预报也放映来自气象卫星（Meteosat）这类航天器的卫星图像，同时还有其他的卫星在监控地球环境，提供像浪高和海洋温度这样的数据。像"大酒瓶"（Magnum）号电子侦察卫星这类的军事卫星，为武装部队和安全组织提供包括电子智能监控在内的服务，尤其还有为精密的光学和雷达飞船提供的超高分辨率图像。

哈勃空间望远镜

就像在游泳池里看水下的东西一样，地球上的大气层造成地面望远镜观测的很大障碍。在大气层外安装一个光学望远镜，视野将显著增加，观测遥远天体的能力也会大为提高。哈勃空间望远镜是在1990年4月24日由"发现者"号航天飞机在STS 31任务中送入轨道的，它的轨道倾角28.5°，轨道高度607千米。

哈勃空间望远镜可以由航天飞机的宇航员进行在轨维护。宇航员拆除并更换了一些仪器，其中包括两块12.19米的太阳能电池板。这台11.6吨的望远镜有13米长，最宽处直径为4.2米。它安装有两个高增益天线和两个低增益天线，其中两个高增益天线能够通过跟踪与数据中继卫星系统直接向地面传送数据。哈勃空间望远镜还有一个由大功率计算机和精确定位系统组成的数据管理系统，使其能够定位并锁定0.01角秒内的任何特殊物体。如果用它定位于洛杉矶，将能够看清圣弗朗西斯科的10美分大小的硬币。

具有同样功能的光学望远镜装置的长度是57.6米，而哈勃空间望远镜则通过特殊的装配方式使它压缩到6.4米。光线通过孔径门穿过管道投射到口径2.4米的主镜上。投射到主镜上的光线首先反射到口径0.3米的副镜上，再由副镜射向主镜的中心孔，进而穿过中心孔到达主镜的焦面上，然后哈勃空间望远镜上的科学仪器接收到这些光线。哈勃空间望远镜上最初装有暗天体照相机（FOC）、广域/行星照相机（WFPC）、戈达德高解析摄谱仪（GHRS）、暗天体摄谱仪（FOS）、高速光度计（HSP）和精细导星敏感器（FGS）。

当哈勃空间望远镜安放到轨道之后很快发现，尽管它拍摄的一些宇宙图像是很好的，但是望远镜主镜的弧度并没有达到原来所设想的要求。由于主镜在制造时存在球面像差，哈勃空间望远镜需要一副"眼镜"。该设备被及时地制造出来，名为空间望远镜光轴补偿校正光学仪（Corrective Optics Space Telescope Axial Replacement，COSTAR），大小就像电话亭子。COSTAR由执行STS 61任务的航天飞机于1993年12月2日安装到哈勃空间望远镜上。COSTAR是通过一次太空行走被安装到望远镜内部的。这次飞行由两名宇航员进行了5次太空行走，他们还更换了太阳能电池板，维修了电子设备，安装了一台新的计算机处理器，替换了广域/行星照相机，安装了磁力计，移除了高速光度计，还为戈达德高解析摄谱仪解除了一个冗余设备。安装空间望远镜光轴补偿校正光学仪的效果立即显现出来，哈勃空间

下页右图：这是为维护哈勃空间望远镜进行的一次航天飞机太空行走。

哈勃空间望远镜

哈勃空间望远镜是1990年由航天飞机送入轨道的，相比地球上的望远镜，它能够使天文学家观测到宇宙的更深处。哈勃空间望远镜包括3部分：①包括主镜和副镜在内的光学望远镜装置；②科学仪器；③包括非常精密的稳定系统和动力系统在内的支持系统模块。哈勃空间望远镜的电能来自太阳能电池板，流星体护罩和物镜遮光罩保护着光学系统。空间望远镜的前端和大多数地面望远镜相似，使光通过主镜到达望远镜的尾部。主镜将图像投影到前端更小的副镜上。光柱通过主镜上的孔反射回科学仪器的尾部，这能使望远镜的图像转换成有用的科学数据。

规　格

长度：13.1米

直径：4.26米

质量：11600千克

轨道：607千米

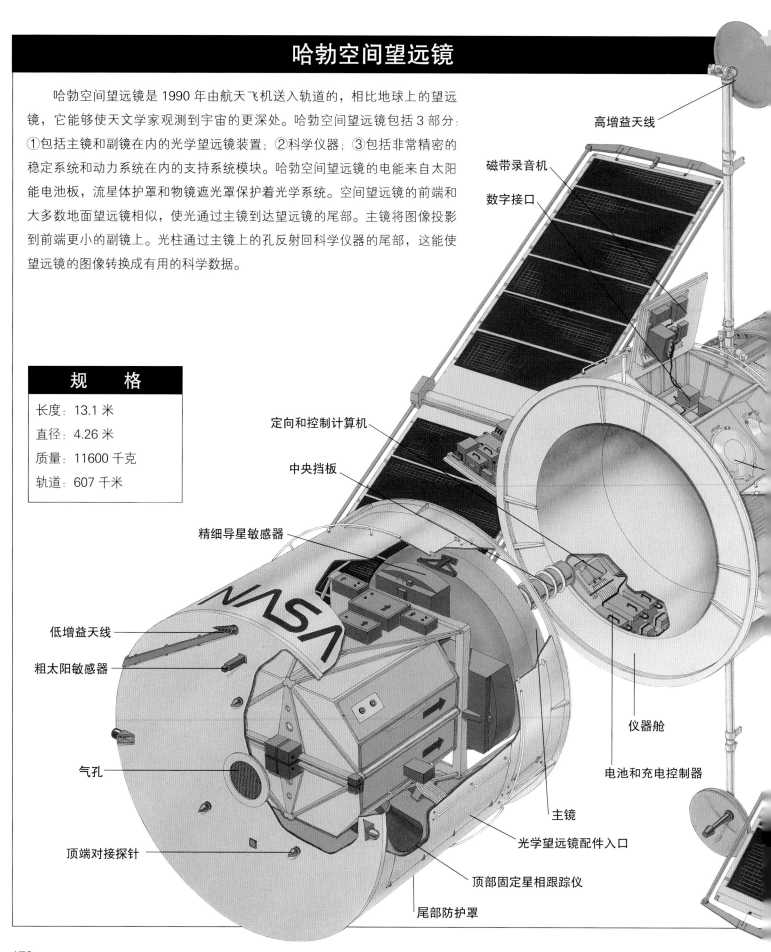

高增益天线

磁带录音机

数字接口

定向和控制计算机

中央挡板

精细导星敏感器

低增益天线

粗太阳敏感器

气孔

顶端对接探针

仪器舱

电池和充电控制器

主镜

光学望远镜配件入口

顶部固定星相跟踪仪

尾部防护罩

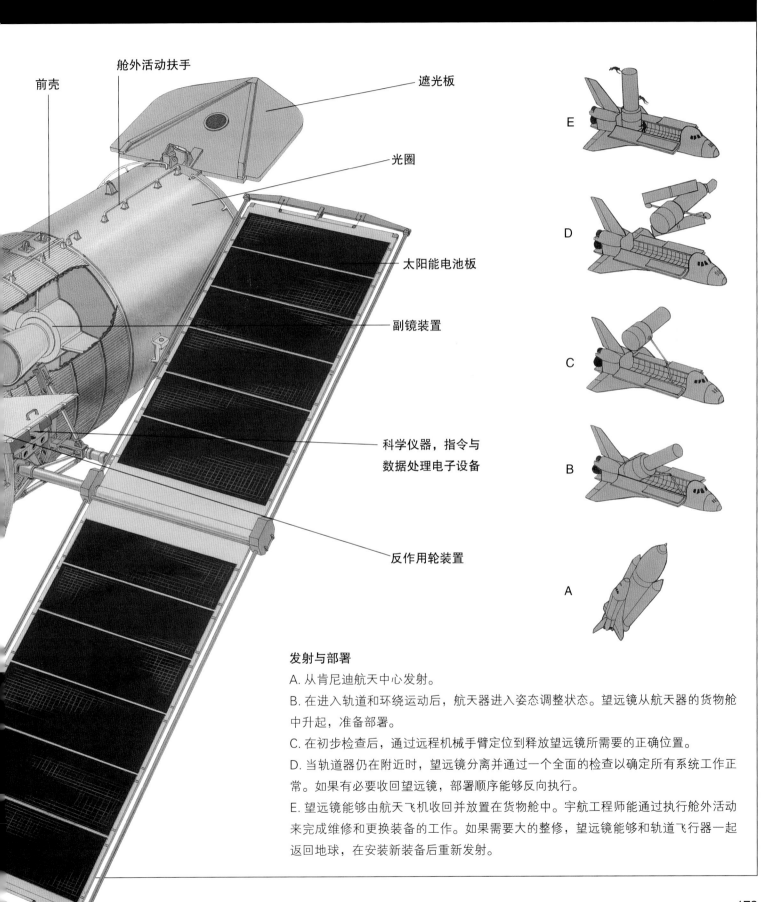

前壳

舱外活动扶手

遮光板

光圈

太阳能电池板

副镜装置

科学仪器，指令与
数据处理电子设备

反作用轮装置

E

D

C

B

A

发射与部署

A. 从肯尼迪航天中心发射。

B. 在进入轨道和环绕运动后，航天器进入姿态调整状态。望远镜从航天器的货物舱中升起，准备部署。

C. 在初步检查后，通过远程机械手臂定位到释放望远镜所需要的正确位置。

D. 当轨道器仍在附近时，望远镜分离并通过一个全面的检查以确定所有系统工作正常。如果有必要收回望远镜，部署顺序能够反向执行。

E. 望远镜能够由航天飞机收回并放置在货物舱中。宇航工程师能通过执行舱外活动来完成维修和更换装备的工作。如果需要大的整修，望远镜能够和轨道飞行器一起返回地球，在安装新装备后重新发射。

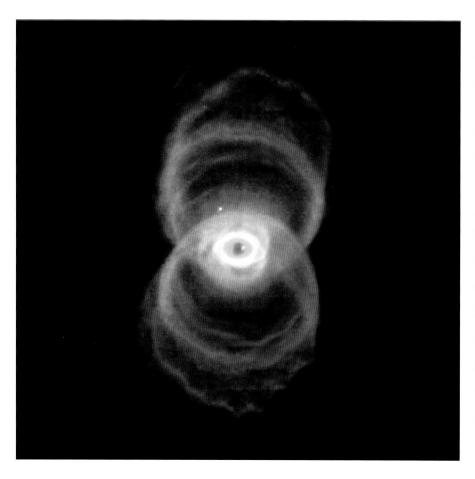

上图：由哈勃空间望远镜拍摄的"人马座"（Sagittarius）中 M8 的沙漏星云，表明环形碎片来自一个爆炸星的残留物。哈勃空间望远镜大大增加了我们对宇宙的了解。

望远镜提供的是真正壮观的图像，它很快受到了世界范围内媒体的关注。

在哈勃空间望远镜为天文学家和公众提供了 4 年多详尽的图像和数据服务之后，1997 年 2 月 11 日升空的航天飞机的宇航员进行了另外一项计划中的哈勃望远镜维修任务。"发现者"号航天飞机 STS 82 任务的宇航员对哈勃望远镜的设备进行了一次全面的更换，并进行了例行的太空行走。他们移除了戈达德高解析摄谱仪和暗天体摄谱仪，安装了空间望远镜影像摄谱仪（STIS）、近红外线照相机和多目标分光计（NICMOS）。宇航员还更换了包括一个精细导星敏感器和磁带录音机在内的其他设备，安装了一个光电子增强设备并更换了哈勃空间望远镜的稳定和精确指示反作用轮装置，此外还安装了新的热绝缘毯。

哈勃空间望远镜进入它工作的第 10 年，需要一次新的航天飞机任务来进行维护。这个任务最初的计划是 2000 年，由于望远镜上的陀螺仪在临界高度失效，这个任务被分成两部分进行，第一部分提前到 1999 年 12 月，任务的第二部分被推迟到 2001 年。"发现者"号航天飞机 STS 103 任务在 1999 年 12 月 19 日发射，这次任务安装了 6 台陀螺仪、电压和温度设备、新的 20 倍速的计算机和 6 倍的存储器、新的数字磁带记录仪，并更换了一个精细导星敏感器和无线电发射机。经过宇航员的一系列舱外活动还为哈勃望远镜更换了新的绝热零件。第二次太空飞机维修任务计划安装新的太阳能电池板、先进的巡天照相机、宇宙起源频谱仪和第三台广域和行星照相机。

高能通信

地球同步轨道（geostationary orbit，GEO）是太空中最繁忙的地方，其上分布着数以百计的通信卫星，向人们提供电话、传真、数据、电视、消息和其他服务。"银河"11 号是一颗典型的提供这种业务的通信卫星，它在 1999 年由"阿丽亚娜"（Ariane）4 号火箭发射。"银河"11 号由类似一个由不同种类天线、碟形卫星天线和其他设备组成的盒子。这颗卫星位于赤道上方 91° W，为北美和巴西客户提供服务。"银河"号卫星属于一家名为泛美卫星公司（PanAmSat）的国际通信服务运营商。该公司是当今世界上商业卫星通信运营商的领导者，经营着由 20 颗卫星组成的全球网络。

"银河"11 号装备有异频雷达收发机，

"通信星" 1号卫星

"通信星"是首先用于民用的地球同步卫星之一，由美国通用通信卫星公司租给美国电话电报公司。"通信星"1号的设计寿命是7年。它接收、放大、转播美国及波多黎各自由邦的地面站之间的电话呼叫和电视直播，最多能够传递6000路电话和12个电视频道。

遥测与指令天线，在卫星上发射数据并能接受来自地面站的指令

通信天线，能够接收和发射信号。它与水平和垂直偏光镜装配在一起，使同一频率能够使用两次，从而将卫星的有效能力加倍

轴承和动力转换部件。轴承安装在旋转筒和顶截面之间，因为天线必须始终指向地球，所以轴承不能旋转

外部圆筒以60转/分的速度旋转提供陀螺的稳定性，它的表面覆盖的太阳能电池通过太阳光产生电能

太阳和地球传感器，它们是"通信星"保持姿态的参考装置

轴向喷射器

装有接收器、放大器和发射器的电子设备舱

定位定向系统

电池包，它能从太阳能电池中储存电能，当卫星进入地球阴影时为其提供能量

助推器适配器

远地点发动机，在卫星和运载火箭分离后，它能将卫星带入地球同步轨道

规　格

高：5.2米

直径：2.3米

发射质量：1410千克

175

1999 年发射的卫星和宇宙飞船

日　期	名　　称
1999 年 1 月 3 日	美国火星极地登陆车
1999 年 1 月 27 日	美国和韩国的 "Rocast" 1 号通信卫星
1999 年 2 月 7 日	美国 "星尘" 号太阳系探测器
1999 年 2 月 9 日	4 颗 "全球星" 号国际移动电话通信卫星
1999 年 2 月 16 日	日本 "JCSAT" 6 号地球同步轨道通信卫星
1999 年 2 月 20 日	俄罗斯 "联盟" TM29 号飞船
1999 年 2 月 23 日	美国 "Argos" 军事技术卫星
1999 年 2 月 26 日	美国 "Skyset" 4E 军事通信卫星，沙特阿拉伯 "Arabsat" 3A 地球同步通信卫星
1999 年 2 月 28 日	俄罗斯 "Raduga" 1 号地球同步通信卫星
1999 年 3 月 5 日	美国红外天文探测卫星
1999 年 3 月 15 日	4 颗 "全球星" 国际移动电话通信卫星
1999 年 3 月 21 日	中国香港 "亚洲" (Asiasat) 3 S 通信卫星
1999 年 3 月 28 日	新海洋发射运载火箭的演示卫星
1999 年 4 月 2 日	俄罗斯 "进步者" M41 和 "和平" 号，以及印度 "Insat" 2E 地球同步轨道通信和气象卫星
1999 年 4 月 10 日	美国 "DSP" 19 军用预警卫星
1999 年 4 月 12 日	欧洲 "Eutelsat" W3 地球同步轨道通信卫星
1999 年 4 月 15 日	4 颗 "全球星" 国际移动电话通信卫星，美国 "Landsat" 7 遥感地球观测卫星
1999 年 4 月 21 日	英国 "UoSAT" 12 小卫星技术演示卫星
1999 年 4 月 29 日	意大利 "Megsat" 技术卫星，德国 "Axibras" X 射线天文卫星
1999 年 4 月 30 日	"Milstar" 2 号美国军事通信卫星
1999 年 5 月 5 日	"猎户座" (Orion) 3 号美国商业通信卫星
1999 年 5 月 10 日	中国 "风云" 1C 气象卫星
1999 年 5 月 17 日	"Terriers" 美国学生的电离层研究卫星与 "Mulbcom" 美国的军事通信卫星
1999 年 5 月 20 日	"Nimiq" 1 号加拿大地球同步通信卫星
1999 年 5 月 22 日	美国国家侦察局卫星
1999 年 5 月 26 日	印度 "Oceansat" 海洋观测卫星
1999 年 5 月 27 日	"发现者" 号执行 "STS" 96 国际空间站任务的航天飞机
1999 年 6 月 10 日	4 颗 "全球星" 国际移动电话通信卫星
1999 年 6 月 11 日	两个国际移动电话 "铱" 通信卫星
1999 年 6 月 18 日	卢森堡 "Astra" 1H 电视直播地球同步通信卫星
1999 年 6 月 20 日	"Quicksat" 美国遥感技术卫星
1999 年 6 月 24 日	"Fuse" 美国的紫外线天文卫星
1999 年 7 月 8 日	俄罗斯 "闪电" (Molniya) 3 号通信卫星
1999 年 7 月 10 日	4 颗 "全球星" 国际移动电话通信卫星

上图：由 "伊克诺斯" (Ikonos) 号商用遥感卫星在轨道上对意大利罗马斗兽场进行的 1 米分辨率的特写，这和间谍卫星所能辨别的精度相同。

日 期	名 称
1999 年 7 月 16 日	俄罗斯 "进步" M42 号飞船
1999 年 7 月 17 日	俄罗斯 "Okean" 0-1 海洋观察和监测卫星
1999 年 7 月 23 日	"哥伦比亚" 号航天飞机（STS 93）部署 "Chandra" X 射线空间望远镜
1999 年 7 月 25 日	4 颗 "全球星" 国际移动电话通信卫星
1999 年 8 月 12 日	印度尼西亚 "Telkom" 1 号地球同步通信卫星
1999 年 8 月 17 日	4 颗 "全球星" 国际移动电话通信卫星
1999 年 8 月 18 日	俄罗斯 "宇宙" 2365 军用侦察卫星
1999 年 8 月 26 日	俄罗斯 "宇宙" 2366 导航卫星
1999 年 9 月 4 日	韩国 "Koreast" 3 号地球同步通信卫星
1999 年 9 月 6 日	俄罗斯的两颗 "Yama" I 号地球同步通信卫星
1999 年 9 月 9 日	"Foton" 12 可回收国际微重力科学研究卫星
1999 年 9 月 22 日	4 颗 "全球星" 国际移动电话通信卫星
1999 年 9 月 23 日	美国 "Echostar" V 地球同步通信卫星
1999 年 9 月 24 日	美国 "伊克诺斯"（Ikonos）商业高分辨率遥感卫星 美国 "电星" 7 号地球同步通信卫星
1999 年 9 月 26 日	俄罗斯和美国 "LM-1GREO" 通信卫星
1999 年 9 月 28 日	俄罗斯 "Resurs" F1M 遥感卫星
1999 年 10 月 7 日	美国全球定位系统的 "Block" IIR 导航卫星
1999 年 10 月 9 日	美国的电视直播 1R 地球同步通信卫星
1999 年 10 月 14 日	中国和巴基斯坦 "CBERS" 遥感卫星
1999 年 10 月 18 日	4 颗 "全球星" 国际移动电话通信卫星
1999 年 10 月 19 日	美国 "猎户座" 2 地球同步通信卫星
1999 年 11 月 13 日	美国 "GE-4" 地球同步通信卫星
1999 年 11 月 20 日	中国 "神舟" 号载人飞船的无人试验
1999 年 11 月 22 日	4 颗 "全球星" 国际移动电话通信卫星
1999 年 11 月 22 日	美国的海军 "UHF" 地球同步通信卫星
1999 年 12 月 3 日	法国 "Helios" 1B 间谍卫星
1999 年 12 月 4 日	5 颗 "Orbcomn" 数据通信卫星
1999 年 12 月 10 日	欧洲 "XMM" X 射线天文望远镜
1999 年 12 月 12 日	美国 "DSMP" 5D 军用气象卫星
1999 年 12 月 18 日	美国 "特拉" 极地轨道地球观测平台
1999 年 12 月 19 日	"发现者" 号航天飞机 STS103 任务执行哈勃空间望远镜的维修任务
1999 年 12 月 21 日	韩国 "Kompsat" 多用途卫星
1999 年 12 月 22 日	美国 "银河" XI 地球同步通信卫星
1999 年 12 月 26 日	俄罗斯 "宇宙" 2367 海洋电子智能卫星
1999 年 12 月 27 日	"宇宙" 2368 导弹发射预警卫星

上图：1 颗 "全球星" 全球移动卫星系统卫星。整个系统在近地轨道上共有 48 颗这样的卫星。

苏联的卫星系统

　　苏联是第一个将卫星用于民用的国家。苏联的"闪电"（Molniya）号卫星位于轨道周期为 12 小时的轨道上，使苏联能够转发大量的广播、电视、电话、电报和进行传真通信。"荧光屏"（Ekran）号卫星在 1976 年 10 月被用于为西伯利亚和远东的孤立区域传送电视节目。苏联使用两个轨道系统来进行内部和外部通信。一个是 40000 千米 ×500 千米偏离赤道 65° 的高偏离轨道，这样"闪电"号卫星就能够为北半球的相近区域提供 24 小时的服务。另外一个轨道是"荧光屏"号卫星使用的地球同步轨道。

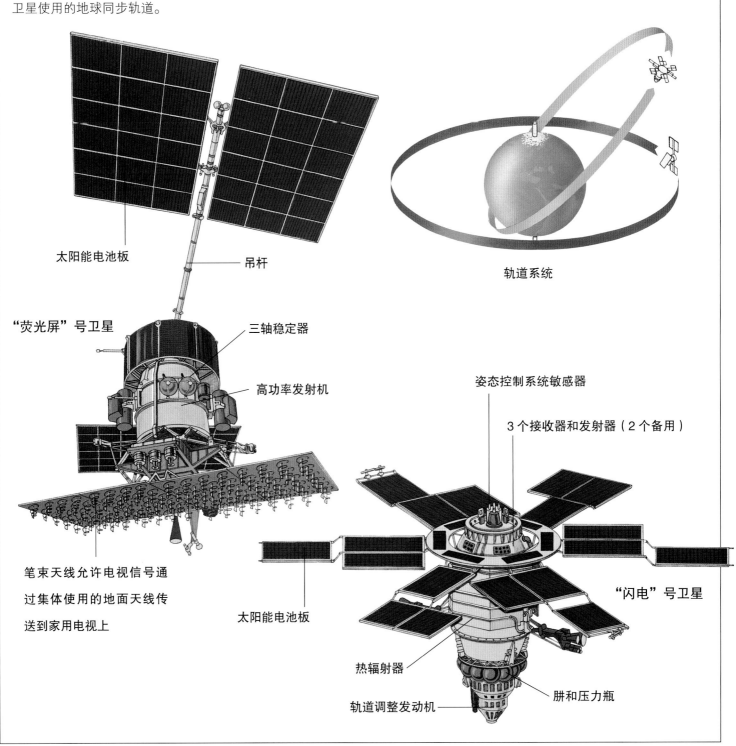

太阳能电池板

吊杆

轨道系统

"荧光屏"号卫星

三轴稳定器

高功率发射机

姿态控制系统敏感器

3 个接收器和发射器（2 个备用）

笔束天线允许电视信号通过集体使用的地面天线传送到家用电视上

太阳能电池板

"闪电"号卫星

热辐射器

轨道调整发动机

肼和压力瓶

左图：典型的商业卫星太阳能电池板的特写。在太阳能电池板上有数千个太阳能电池，用以产生设备运转所消耗的能量。

负责指定频率的波段。异频雷达收发机包括发射机和接收机，能够接收无线电信号并能以不同频率自动重发。信号到达卫星时是很弱的，必须使用星载行波管进行放大。这个信号由天线接收，并使用灵敏的

特定圆盘天线或者反射器直接返回卫星在地球上的"覆盖区"。

这颗卫星装备的是20C波段和40Ku波段的异频雷达收发机。这个C波段的异频雷达收发机可以提供有线电视服务，

地球同步轨道卫星

地球同步轨道卫星位于赤道上方与地球旋转的时间相同，它仅相对于地球上固定的某一点，并不向东或向西移动。因此，单颗卫星就能提供一天24小时不间断的通信服务。当像"电星"（Telstar）这样的低轨道系统穿过天空时，需要地面站跟随着卫星。地面站需要在不同的卫星之间切换，当一颗卫星从地平线上落下时，另外一颗卫星又到了覆盖范围。朝向地球同步轨道的第一步是由美国国家航空航天局的"辛康"（Syncom）2号和3号取得的。"辛康"2号是一个倾斜于地面的卫星，相对地面做"8"字形运动。"辛康"3号是世界上第一颗地球同步轨道卫星。

"电星"1号

"电星"2号

地球同步轨道上的"辛康"3号卫星

地球同步轨道上的"辛康"2号卫星

右图：在地球同步轨道上的"银河"11号通信卫星，为美国用户提供大量的服务。地球同步轨道上的卫星能够覆盖地球上 1/3 的区域。

Ku 波段的设备用作视频信号分配、数据网络和其他的一些通用的通信服务。拥有如此多异频雷达收发机的卫星运行需要大量的电，这些电由安装在卫星两侧的太阳能电池板产生。这些太阳能电池板呈翼状，翼幅达 62 米，比波音 747 飞机的翼幅还要大。这些太阳能电池是由传统硅电池的替代品砷化镓组成。由于

发射的需要，这些电池板是折叠起来的，入轨后再展开。太阳能电池的两边都是有角度的反射板，这使它能够形成一个浅槽从而让太阳光集中在太阳能电池上。"银河"11 号的电池质量为 2.77 吨，能够产生 10 千瓦的电功率，是当时体积和能量最大的民用商业通信卫星。

同时，一个低地轨道（LEO）的卫星群用来协助提供全球范围内的移动电话通信业务，包括声音信息、传真和数据传送。一颗"全球星"卫星系统可以为漫游出服务区的便携式电话用户、为没有陆地系统的偏远区域工作的人们、为未受到政府足够关心的居民（在发展中国家，能够通过固定电话业务满足他们基本的电话通信需要）、为需要保持持续联系的国际旅行者等提供卫星电话服务。

这种电话无论是使用还是看起来都像移动或者固定电话，但是它们的差异就是，卫星电话几乎能够在任何地方使用而且接收的是异常清晰的卫星信号。像弯管式卫星网络或天空中的镜像一样，全球星的 48 个低轨道卫星能够从地球表面超过 80% 的区域接收信号。除了一些极远的极地地区和某些海中央区域，其他地区则是几颗卫星能同时接收到一个电话。这个"多样性通道"能够确保即使用户在一颗卫星的覆盖区移出时电话也不丢失。

上图：一颗装备有许多异频雷达收发机和圆盘天线的"天波"（Tempo）号通信卫星，为大量用户提供包括电视直播和多媒体在内的多种服务。

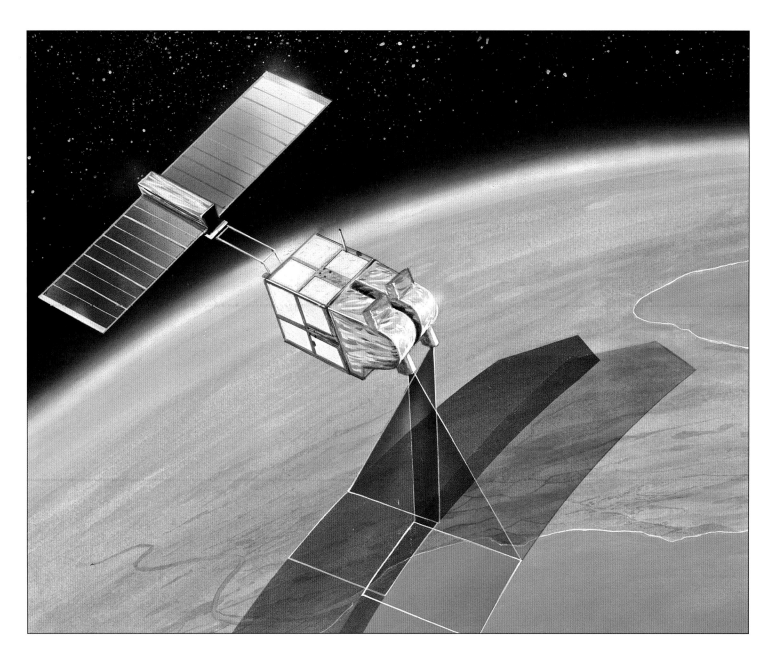

上图：法国"斯波特"（Spot）遥感卫星越过地球表面时拍摄了一系列多谱段地球图像。

定点地球观测

卫星的主要用途之一就是提供地球的图像。从地球上面很高的太空中拍照时，这些图像能够很详细地显示一个大型区域。这种卫星之所以叫作遥感卫星，是因为它是从远处对一个特定区域进行绘图或者收集信息，而不是在某一点上。极地轨道卫星能够在一天内覆盖整个地球，而像飞机那样低海拔高度运行的系统，覆盖同样的区域则需要更长的时间。显然，卫星则能够节省时间和费用。一些卫星的仪器是很强大的，从 480 千米高的轨道上，能够辨别地面上 1 米大小的移动目标。卫星携带了一个灵敏的计算机阵列，它能够拍摄许多类型的多光谱图像，这样卫星就能够监控地球表面某部分的温度或者各种类型的植被。它们中的某些设备，像雷达和红外设备，甚至能够穿透黑暗在黑夜中进行观测。有的卫星能够观测到水下 9 米深的物体。

美国"地球资源探测卫星"4号

在1982年7月16日发射时,"地球资源探测卫星"(Landsat)4号是美国国家航空航天局最先进的地球资源卫星。这颗卫星极大地改进了地球遥感技术,从而为资源管理提供帮助。"地球资源探测卫星"4号是第一颗使用了全球定位系统的美国国家航空航天局卫星。使用导航卫星提供的数据,资源探测卫星的计算机能够计算出飞行器的位置和速度。导航卫星的信号是通过GPS天线接收的。

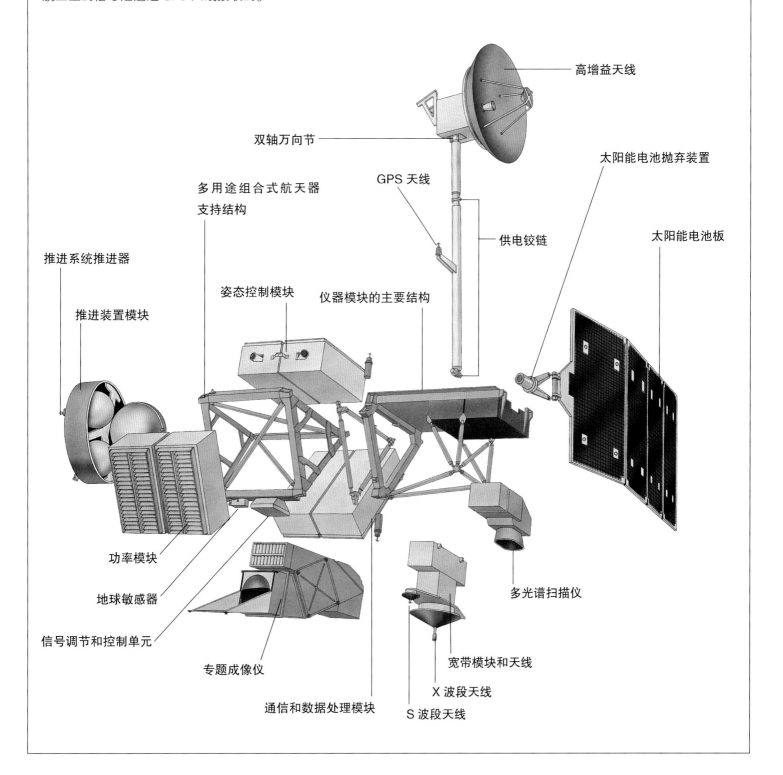

高增益天线

双轴万向节

太阳能电池抛弃装置

多用途组合式航天器
支持结构

GPS天线

供电铰链

太阳能电池板

推进系统推进器

推进装置模块

姿态控制模块

仪器模块的主要结构

功率模块

地球敏感器

多光谱扫描仪

信号调节和控制单元

专题成像仪

宽带模块和天线

X波段天线

通信和数据处理模块

S波段天线

上图：一名技术人员为全球定位系统的"导航星"（Navstar）卫星发射做准备。"导航星"能够帮助用户在地球表面定位，精度在30米以内。

卫星上拍摄的图片本身并不太有用。卫星遥感工业并不知道一张图片能有什么用，但是它能够对图片进行处理从而使它有用。通过使用强大的计算机技术，使重现原始的卫星图片上的信息和地图成为可能。遥感数据通过计算机进行处理和增强从而被转换成成品。这些图像和从其他来源的（像地面调查和现有地图）、关于同一地区的、不同类型的图像整合在一起。通过这项工作，可以给许多不同类型的公司提供有价值的数据，如从事石油探测、制图、环境监测，以及城镇规划的公司。

一家叫作"视宝"（Spot Imagede）的法国商业公司拥有一批遥感卫星，它们占有图像商业市场的60%。4颗"斯波特"（Spot）卫星通过"阿丽亚娜"火箭进行发射，最近的一次是在1998年。"斯波特"4号质量为2.75吨，上边装备有两块能产生2.1千瓦功率的太阳能电池板，为卫星上的仪器提供电力。卫星上有两台高分辨

率的成像仪，它们是通过两种波段（可见光和红外线）的电磁光谱辐射来实现成像的，所提供的图像覆盖一个60平方千米的区域，最佳分辨率达10米。

一台短波红外波段的植被成像仪器能够返回覆盖2200千米的条形区域，形成分辨率为1千米的图像。它主要被欧洲共同体用来监测农作物，以确保农场主能够遵守规定的份额。"斯波特"4号还携带了其他仪器，包括一台测量极地臭氧和烟雾的装置、论证一颗卫星与轨道中其他卫星通信能力的激光通信系统。这颗卫星计划用来覆盖地球上的特定区域的请求，以便向全世界的地面站用户传送它储存的图像。

成为生活方式的全球定位系统

一批至少24颗由美国制造并运营的导航星Block 2A和2R全球定位系统卫星，通过"德尔塔"火箭发射，并组成6个轨道面。每一个轨道面都至少有4颗卫星，这些卫星分布于大约距地表20000千米的上空，轨道倾角54°，每12小时环绕地球一次。在空间中这样放置卫星，是为了让世界上任何地方的用户无论在什么时候都能至少看到6颗卫星。

一些卫星以两个L波段频率发射连续的导航信号，对世界范围内各种类型的军用和民用用户都是可用的，拥有相关的设备就能够接收信号并计算时间、速率和位置，精度分别为$1/10^6$秒、几分之一千米每小时、30米之内。GPS接收机单元装在飞机、轮船、陆地交通工具，以及单人可携带的或手持的设备上。

GPS服务可以用来支持陆地、海洋和

"海洋卫星" 4 号

1978 年，美国的"海洋卫星"1 号尽管只运行了不到 4 个月，但是它却开创了地球观测的新篇章。它能为导航和地球资源管理提供很重要的信息。在它的 5 台仪器中，有 4 台是微波仪器。多通道扫描微波辐射计用来测量海洋表面温度，精度为 1.5—2 摄氏度。此外，它还能测量风速，最大为 50 米 / 秒。雷达散射计用于测量由表面风增加引起的海平面粗糙度的变化，然后将其直接转化为风速和风向。合成孔径雷达提供全天候的波浪、冰和海岸状况的图像。雷达高度计用于测量海浪的平均和显著波高以及卫星自身的海拔，测高精度达 ±10 厘米，这能有效地辨识潮汐、风暴潮和激流。第 5 台仪器为可见光和红外扫描辐射计，能够提供晴朗天气的海表面温度数据、云层样式及海洋与海岸的精确图像。

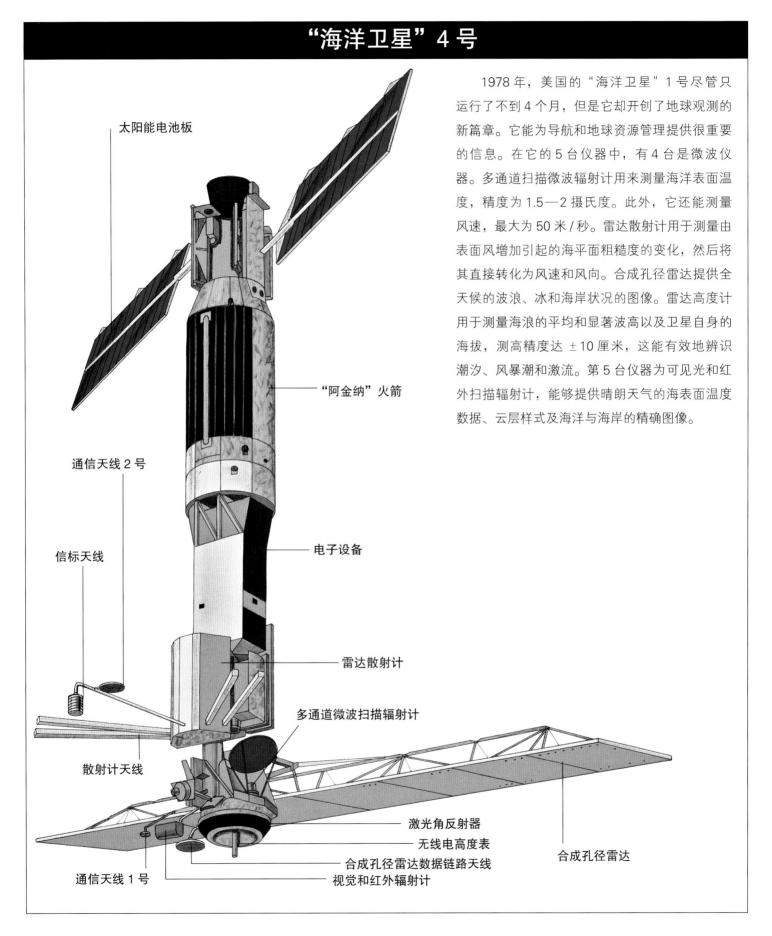

太阳能电池板

"阿金纳"火箭

通信天线 2 号

信标天线

电子设备

雷达散射计

多通道微波扫描辐射计

散射计天线

激光角反射器

无线电高度表

合成孔径雷达数据链路天线

合成孔径雷达

通信天线 1 号

视觉和红外辐射计

动态系统

美国国家航空航天局的一个新的计划说明了将来卫星观察的详细程度，这项计划是为了研究地球上更多的动态大气现象。这些卫星的观测任务中有一个名为"火山灰任务"（Volcam）的，该任务是揭示从地球同步轨道监测火山云与浮尘的运行和科学应用。

火山云对喷气式飞机是一个潜在的威胁。已经有过几个火山灰损害商业航班安全的例子，至少有一例几乎造成飞机坠毁。另外一台飞行器——"毕加索"（Picasso），将监控名为浮质的云雾和一些空气离子，以及它们对地球辐射平衡（到达地球的太阳能量和损失到空间中的能量的平衡，这是一个控制地球温度的过程）的影响。它使用改进的机载激光雷达系统（LIDAR, Light-Detection And Ranging）一起给云和浮质的垂直分布绘剖面图，同时另外一些仪器给大气的红外辐射绘图。在轨道的一半是白天，"毕加索"号将测量氧气吸收波段的太阳反射并使用宽视场照相机对大气进行拍照。一台名为"云卫星"（Cloud Sat）的航天器将研究厚云层对地球辐射平衡减少的影响。它使用高级云廓线雷达来为高度动态的热带云图系统的垂直结构提供信息。这部新的雷达首次能够全面测量云的特性，包括我们对与云相关问题的理解。

上图：从卫星上拍摄的大不列颠岛一部分的图像，显示了海洋的温度。左侧"橙色"的是温暖的海湾流，涂成"蓝色"的是冷的北海。

机载（飞机）导航、调查、地球物理学勘查、绘图和测地学、交通工具定位系统、空中加油和交会以及搜索和营救等活动。在民用部分，除了商业航空使用，还有许多新的应用不断出现，如跟踪船队、执法机构、渔民、徒步旅行者甚至农场中的拖拉机驾驶员均可以使用。

GPS 概念是建立在卫星距离修正上的，这是由在 40 年前的第一颗导航定位卫星开创的。每一颗 GPS 卫星都能发射一个精确的定位和时间信号，也有明显的测量范围。用户的接收器测量所收到信号的时间差，同时至少收集一条线上 4 颗卫星的信号，经用户处理即可以提供位置、速度和时间的三维坐标。接收机能够显示用户的位置速率和时间以及一些附带的信息，如离选择点的距离和方位或者数字图。最近的在轨道上的导航星"Block" 2R 卫星质量有 1 吨多，安装在一个盒状的飞船舱上，各边长 1.52 米、1.93 米、1.91 米，有两个翼幅 19.3 米的太阳能电池板，能够产生 1.1 千瓦的电能。

苏联全球导航卫星系统——格洛纳斯（GLONASS）是一种增强的 GPS 系统。GLONASS 系统由 24 颗卫星组成，均匀分布在 3 个近圆形的轨道平面上，每个轨道面 8 颗卫星，轨道高度 19100 千米，运行周期 11 小时 15 分，轨道倾角 64°。像 GPS 系统一样，它的信号能被民用和军用用户使用，并且能加密。

地球气象观测

世界上领导太空技术的国家经营着一批极地轨道和地球同步轨道卫星，覆盖着整个地球，一天 24 小时都能够发回气象和环境数据。数据的范围包括从我们在电视上看到的地球可见光波长图像到表面温度地图。这个世界气象观测系统由美国、俄罗斯、中国、印度和日本的卫星提供，并联合了欧洲空间局和欧洲气象卫星组织所负责的气象卫星。欧洲气象卫星组织经营着一个叫作"气象卫星"（Meteosat）

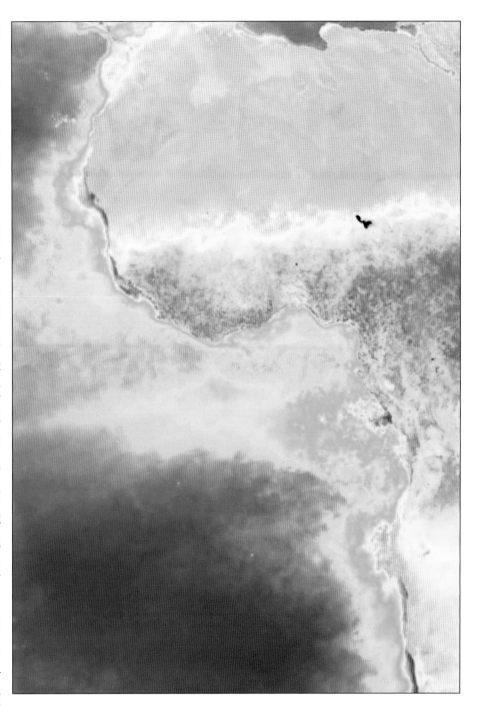

上图：地球植被覆盖全图的一部分。

187

导 航 星

　　每颗"导航星"的用户设备包括使用全向天线的无线电接收机、信号处理机和读出装置。当用户设备被动运行时，系统的用户容量是没有数量限制的，它能够显示他们的位置。这台用户设备能够根据所处的位置自动地选择 4 颗最近的卫星，跟踪它们的导航信号并计算出它们的近似范围。然后它能够组成有 4 个未知数（3 个是用来确定用户位置的，另一个是时刻偏差）组成的 4 个方程。用户设备中的微型计算机求解方程即可得到用户所处的位置、时间，还能够确定它的速度。这就是著名的全球定位系统。

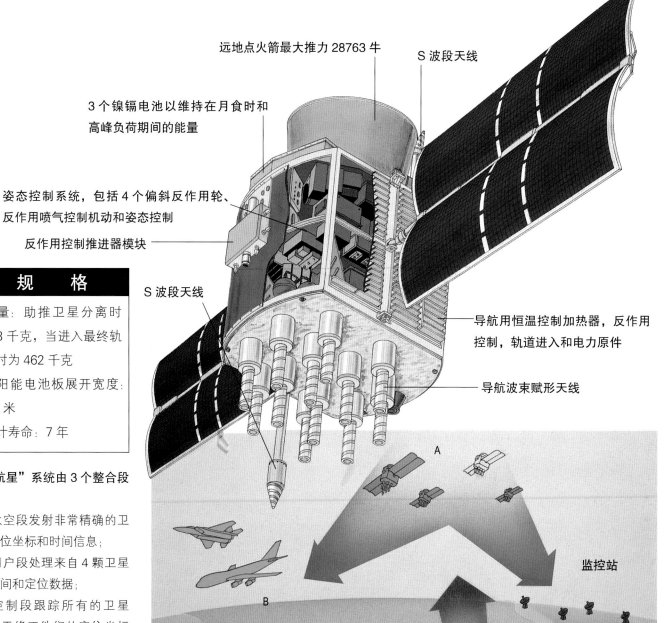

远地点火箭最大推力 28763 牛

S 波段天线

3 个镍镉电池以维持在月食时和高峰负荷期间的能量

姿态控制系统，包括 4 个偏斜反作用轮、反作用喷气控制机动和姿态控制

反作用控制推进器模块

S 波段天线

导航用恒温控制加热器，反作用控制，轨道进入和电力原件

导航波束赋形天线

A

B

C

监控站

主控制站

规　格

质量：助推卫星分离时 773 千克，当进入最终轨道时为 462 千克

太阳能电池板展开宽度：5.3 米

设计寿命：7 年

"导航星"系统由 3 个整合段组成

A. 太空段发射非常精确的卫星定位坐标和时间信息；

B. 用户段处理来自 4 颗卫星的时间和定位数据；

C. 控制段跟踪所有的卫星并每天修正他们的定位坐标和铷（rubidium）原子钟。这座原子钟 3 万年才会误差 1 秒。

卫星系统，正在计划发射 Metop 系列极地轨道航天器。欧洲气象卫星组织的第一颗"气象卫星"在 1977 年由欧洲空间局发射，以后又发射了很多次。欧洲气象卫星组织正在开发第二代"气象卫星"。这种卫星是在第一代鼓形旋转式固定卫星的基础上研制的，但是会更大，质量为 1.75 吨。它的第一次发射在 2001 年由"阿丽亚娜"火箭进行。

　　这些第二代"气象卫星"将安装两台主要的仪器，包括先前"气象卫星"上安装的可见光和红外成像仪的增强版。这种成像仪以 12 个光谱通道每 15 分扫描地球一次。这些光谱通道包括一个分辨率为 1 千米的可见光通道和 11 个分辨率

上图：所有的"导航星"在地球上空 20000 千米处，环极地轨道组成 6 个轨道面。它们的射束信号持续发射从而让地球上任何持有接收机的人（在陆地、海洋、空中），能够找到它的位置，精度为 3 米。

左图：一个欧洲的"气象卫星"在准备发射。一组"气象卫星"航天器能够拍摄地球的多谱段图像来监控从温度到水分的含量等。

神奇的成像仪

关于地球整个磁气圈的第一幅图像，是 2000 年发射的全球磁层极光探测成像仪（Imager for Magnetopause-to-Aurora Global Exploration，IMAGE）卫星获得的。磁气圈是由太阳风、离子化粒子或者带电等离子粒子（主要是质子和电子），从太阳高速涌出冲击地球的磁场交互作用形成的。磁气圈是离子化的气体组成的无边的云团，就像不可见的雾一样。磁气圈中的干扰能够扰乱陆地通信并能导致卫星上的大规模停电，造成数百万美元的损失。磁气圈的行为和范围受到太阳风的强度与性质的影响。如果科学家能够在磁气圈变化时进行观测，对日地效应的理解将会大为提高，能够改善地球上对干扰的预测。

太阳风以最高 900 千米 / 秒的速度移动，当它遇到地球上的磁场时将被扭曲并产生磁气圈。太阳风在离地球向阳面 60000 千米遇到磁场时，将产生冲击波或弓形激波。在弓形激波里面是一个离子化的湍流区域，通常称作磁鞘。在地球的另一面，由于太阳风的激发，磁气圈被拉长到很大的距离。

磁气圈的活动导致了北极光的形成。在南半球这种现象叫南极光。电子和离子沿着地球磁场的磁力线快速穿梭，当它们被剧烈的太阳风暴充上能量时，这些粒子能够穿通并撞击大气外层，从而产生壮观的极光。

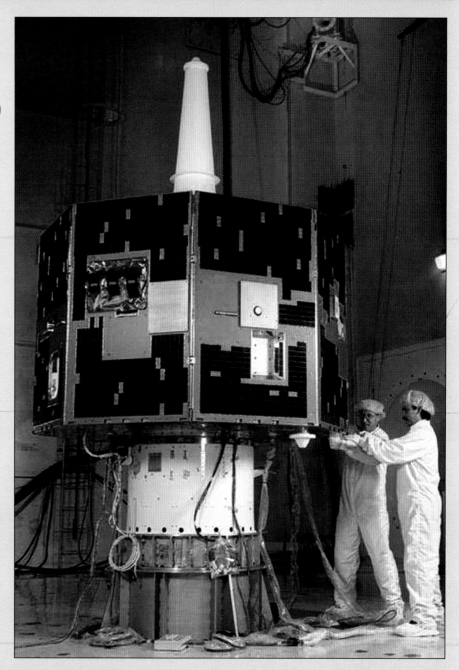

上图：**全球磁层极光探测成像仪（IMAGE）卫星在准备发射。这颗卫星将对地球的磁气圈进行集中研究，磁气圈的干扰能破坏通信并导致严重的停电。**

为 3 千米的红外通道，这些红外光谱通道能够显示水蒸气成分和臭氧水平等其他的大气特征。第二台仪器是地球辐射测量仪，它能够测量水蒸气和云强迫的反馈情况，这是预测气候的两个最重要的步骤。

这些装在第二代"气象卫星"上的设备表明，这些卫星不仅仅用于发送电视预报的天气图像。美国国家航空航天局已经发射了一颗叫"特拉"（Terra）的卫星，这是一个质量 5.19 吨、长 5.9 米的巨大的极地轨道平台，它是美国的行星地球计划中，地球观测系统系列卫星中的第一颗卫星。这颗卫星和其他地球观测系统卫星，都携带了能够测量影响地球天气和气候各种参数的一系列仪器，可以测量太阳辐射及其对地球气候影响、大气层水含量的水循环参数、土壤湿度、冰、雪、海洋和表面温度。其他仪器将测量大气中的悬浮物、冰川地形、臭氧递减和氯氟碳化合物、大气中的一氧化碳和二氧化碳的分布。地球观测部门比其他部门需要更多的卫星参与。

太空中的间谍

卫星为军事行动提供的服务范围从通信到早期导弹预警系统，像 1999 年波斯尼亚冲突这样的军事行动，就是由一组卫星支撑的。不同种类卫星组成的卫星群能使军舰、飞机与地面部队和总部之间进行通信，区域内的军队指挥官能够直接和在白宫的总统进行对话，并能接收到其他卫星传来的最新的人工智能数据，如来自间谍卫星的高分辨率图像。这些宇宙飞船拍摄数字图像后直接或通过数据中继卫星，

传给华盛顿和其他地方的国家相关部门。一些卫星无论白天还是黑夜都可以拍摄高分辨率的雷达图像，甚至当云层使目标不清晰时也可以。数据信息卫星能使智能搜集者接收并向他们的总部传输信息。军队、轮船、飞机和导弹可通过"导航星"

上图：NASA1999 年发射的第一颗地球观测系统极地卫星"特拉"，开启了一个对地球和大气层进行集中检测的计划。

这类导航卫星寻找目标。海洋探测卫星监控舰队的移动，其他卫星用来测试发展导弹防卫系统所需的技术，这些卫星装备有用来跟踪导弹的传感器。

像美国中央情报局的"大酒瓶"卫星这类电子智能卫星，被称为"电子情报"（elints）卫星。它可以用来监控来自军事设备的无线电信号和雷达发射，甚至能干扰民用电话和特殊目标，包括来自军事设备的微波和其他通信、测试中的导弹遥测发射、智能通信和雷达装置等。例如，"电子情报"卫星可以记录军事区内的无线电和雷达传输。当数据（如脉冲接收、频率、脉冲宽度、发射频率和调制）传送到地面站的时候，通过中继和雷达识别，能够辨识装置最可能的功能和运转的方法。

一些"电子情报"卫星就像巨大的"真空吸尘器"，能通过巨大的抛物面天线接收器收集许多发射源的发射。这些数据能够在地面中心，如在位于格洛斯特

下图：一颗装备红外传感器防卫支持系统的早期预警卫星，它能探测火箭排气装置甚至喷气式战斗机散发的热能。

左图：由苏联间谍卫星拍摄的英国法恩伯勒（Farnboroug）的照片，能够看到像公路上的轿车这么小的物体。这个空军基地是法恩伯勒国际空军展的会场。

（Gloucester）切尔滕纳姆（Cheltenham）的国家通信局复原。由航天飞机和"大力神4－半人马"（Titan IV Centaur）火箭发射的3颗"大酒瓶／猎户座"（Magnum/Orion）卫星，它们每一颗都配备了直径达100米的盘状接收器。

九
太空探索

在太空时代之前，行星一度是神秘的、未知的世界。水星是太阳系中离太阳最近的行星，它曾经被同一艘宇宙飞船飞掠过3次。美国在1973年11月发射了"水手"10号探测器，它的飞行轨道是先经过金星，然后绕着太阳运动，在它到达预定轨道的旅程中，分别于1974年3月、9月和1975年3月3次经过水星，使它成为唯一有这样壮举的航天器。

"水手"10号探测器质量为503千克，有一个4.6米高、直径1.38米的八角形运载舱。其中有燃料箱、姿态控制推进器、遮阳板、分光计和其他仪器，还有两台像人眼睛一样的电视照相机。它们能够生成700线的图像，这些图像通过一个直径1.19米的天线传回地球。此外，在飞船上一个6米长的臂上还装备有两个磁力计，在另一个悬臂的末端装有一副低增益天线。两块2.69米长的太阳能电池板，装有19800节硅电池，能够提供820瓦的电功率。

"水手"10号探测器让很多更关注月球而不是水星的科学家感到震惊。陨石坑、山脉、熔岩，以及拥有陨石坑的环形山进入了人们的视野。仪器探测

左图：1958年，美国官员和"先驱者"（Pioneer）月球探测器的模型在一起。"先驱者"将进入环月球轨道，这在当时是一项雄心勃勃的计划，然而它却没有到达月球。

世界航天器全书

到水星的温度为 –183—187℃，水星的直径是 4885 千米，它有一个金属核，占了水星体积的 80%。

透过金星的云层

对金星的探测至少失败了 12 次，在"水手"2 号之前失败过 4 次。"水手"2 号是第一个成功的星际间探测器，它在 1962 年 12 月到达金星。这个质量 203 千克的探测器是在 1962 年 8 月发射并于 4 个月后到达目的地的。飞船的舱体上装有两块 1.52 米长的太阳能电池板，每一个都有 4900 节硅电池，最高能够提供 222 瓦

的电能。这个飞行器高 3.02 米，支撑着一个塔式桁架，实验所需要的 7 台仪器中的 6 台都安装在这个桁架上。

由于金星被厚厚的云层遮盖着，所以在飞船上并没有安装照相机。飞船上的微波探测计显示金星表面温度高达 425 摄氏度，这使人感到震惊。"水手"号探测器发现金星的二氧化碳云层的最厚处有 56—80 千米，这么多的二氧化碳产生了显著的温室效应。金星的神秘面纱被揭开了，它就像一个地狱般的世界，而不是之前许多人想象中的舒适的天堂。

第一艘穿越金星大气层的飞船是苏联

前页图：太阳系中所有的已经被宇宙飞船探测过的行星的合成画面。从太阳（图中最小的）开始依次是：水星、金星、地球、火星、木星、土星、天王星、海王星。

下图："水手"10 号是迄今为止第一艘探测过水星的飞船。这艘飞船 3 次飞经这颗离太阳最近的行星，在途中还巡访了金星。

上图："水手"2号于1962年发射，是第一个太空探测器，探测到金星的表面温度高达425摄氏度。

于1967年6月发射的"金星"4号。即使在降落伞的帮助下，这架飞行器可能也没能幸存到撞击金星表面。在距金星表面27千米高时，它停止发射信息。这时金星的大气压达到了地球的22倍，温度高达280摄氏度。"金星"4号的主要发现就是金星的大气层中有95%是二氧化碳。"金星"5号和"金星"6号在1969年发射，由于巨大的压力使它们的舱体在发射50分之后就裂开了。

"先驱者 – 金星" 1号

"先驱者 – 金星"（Pioneer-Venus）1号轨道器是第一个携带雷达成像系统的航天器，它利用这个系统穿过金星上覆盖的厚厚的云层并探测了金星的表面。

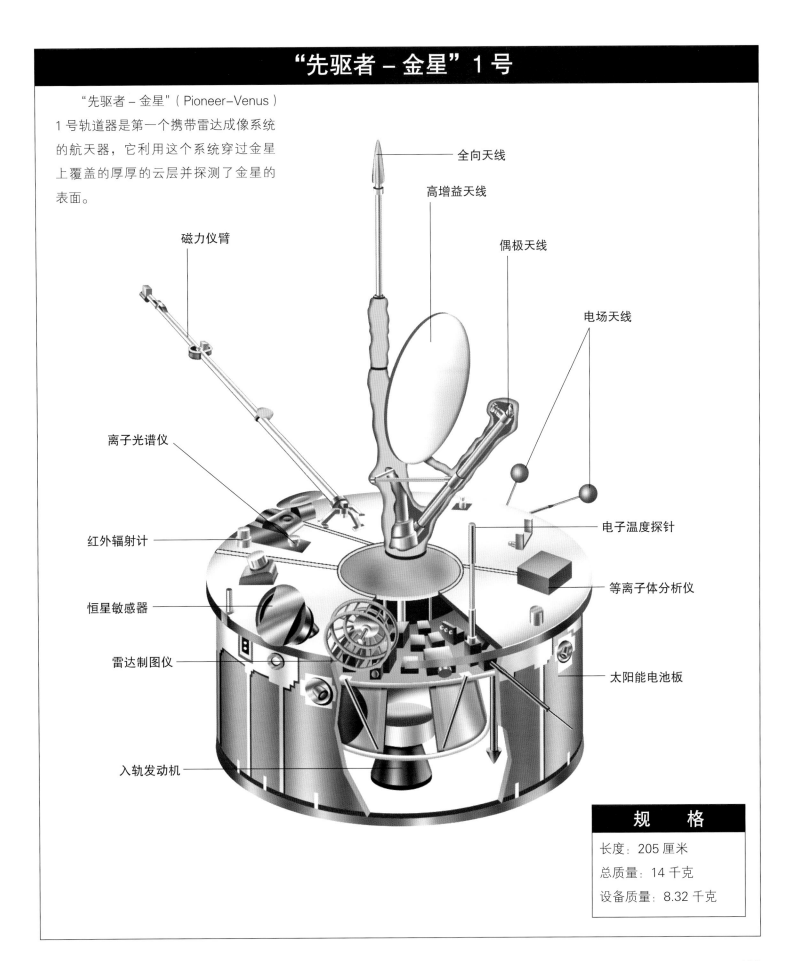

磁力仪臂

全向天线

高增益天线

偶极天线

电场天线

离子光谱仪

电子温度探针

红外辐射计

等离子体分析仪

恒星敏感器

雷达制图仪

太阳能电池板

入轨发动机

规　　格	
长度：205 厘米	
总质量：14 千克	
设备质量：8.32 千克	

上图："金星"（Venera）13 号和 14 号上的登陆探测器测量了金星土壤的化学特性，表明和地球上的玄武岩及花岗岩相似。

"金星" 7 号的太空舱是第一个在金星表面软着陆的航天器，它继续向我们讲述着金星探测的故事。"金星" 7 号在 1970 年 8 月发射，并于该年的 12 月到达金星。这艘飞船的舱体质量 500 千克，是经过大大加强的。探测表明，金星的表面温度高达 475 摄氏度，大气压力是地球的 90 倍。1975 年，"金星" 8 号和"金星" 10 号拍摄了第一批金星表面的图片。

后来的飞行器比早先的更复杂、更坚固。中间压力舱的直径是 1 米，上边装有一个可折叠的环形圈构成的震动吸收器，这个环形圈可用空气充气，在它的上部是一个直径 2.1 米的空气制动盘。由于行星

厚厚的大气层在很大程度上可以减缓飞行器下落的速度，所以舍弃了降落伞。"金星" 9 号到达的是一个山的底部，坡度为 15°—20°，测量到的温度是 460 摄氏度，大气压是 90 个标准大气压。第一批图像表明，金星的岩石表面和发光状况就像冬天时的阴天。后来，"金星" 13 号和 14 号带来了第一批彩色的金星表面图像。

金星的第一张雷达测量图是由"先驱者 – 金星"（Pioneer Venus）1 号获得的，它是在 1978 年 5 月发射，并在当年 12 月进入金星轨道。这个飞行器质量为 553 千克，直径 2.53 米，高 1.22 米，有一个圆柱形的舱体，在轨道上的转速是 5 转 / 分。14580 块太阳能电池安装在舱体的周围，能够提供 312 瓦的电功率。这个飞行器的固体推进剂制动火箭将它带到每 24 小时绕金星运转一周的轨道，这个轨道的近地点是 150 千米，远地点是 66899 千米。

雷达绘图仪能绘制在北纬 73° 和南纬 63° 之间大部分表面的地形图，图像的分辨率在 75 千米。这些图表明金星的表面令人惊讶，除了伊斯塔高地（Ishtar Terra）和爱芙罗黛蒂高地（Aphrodite Terra）均十分平坦。这两个高地分别和澳大利亚及非洲差不多大小，此外还有一座 10.8 千米高的火山——麦克斯威尔山（Maxwell Montes）。同时，"先驱者 – 金星" 2 号也到达了金星，它还携带了 4 个空气探测器，惊人地发现金星的大气几乎是由硫酸组成的（此处应为 30—40 千米处的高层大气——译者注）。

苏联的金星探索在 1985 年 6 月结束，两个"维加"（Vega）号航天器在飞向哈雷彗星（Halley's Comet）的一个汇合点上，

"金星" 9 号和 "金星" 10 号飞船

"金星" 9 号和 "金星" 10 号飞船在 1975 年 10 月开始环绕金星，并在金星表面登陆，发回了这个酷热星球的首张电视图像。

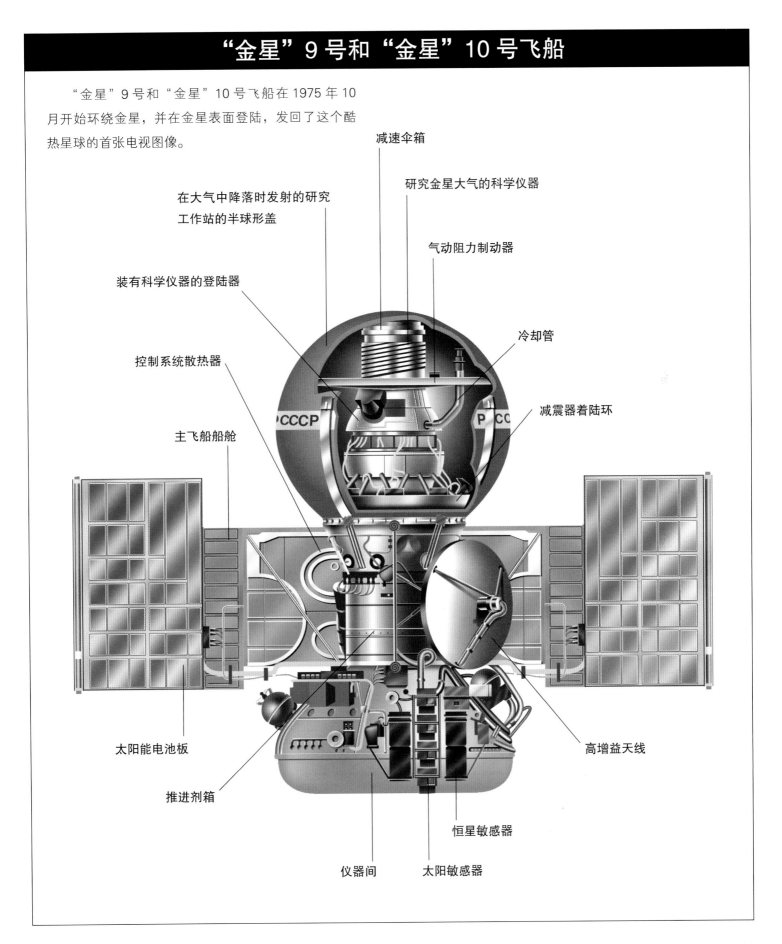

减速伞箱

研究金星大气的科学仪器

在大气中降落时发射的研究工作站的半球形盖

气动阻力制动器

装有科学仪器的登陆器

冷却管

控制系统散热器

减震器着陆环

主飞船船舱

太阳能电池板

高增益天线

推进剂箱

恒星敏感器

仪器间

太阳敏感器

释放了两个直径 2.39 米、质量 1.5 吨的回收舱。每一个都携带像标准的"金星"号飞船那样的登陆器，在海拔 55 千米时，放置了一个直径 3.54 米、外边涂着一层聚四氟乙烯的塑料气球，里边充满了氦气。在 13 米长绳索的末端绑着一个 3 段的吊舱，里边装有 9 台可以返回数据的仪器。

最后的、主要的金星探测任务直到 1989 年才开始，美国的航天飞机亚特兰蒂斯执行 STS 30 任务，在地球轨道放置了麦哲伦金星雷达制图仪，通过适时给火箭的上面级点火将其送往金星。这台质量为

3.44 吨，高 6.46 米，宽 4.61 米的航天器，进入金星的极地轨道开始了持续 3 年的、集中而详细的图像测绘任务。"麦哲伦"号以每轨道 1852 张的速率提供表面分辨率为 120 米的图像。这些壮观的图像拍摄的宽度为 17—28 千米，展示了麦克斯威尔山（Maxwell Montes）、环形山和神秘的烙饼状的圆丘和金星的其他一些特征。

飞向月球

第一个到达月球的人造物体是苏联的"月球"2 号飞行器。它是一个直径 1.2 米的铝镁合金球体，上边装有 3 台简单的仪器，其中的一台安装在突出的尾桁上。这个质量为 390 千克的飞行器，经过一天的高速飞行，仍结合在火箭的上面级上，在 1959 年 9 月 13 日开始以 3.3 千米 / 秒的速度垂直落向月球。它的信号传送在雨海边缘接近阿基米德火山的地方突然中止。

下一个成功到达月球的飞行器，是一个月后发射的"月球"3 号。这个质量为 278 千克，长 1.3 米，直径 1.19 米的飞行器携带了太阳能电池。对苏联来说，这是第一次。它的主要仪器是一个摄像 – 电视成像系统，10 月 7 日开始在离月球 65000 千米的地方运转，在 40 分内拍摄了 29 张图片，主要是此前从未看到的月球远端的图像。通过飞行器上的一个处理器，将这个 35 毫米的胶片冲洗、稳定并晾干之后，用一个光柱将其转换成每张分辨率 1000 线的电视图像传回地球，这些图片向人类展现了从没有看到过的月球背面的 70% 图景。这是一个了不起的成就，是太空时代重要的里程碑之一。

下一个主要的里程碑就是接近月球的

下图：1959 年 6 月 28 日发射的"徘徊者"（Ranger）7 号在月球着陆点上携带一组 6 架电视照相机。不像"徘徊者"6 号在照相机开启的那一刻就失效了，"徘徊者"7 号取得了巨大的成功。

左图:"月球"3号在1959年对月球远端进行的第一次勘查,是苏联取得的又一次成功。

图像。质量366千克的"徘徊者"7号飞船在传回4316张图片后以9316千米/时的速度垂直落向月球的云海。最后一张图像展现了一个由几百座小环形山组成的斑驳的表面。这些图像比之前在地球上通过望远镜看到的要好上千倍。接下来和"徘徊者"7号一样成功的,是这一系列中的"徘徊者"8号和"徘徊者"9号。这些"徘徊者"号飞行器就像"水手"2号一样固定在宇宙飞船的舱体上。其上部安装的是

上图：1959 年 9 月，第一艘撞击月球的宇宙飞船是苏联"月球"2 号飞船，它固定在火箭的上面级上。

1.5 米长的、像塔一样锥形的仪表装置，在它的末端是质量 173 千克由 6 架摄像机组成的电视系统，在拍照之后扫描这些在摄像机上记录的图像用作电视播放。

在月球上第一次"软着陆"的是 1966 年 2 月苏联发射的"月球"9 号飞船，但是严格来讲，这并不是一次真正的软着陆。这个附着在主飞船舱体上的 100 千克的"月球"9 号的表面舱飞向月球，在它上面装备了一架 1.5 千克的电视摄像机。在飞船垂直落向月球表面的时候，将一枚 4.55 吨的火箭点火以降低下落速度，直径 58 厘米的太空舱像主飞行器一样被弹射出来，以 22 千米 / 时的速度落向月球。这个

太空舱停止移动打开了 4 个"瓣"露出电视摄像机开始了传送，它工作起来就像一个用来发送的传真机。在 1 小时 40 分内，这架摄像机旋转 360° 产生一个分辨率 6000 线的全景，覆盖距离为 1.5 千米。粉状的土壤被各种不同形状的小石头覆盖，这证明月球的尘埃并不深，至少在风暴洋中是这样。

第一个真正软着陆的是美国的"勘察者"（Surveyor）1 号飞船，它在制动火箭的辅助下，在 1966 年 6 月落向月球。总共有 5 艘"勘察者"号在月球表面的不同部分软着陆，传回了一张张珍贵的图像来协助"阿波罗计划"的管理者选择月球登

"月球车"（LUNAKHOD）2号

1973年1月16日，"月球"2号在静海的勒蒙涅环形山（LeMonnier crater）的内部软着陆。月球探测的第一阶段在1月17—18日开始，"月球车"2号跳过玄武岩熔岩、环形山和巨石沿登陆点东南方向离开。地球上接收到的全景图像清晰地表明了周围的情况，包括与静海接壤的山。

规 格
质量：840千克
尺寸：221厘米
轮子直径：51厘米

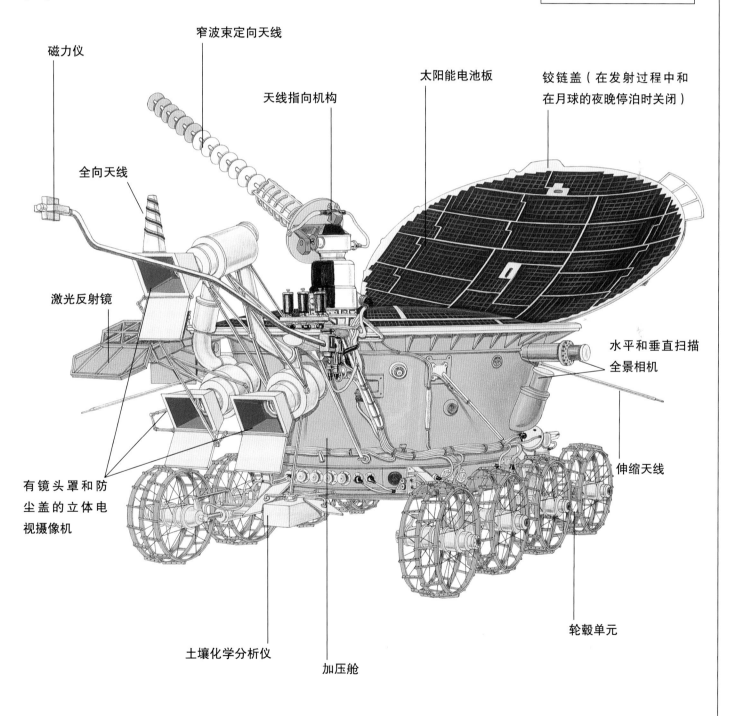

磁力仪

窄波束定向天线

天线指向机构

太阳能电池板

铰链盖（在发射过程中和在月球的夜晚停泊时关闭）

全向天线

激光反射镜

有镜头罩和防尘盖的立体电视摄像机

土壤化学分析仪

加压舱

水平和垂直扫描全景相机

伸缩天线

轮毂单元

上图：在1966年1月发射的、首次在月球上软着陆的"月球"9号飞船模型。

第一份到达地球的月球尘埃样品是苏联使用无人驾驶飞船"月球"16号获得的，这是苏联的第一艘软着陆登陆器。"月球"16号于1970年9月在月球登陆并由装载的月球收集器铲起土壤并把它放在位于上升段顶部的舱体内。这个直径0.5米，质量39千克的舱体最终携带了101克的月球物质返回地球，这些物质包括来自沃海（Sea of Fertility）的一个迷人的玻璃球。而此时"阿波罗计划"已经带回了成磅的岩石。

在"阿波罗计划"之前，苏联在1970年11月发射的"月球"17号上携带了一辆无人控制的"月球车"，这个结构复杂而不实用的机器看起来就像安了8个轮子的浴缸，质量756千克，高1.35米，长2.15米。它装有科学仪器和照相机，可以在地球上进行远程控制。每一个钛制的细孔轮子直径51厘米，由装在轴心上的电动机操纵。这个令人吃惊的"月球车"运行了11天，总共穿过雨海（Sea of Rains）行进了10千米。"月球车"2号在1973年发射。

探索火星

当苏联在金星探索上取得里程碑式成绩的时候，它对火星探索的尝试却是令人失望的，仅仅是"火星"5号飞船获得了一次成功。相反的，直到1996年损失了火星气象卫星和火星极地卫星之前，美国已经取得了惊人的成功。这促进了美国对未来火星探索的一次重要反思，这次损失导致了下一个登陆器发射计划的取消。

1964年12月发射的"水手"4号在第二年7月到达火星。探测表明，火星表面的许多部分和月球一样，覆盖着环形

陆点。此外，还有5个非常成功的月球轨道器作为补充。随着1966年"月球"10号的发射，苏联仍保持着月球轨道第一的声望。然而这被认为是打击美国月球轨道器计划的一次冒失的行动，而不是在其能力范围内的一项真正的计划。

"水手"9号飞船

　　"水手"（Mariner）9号是第一艘进入环火星轨道的飞船。1971年11月13日，它成功地完成一次制动后进入火星轨道，携带安装在扫描台上的广角和窄角电视摄像机，测量气体、离子和行星表面和上部温度的红外干涉光谱仪，识别上部大气中气休的紫外分光计，测量表面温度的红外辐射计在内的探测行星的仪器。当飞船到达时，一场尘暴掩盖了这个行星的许多特性。当灰尘消失时，摄像机获得了惊人的发现：一个比地球上的大峡谷还要大的、位于赤道附近的大峡谷，火山以及干涸河床的迹象。

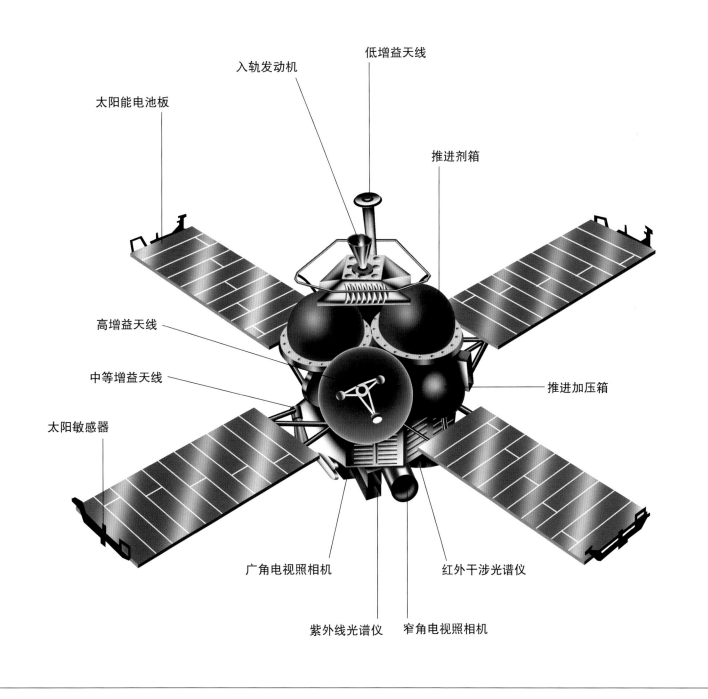

"海盗"号飞船

两艘"海盗"号飞船在火星表面进行了首次着陆，同时两艘母船从轨道上详细地调查了这颗行星。

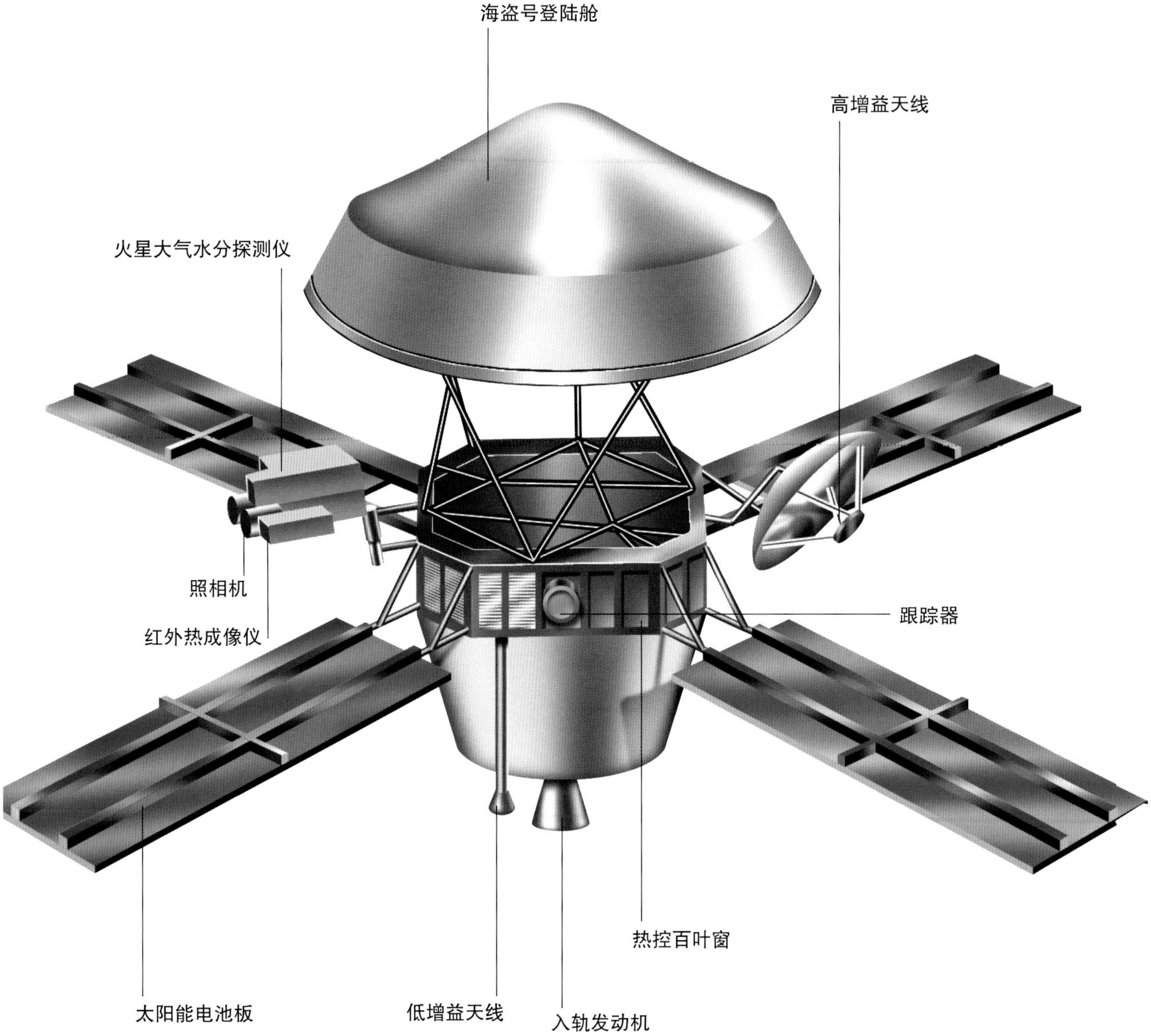

海盗号登陆舱

高增益天线

火星大气水分探测仪

照相机

红外热成像仪

跟踪器

热控百叶窗

太阳能电池板

低增益天线

入轨发动机

山。这个航天器的运载舱和后来飞往水星的"水手"10号是类似的，直径1.38米，高0.45米，装备有4块由7000个太阳能电池组成的电池板，能产生700瓦的电功率，还有一架电视扫描相机，当它经过这个红色星球并在距它9600千米的最近距离时，这架相机发回了21张图像。

这些图像包括从北纬37°到南纬55°的区域，每一幅图像都包含40000个单元，根据光量的不同转换成数字。其他的仪器在火星大气层中发回数据。这些图像中的许多都是相当模糊的，直到"水手"11号发射之后才能看到一些相对精确的细节，这时发现了称作亚特兰蒂斯（Atlantis）的区域，里边有几个环形山。这些少量的火星信息提高了人们对"水手"号后续飞行器的兴趣。

质量565千克的"水手"9号是在1971年5月发射并在当年12月成为火星的第一颗人造卫星，它进入一个80°的轨道，这能够极大地增强它的覆盖范围，可以覆盖火星上70%的表面。它将从安装在飞船舱中的一套仪器中获得进一步的数据，这个飞船舱像"水手"4号一样，上边还装备了制动火箭套件，这使它自身高度增加到2.3米。最初的图像表明，在一场巨大的尘埃风暴毁掉了火星表面时，"水手"号已经到达了那里，这场风暴持续到了1972年1月。这个航天器设法拍摄了"弗鲍斯"（Phobos）和"迪摩斯"（Deimos）等火星卫星的图像，显示出它们已经密密麻麻地布满了陨石坑和可能俘获的小行星。

在尘埃消失后，"水手"号的全景照片是壮观的，展现了一个丰富多彩的表面，表明不仅仅是早期的"水手"6号和7号发现的那样，尽是陨石坑，上边还出现了干涸的河床，包括一个4000千米长、100千米宽的水手号峡谷（Valles Marineris）在内的巨大峡谷，还有包括25千米高的奥林帕斯（Olympus Mons）在内的火山。"水手"9号的图片还被用来选择"海盗"号飞船计划的登陆点。

两艘"海盗"号飞船分别在1975年8月和9月发射，分别在1976年7月20日和9月3日到达火星。这两艘同样的"海盗"号飞船取得了惊人的成功。它们还发射了两颗对火星进行持续密集调查的轨道卫星，该调查始自"水手"9号。登陆器装在一个质量为366千克的透镜状的减速伞内，登陆伞垂直降落进火星大气层的上部，登陆器被保护起来以抵御1500摄氏度的高温。在海拔5千米时，打开一个直径16.2米的降落伞；在距火星表面1.4千米时，将抛弃减速伞，打开登陆器的腿。这个航天器有3个节门可调的引擎和4个可点火的推进器，能以2.4米/秒的速度

下图：克力斯普兰尼莎（Chryse Panitia）的壮观全景，是"火星探路者"在独立日登陆后不久发回的。

最初的星际探索

日 期	工 具	国家或地区	事 件
月球			
1959 年 9 月 12 日	"月球" 2 号	苏联	发射
1959 年 9 月 13 日	"月球" 2 号	苏联	在坐标 30° N，0° Lat 处撞击月球。是第一个到达月球表面的物体
1959 年 10 月 4 日	"月球" 3 号	苏联	发射
1959 年 10 月 6 日	"月球" 3 号	苏联	到达月球表面 6000 千米以内。发回第一张拍摄覆盖月球远端部分 70% 的图像
1964 年 7 月 28 日	"徘徊者" 7 号	美国	发射
1964 年 7 月 31 日	"徘徊者" 7 号	美国	在坐标 10.7° N，20.7° W 处撞击月球。发回第一张在撞击月球之前的高分辨率图像
1966 年 1 月 31 日	"月球" 9 号	苏联	发射
1966 年 2 月 3 日	"月球" 9 号	苏联	在坐标 7.13° N，64.37° W 处登陆。首次软着陆和拍到来自月球表面的图像
1966 年 3 月 31 日	"月球" 10 号	苏联	发射
1966 年 4 月 3 日	"月球" 10 号	苏联	进入月球轨道。成为第一颗月球人造卫星
1970 年 11 月 10 日	"月球" 17 号	苏联	发射
1970 年 11 月 17 日	"月球" 17 号	苏联	在坐标 38.28° N，35° W 处登陆。"月球车"是第一个月球探测器
金星			
1962 年 8 月 27 日	"水手" 2 号	美国	发射
1962 年 12 月 14 日	"水手" 2 号	美国	飞经离金星 34827 千米的地方。是第一颗金星探测器
1970 年 8 月 17 日	"金星" 7 号	苏联	发射
1970 年 12 月 15 日	"金星" 7 号	苏联	首次从表面传送信息，坐标是 5S，351° Lat
1975 年 6 月 8 日	"金星" 9 号	苏联	发射
1975 年 10 月 22 日	"金星" 9 号	苏联	第一次传送图片，坐标 32° N291° Lat。成为第一颗金星人造卫星
火星			
1964 年 11 月 28 日	"水手" 4 号	美国	发射
1965 年 7 月 15 日	"水手" 4 号	美国	飞到离火星 9600 千米的地方，第一次飞经火星并首次拍照
1971 年 5 月 30 日	"水手" 9 号	美国	发射
1971 年 11 月 14 日	"水手" 9 号	美国	进入火星轨道。成为第一颗火星人造卫星
1975 年 8 月 20 日	"海盗" 1 号	美国	发射
1976 年 6 月 19 日	"海盗" 1 号	美国	进入火星轨道
1976 年 7 月 20 日	"海盗" 1 号	美国	在坐标 22.483° N，47.94° W 处登陆。第一次登陆火星，拍摄表面图像和样本分析
1996 年 12 月 2 日	"火星探路者"	美国	发射
1997 年 7 月 4 日	"火星探路者"	美国	登陆火星。部署了第一辆火星登陆车，索杰纳（Sojourner）

日　期	工　具	国家或地区	事　件
木星			
1972 年 3 月 3 日	"先驱者" 10 号	美国	发射
1973 年 12 月 5 日	"先驱者" 10 号	美国	飞到离木星 130000 千米处，第一次木星探测和近距离拍照
1989 年 10 月 13 日	"伽利略" 号	美国	发射
1995 年 12 月 7 日	"伽利略" 号	美国	进入木星轨道。成为第一颗木星人造卫星和第一个进入木星大气层的太空舱
土星			
1973 年 4 月 6 日	"先驱者" 11 号	美国	发射
1979 年 9 月 1 日	"先驱者" 11 号	美国	飞到离土星 20900 千米处，第一次飞经土星
水星			
1973 年 11 月 3 日	"水手" 10 号	美国	发射
1974 年 3 月 29 日	"水手" 10 号	美国	飞到离水星 703 千米处
1974 年 9 月 21 日	"水手" 10 号	美国	在离水星 48069 千米处飞经水星
1975 年 3 月 16 日	"水手" 10 号	美国	首次靠近水星到 327 千米。第一艘探测水星的飞船，同时由于经过金星，也是第一艘同时探测两颗行星的飞船
天王星			
1977 年 8 月 20 日	"旅行者" 2 号	美国	发射
1986 年 1 月 24 日	"旅行者" 2 号	美国	飞到离天王星 71000 千米的地方。首次探测天王星。成为第一艘探测 3 颗行星的飞船（包括经过的木星和土星）
海王星			
1989 年 8 月 25 日	"旅行者" 2 号	美国	飞到离海王星 5016 千米以内。首次探测海王星。成为第一艘探测 4 颗行星的飞船
彗星			
1978 年 8 月 12 日	"国际日地探索计划探测器" 3 号	美国	发射
1978 年 9 月 11 日	"国际日地探索计划探测器" 3 号	美国	飞到离贾科比尼 津纳彗星（Giacobini-Zinner）7862 千米的地方，是第一个彗星探测器
1985 年 7 月 2 日	"乔托" 号	欧洲	发射
1986 年 3 月 14 日	"乔托" 号	欧洲	飞过哈雷彗星的彗发，飞到离彗星核 606 千米以内。首次对彗星、彗发进行探测
小行星			
1989 年 10 月 18 日	"伽利略" 号	美国	发射
1991 年 10 月 29 日	"伽利略" 号	美国	飞到离葛斯普拉（Gaspra）1604 千米之内。第一次小行星探测和近距离拍照
1996 年 2 月 17 日	近地小行星交会探测器	美国	发射
2000 年 2 月 14 日	近地小行星交会探测器	美国	进入环 "爱神星"（Eros）的轨道，第一颗小行星人造卫星

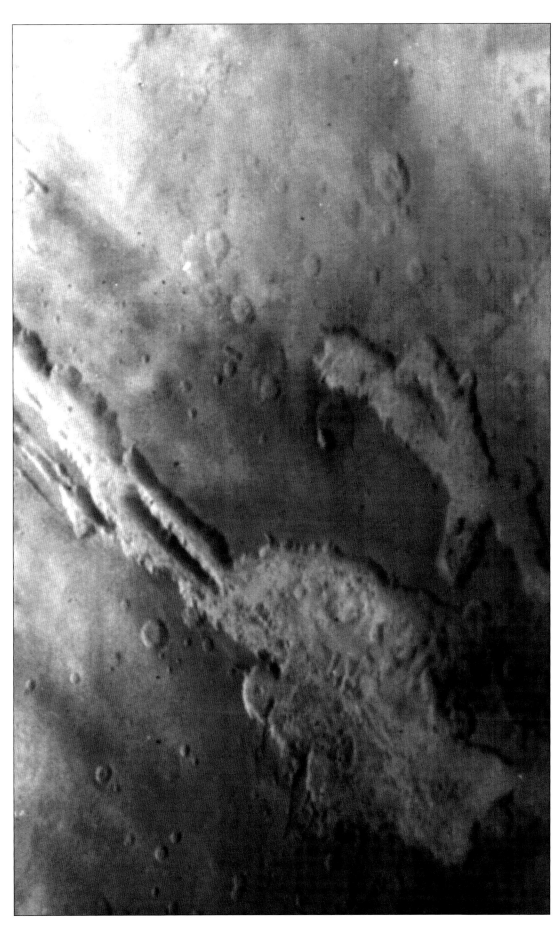

右图：由"海盗"号飞船拍摄的穿越火星表面的巨大峡谷——水手号峡谷（Valles Marineris）的清晰图片。

减慢这台飞行器的下落速度以便着陆。

登陆器是个六边形的铝钛合金制的舱体，在里边装备仪器，包括高度为2.1米的气象杆。登陆器的每条支腿上都有一个直径0.3米的着陆支架。登陆器的动力源是两个放射性的氧化钚放射性核素热电发电机。登陆器的上端还携带了机器人手臂用来收集土壤，机器人手臂长3米且安装有铲。这些土壤存放在一个内部实验室里。该实验室包含了一个生物分配器、气相色谱–质谱联用仪和一个X射线分光计，使用包括加热样本、增加水和养分在内的有创意的方法来探测火星上的生命迹象。

然而，并没有确切的证据表明火星上有生命的存在。这两台登陆器发回了锈迹

斑斑的表面、遥远的地平线、粉红色的天空和二氧化碳冰冻的表面等壮观的画面。火星的大气层几乎全部是二氧化碳，表面压强是760帕，在冬季时将下降30%。在正午时探测到的温度是零下33摄氏度，最大风速是51千米/时。"海盗"1号和"海盗"2号的登陆是人类太空探测的两个重要里程碑，下一个里程碑是1997年的"火星探路者"号，它吸引了世界范围内的互联网用户的关注，尤其是它的小探测器"索杰纳"（Sojourner）。这个任务花费2.65亿美元，与"海盗"号花费的10亿美元相比，反映了今天空间计划的预算是多么有限。

1996年12月发射的"索杰纳"登陆

上图：这台质量9千克的"索杰纳"登陆器，在1997年7月安装在"火星探路者"号飞船上，由地球上的控制系统控制。

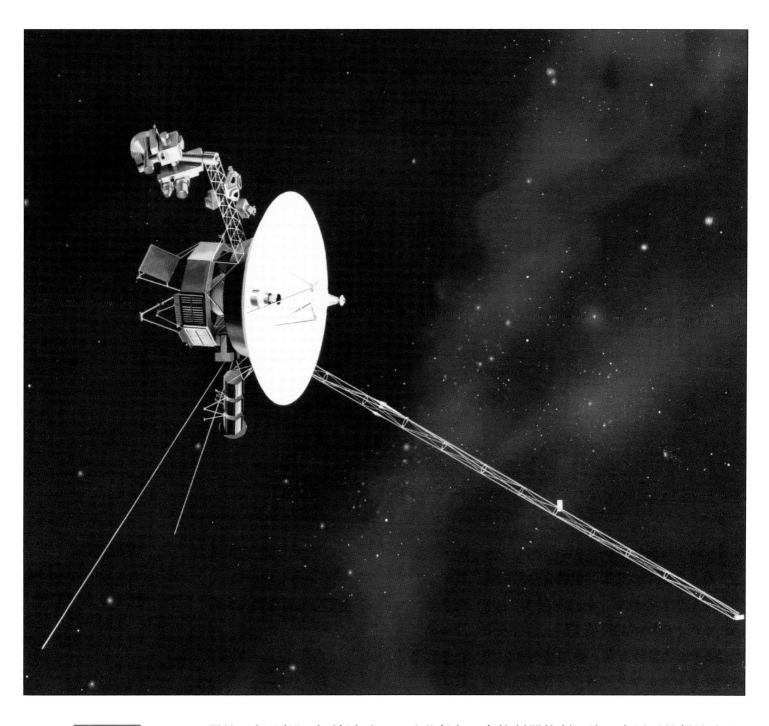

上图："旅行者"2号穿越行星际空间的非凡冒险旅行中，探测了4颗行星：木星、土星、天王星和海王星。

器是"发现者"系列任务之一，这些任务用来展示对火星表面的低成本探测。"索杰纳"是一台六轮的交通工具，和微波炉一样大小，安装在一个摇杆－转向架的悬架上。这台探测器装载在"火星探路者"号上。1997年7月4日从主航天器上脱离之后，这台质量为9千克的探测器，装在一个充氦气的气球内。这艘飞行器由地球上的一台控制器控制，从一个展开的斜坡滚下，它的导航是通过使用飞行器和登陆器获得的图像来进行的。登陆点是一个巨大的冰水沉积的平原，位于靠近火星上克里斯平原（Chryse Panitia）的阿瑞斯峡谷（Ares Vallis），坐标是19.33° N，33.55° W。这是火星上最大的泄水渠，可能是巨大的洪水在短期内流入火星北半球的结果。

巨行星之旅

第一艘探索木星（太阳系最大的行星）的飞船是 1972 年 3 月发射的"先驱者"（Pioneer）10 号，它在 1973 年 12 月到达了目的地。这艘 258 千克的"先驱者"号飞船的运载舱是六边形的，里面装有电子设备，在它的上端是一个 2.74 米宽铝制的蜂巢状的巨型天线。由于在木星上的太阳光强度仅是地球上的 4%，所以在这艘飞船上并没有安装太阳能电池。取而代之的是在飞行器末端的两个尾桁上安装两个核辅助动力系统——放射性核素热电发电机，使用的燃料是钚 238，能够提供 140 瓦的电功率。在另外一个 6.55 米长的尾桁上安装一个磁力计，还有包括望远镜和探测器阵列、电视摄像机等在内的 10 台仪器安装在运载舱上。

在"先驱者"号的一边上还携带了一个铭牌，它描述了人类以及他们在太阳系中的位置。如果还有其他文明存在的话，这个铭牌就是为他们有朝一日发现这个飞行器准备的。"先驱者"号获得了 300 多张木星的图片，这些图片的分辨率比在地球上用最好的望远镜看到的图像还要好很多。它们包括巨大的辐射带对木星的破坏造成的环绕木星的巨红斑。"先驱者"10 号的姊妹号"先驱者"11 号在 1973 年 4 月发射并在 1974 年 12 月到达了目的地。这艘飞船第一次将行星作为弹弓使用，即当飞过木星的南部的时候被木星的重力场吹向北方，飞向土星。

接下来访问木星的是 1979 年发射的"旅行者"（Voyagers）1 号和 2 号飞船。自从"先驱者"号之后，拍摄的木

左图：在木星地平面上看到的火山活跃的、含有硫黄的卫星木卫一，正向空间喷涌物质。木卫一的表面被木星巨大的引力撕破。

215

卡 西 尼

　　"卡西尼"（Cassini）项目代表着美国国家航空航天局（提供土星飞船）和欧洲空间局（建造大气探测器）的一次重要合作。土星以拥有22颗卫星闻名，这些卫星的直径从几千米到超过5000千米。土卫六是土星最大的卫星，直径5150千米，比水星的直径还要大。"惠更斯"（Huygens）探测器从"卡西尼"飞船上分离，在2004年垂直下落穿过土卫六的云层。

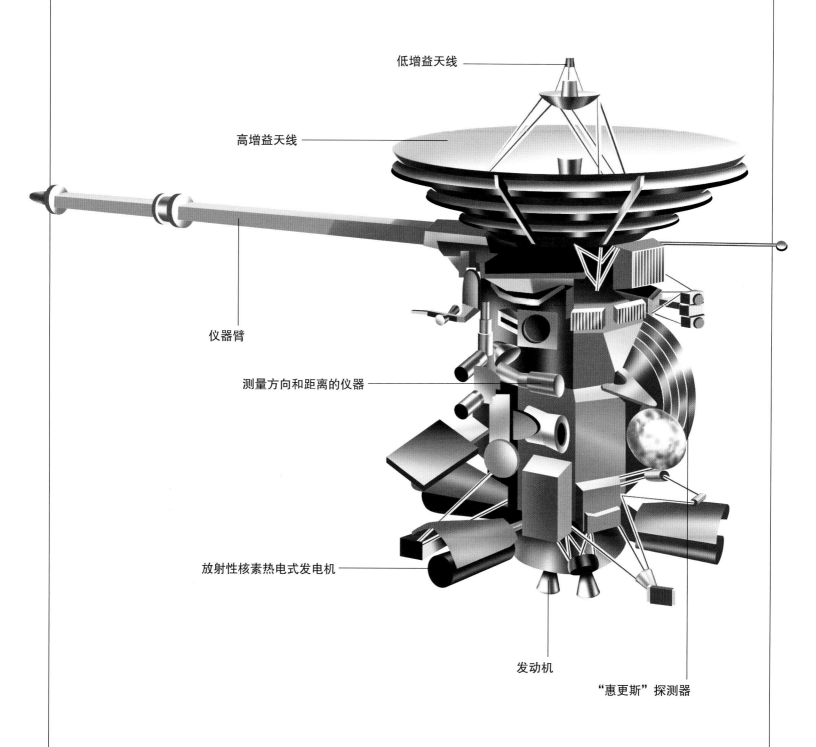

低增益天线

高增益天线

仪器臂

测量方向和距离的仪器

放射性核素热电式发电机

发动机

"惠更斯"探测器

星图像质量已经大大改善了。最引人入胜的木星图片是木星最大的 4 颗卫星——木卫一（Io）、木卫二（Europa）、木卫三（Ganymede）及木卫四（Callisto）。

　　下一个到访木星的航天器是"伽利略"（Galileo）号。这是第一次进入环木星轨道，并且首次部署了一个下落舱进入木星厚厚的大气层的航天器。这个航天器是由"亚特兰蒂斯"号航天飞机在 1989 年 10 月送入太空的，飞往木星，并分别在 1990 年和 1992 年两次经过地球，在 1990 年 2 月经过金星。飞行途中在重力的辅助下并经过速度变化，使"伽利略"号成为第一个到访小行星的宇宙飞船，它在 1991 年 10 月经过小行星葛斯普拉（Gaspra），在 1993 年 8 月经过艾达（Ida），并拍摄了第一张主带小行星（Main Belt Asteroids）的特写图片。"伽利略"号是一个巨大的飞船，质量为 2.22 吨并装有一个高增益

天线，然而却没能正常地打开。尽管工程师们尽最大努力找到了使用替代系统的方法，然而这却大大减少了"伽利略"号能够传回地球的数据。"伽利略"号的主要载荷是质量 339 千克的着陆器，这台着陆器在 1995 年 7 月在距木星 8000 万千米时被释放出来，12 月进入木星的云盖，验证了在离木星 50000 千米远的地方存在着一个辐射带。离木星更近时，它仅仅探测到了一个云层，风速 640 米／秒。在进入高压、高温的大气层之后，打开了降落伞并在云中追踪到有机化合物。这个探测器在被巨大的压力摧毁之前幸存了 75 分。"伽利略"号在 1995 年 12 月 8 号进入轨道，开始对木星和它非常个性化的卫星进行划时代的探测，尤其是火山遍布的木卫一和被冰覆盖的木卫二。这个探测持续到了 2000 年。

有环行星之旅

　　土星以有环行星著名，在产生第一个观察土星的望远镜之后的 400 多年里，它引人入胜的星际系统使许多天文学家着迷。第一个土星环的特写图像是由"先驱者"11 号在 1979 年 9 月获得的，之后"旅行者"1 号和"旅行者"2 号也获得了特写图像。从图中发现土星的环状系统是由数千个单个的小环组成，这些环的成分是冰和最大直径为 1 米的岩石颗粒，所有的这些在行星重力的作用下聚集在一个轨道上。这艘飞船还拍到土星卫星的令人吃惊的图片，包括高深莫测的土卫六（Titan）。这些卫星都覆盖着厚厚的由氮组成的大气层，这使行星科学家和生物学家非常心急，促成了未来的土星探测器和土卫六登陆器的发展。

"乔托"号探测器

为了和8个月后的哈雷彗星会合，"乔托"号（Giotto）探测器在1985年7月2日由"阿丽亚娜"火箭发射。这艘旋转稳定的飞船携带了10台科学仪器来研究彗星，包括照相机，中子、离子、灰尘质谱分析仪，灰尘影响探测系统，等离子分析仪，磁力计，高能离子试验装置、光学探测器等。

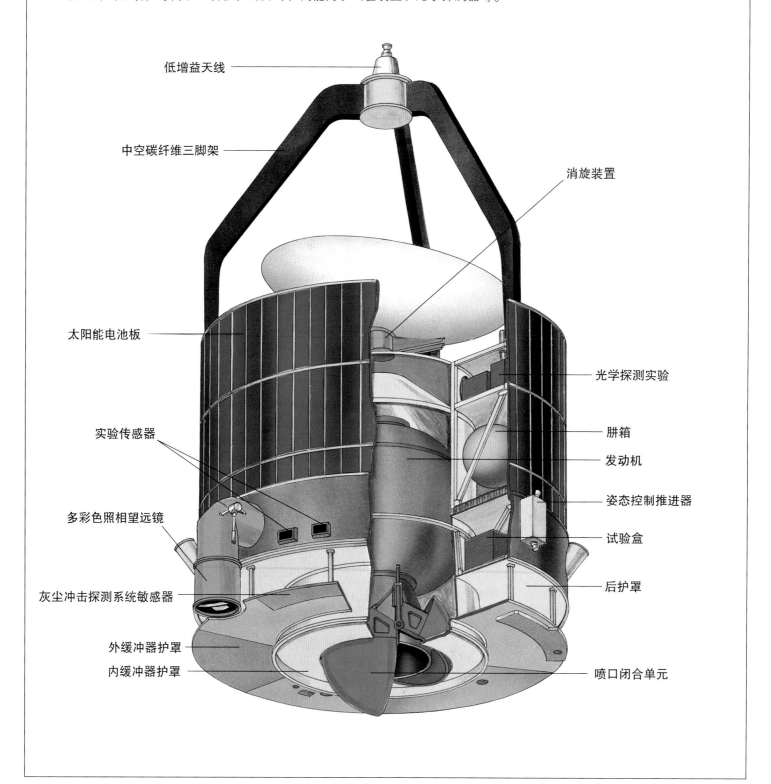

低增益天线

中空碳纤维三脚架

消旋装置

太阳能电池板

光学探测实验

实验传感器

肼箱

发动机

多彩色照相望远镜

姿态控制推进器

试验盒

灰尘冲击探测系统敏感器

后护罩

外缓冲器护罩

内缓冲器护罩

喷口闭合单元

左图：这艘非凡的"乔托"号飞船在一次"自杀任务"——穿越哈雷彗星的彗发后幸存，然后探测了另外一颗彗星。

在"旅行者"2号经过土星的途中，将行星的重力作为一个弹弓，把它送到天王星和海王星的交会点。这艘质量825千克的"旅行者"2号的主要部分，是直径3.66米的用作X波段和S波段通信的天线。天线下边是飞船的舱体，上面有3条悬臂和1支扩展天线。其中一个悬臂上安装了包括广角和窄角照相机在内的大部分仪器。"旅行者"1号和2号都携带了直径30厘米的盘状镀金铜唱片，还有一个针

和安装在舱体一边上的操作指令。唱片内包含了地球上自然的声音和90分的音乐、115幅模拟图像和60种语言的问候，这个唱片和留声机的唱片类似。

天王星在视觉上是令人失望的，在它的氢、氦、甲烷组成的绿色大气里上下之间的差异很小。然而，它的卫星之一天卫五（Miranda）却是曾经破裂并再次融合到一起的。在海王星上的大气层的上部，风速是2000千米/时，它的卫

上图：1972 年发射的"先驱者"10 号，是传奇的星际探测器，在从太阳系离开之前对木星进行了首次探测。

星海卫一（Triton）温度是 –235 摄氏度，是太阳系中最冷的物体。

彗星

在经过漫长的等待之后，1986 年哈雷彗星重返地球。在它有规律的访问中，当它在深空中漫长又孤独的轨道中首次临近太阳时，它被加热并像阿司匹林在水中冒气泡似的流出一些物质。这个奇观由苏联、日本、美国和欧洲国家的卫星从近距离观测到了。

这次表演的明星是欧洲的"乔托"号

（Giotto），这个探测器的设计路线是通过彗星的彗发，这是历史上著名的和未预告的飞行之一。"乔托"号是在英国制造的一架稳定旋转的鼓形飞行器。发射时质量960 千克，直径 1.867 米，高 2.848 米。在与彗星的实际遭遇中，以 4 转 / 分的速度稳定旋转。"乔托"号由一个铝制护罩和一种叫凯夫拉（Kelvar）的特殊合成材料制成的护罩像三明治一样夹着保护起来，相互之间间隔 23 厘米。这个护罩是为了保护这个飞行器以避免彗星尘埃和颗粒的冲击，因为它穿过彗星飞行时速度高达 68

千米／秒，以这个速度能在 1.5 分内横穿大西洋。这个飞行器周围的 5000 块太阳能电池为它提供 190 瓦的电功率，它还装备了包括照相机、尘埃分析仪和尘埃探测仪在内的 10 种实验设备。

这个著名的"乔托"号在 1986 年 3 月 13 日从哈雷彗星彗发的上部穿过，发现有 10 吨／秒水分子和 3 吨／秒尘埃被扔出彗星，把"乔托"号的护罩都损坏了，这在传送回地球的声音中可以听到。在距离彗星 18000 千米时发回的最好的图像表明，彗星的核长 15 千米，宽 7—10 千米，并在"山"和"谷"组成的波浪起伏的表面上有两个巨大的喷射源，尘埃和气体从这里被喷出。

小行星探测器

尽管"伽利略"飞船在飞往木星的途中靠近过主带小行星葛斯普拉和艾达，但第一艘在任务中专门近距离探测小行星的是 2000 年 2 月进入环小行星轨道的近地小行星交会探测器（NEAR）。这个任务中的小行星是爱神星（Eros），而不是在火星和木星之间的主带小行星，它处于接近地球的椭圆形的环太阳轨道中。近地小行星交会探测器在 1997 年 2 月发射，在 6 月接近小行星梅西尔德星（Mathilde），并在 1999 年 2 月进入爱神星的轨道。虽然计算机和引擎的错误导致了计划的中断，但是近地小卫星交会探测器被挽救并在比预先计划时间的一年后安全地到达爱神星。

作为美国国家航空航天局探索计划的一部分，这个探测器质量为 805 千克，安装在一个 1.5 米高的六边形舱体上，从它的底部展开的 4 块太阳能电池板，使用砷化镓电池能够提供 1.8 千瓦的电功率。近地小卫星交会探测器进入环爱神星的 366 千米和 200 千米之间的较低轨道。美国国家航空航天局将近地小卫星交会探测器在 2000 年 4 月 30 日移近到 50 千米，作为综合性的成像和检测过程的一部分，在进入更深的轨道之前它在那里停留了两个多月。

虽然希望使近地小卫星交会探测器能够在离小行星表面几千米内飞行，甚至以非常慢的速度接触它并在它表面造一块"擦皮"，但是近地小卫星交会探测器的爱神星轨道计划仍被缩小。近地小卫星交会探测器除了携带一个 CCD 可见光成像仪，还携带了给小行星组成成分进行绘图的 X 射线和伽马射线分光仪，以及一个激光高度计。最初的图像证明了分层结构的存在，这可能表明这颗直径 33 千米的小行星是一个大的母体在破碎分离后的一个残余物。图像还显示了一个环形山，这比在飞经主带小行星时观测到的密度还要高。

下图：一个由近地飞船拍摄的图像的合成图像，展现了小行星"爱神"的旋转。

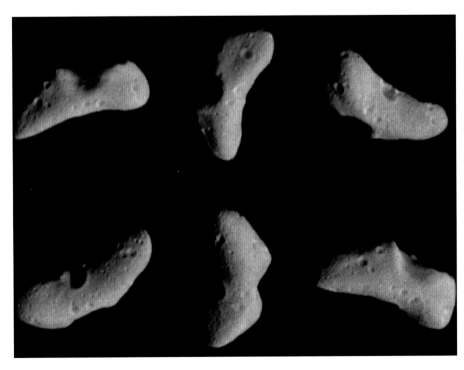

十
未来的航天器

——

　　预言未来的太空探索和人类在太空中如何开采可利用资源是十分困难的。媒体的预期与企业的吹嘘给太空旅行和太空探索的价值带来了一种怀疑和不确定性的气氛。对大多数人来说，"阿波罗计划"和人类成功的登陆月球，正是人类探索太空事业的顶峰。

　　20世纪 70 年代是这样一个时代，几乎是对太空计划无限制的过度预算。从那时起，太空科学家和工程师，被要求论证能支持未来太空事业发展的预算。然而完全可重复利用的飞行器和事先大肆宣传的航天飞机——"冒险之星"号（VentureStar）可能永远也飞行不了。

　　现有的航天飞机经过一些改进，如更换新的液体助推器后可一直使用到 2015 年，而像"冒险之星"号这样的飞行器距离成功还有很远的路要走。实际上，几种新的火箭正在研制当中，如"宇宙神"（Atlas）5 号和"德尔塔"（Delta）4 号，它们仍然是冷战时期导弹技术的延伸。

　　在太空探索领域中，几个近期的航天器发射计划得到了完全的资助，包括计划在 2003 年发射尝试首次登陆彗星的"罗塞塔"（Rosetta）号。其他探索性的航天器仍在通往目标的路上，其中有"卡西

左图：一位艺术家对未来"红色星球"——火星表面进行载人探测任务的展望。

尼－惠更斯"号（Cassini-Huygens），它已经于2004年到达了土星。此外，还有"星尘"号（Stardust），正准备带一些彗星尘埃样本返回地球。

至于火星探索，由于1999年10月和12月两次航天器任务的失败，已经引起了对美国国家航空航天局计划的深刻反思。2005年设立的计划的最终目标，就是把火星上的岩石样本带回地球，现在看来这一计划可能要拖很久。一个非载人的火星降落任务，已经被美国国家航空航天局取消了。

新的航天技术，如航天器人工智能和以更大的速度推动航天器穿梭于太阳系，正在被"深空"（Deep Space）1号在太空中展示，这是NASA新千年计划的一部分。

相比之下，预测太空应用的趋势可能相对容易一些，如通信和导航。由于通信卫星能够提供任意两地间的即时访问，而且可以通过提供对互联网的访问和相关服务的方式来支持个人通信需求，使它变得越来越重要。星基的全球定位系统将是我们日常生活中不可或缺的一部分，因为它可以帮助我们驾车驶至目的地并避免交通堵塞。

至于飞往火星的载人飞行，至今仍属于科幻小说的王国，它最早也不可能在2020年之前实现，除非像诞生了"阿波罗"技术那样各种因素被独特地结合、世界局势再度紧张和政治意愿再次出现。太空旅行也许将成为可能，但旅行者会为太空飞行花费数以亿计的美元甚至更多。

最后，未来的太空，特别是人类的太空旅行，不管是飞往国际空间站的航天飞机飞行，还是一位旅行者的短途太空旅行，都将会对安全有很高的要求。在太空飞行是要冒险的，不过在200次载人的太空飞行中仅有包括1986年航天飞机发射失败在内的3次致命的飞行事故，这是一个很了不起的成就。但我们必须承认，事故仍将会发生。

航天飞机或任何其他的载人航天器的损失，尽管是一个悲剧，但是对未来的进步来说，还是值得的。因为值得冒险，所以事故是可以接受的，航天飞机和其他的飞行器也会继续飞行，或许会在情感上给予交代，如指派一个总统委员会对它进行

下图：移动和多媒体通信卫星将是卫星发射行业最大的商业增长点。

左图：附着在国际空间站上的航天舱。每一个主要组成部分都需要一次航天飞机运送，而且需要多达 40 个这样的舱才能完成整个空间站的建造。

调查、计划被强制用数年时间进行重新设计等。

改进航天飞机

　　在航天飞机被研制中的新航天器替代之前，耐用的航天飞机在 2015 年可能还在飞行。之后，新的飞行器也仍然在设计当中，虽然现在的航天飞机看起来和 1981 年首飞时相差无几，但是已经对它做了许多关键的改进，而且这些改进仍将持续。

在航天飞机的动态发射过程中，甚至毫秒的变化都将产生显著的差异。首个重要的革新就是所谓的"玻璃驾驶舱"，这些玻璃驾驶窗能使飞行员更快地作出反应，从而在避免灾难中处于更有利的位置。美国国家航空航天局将给其所有的轨道器都换装上新的波音 777 风格的玻璃驾驶窗。玻璃驾驶舱已经被安装到了"亚特兰蒂斯"号航天飞机上，那些过时的电子机械式驾驶舱显示屏，如阴极射线

右图：航天飞机轨道器和国际空间站对接，加拿大的机器人手臂从有效载荷舱中卸载货物。这个手臂是国际空间站机器人操纵系统的一部分。

右页图：航天飞机新的玻璃驾驶舱，于2000年在"亚特兰蒂斯"号航天飞机上首次露面。最终，每架航天飞机轨道器都要换上这种新系统。

管屏幕、仪表和仪器，将被更换为11个全彩平板屏幕。这些屏幕能使航天飞机上的航天员通过二维或三维的彩色图像和视频，轻易地获得飞船信息管理系统的关键信息。

新的系统通过易读图的形式改进了乘务员/轨道之间的交互，它不但能让飞行员获得关键的飞行指标，如飞行器位置

显示和速度，同样也减少了维修过时的系统所付出的高昂成本。每一台显示器质量为8千克，面积为20平方厘米，功耗为67瓦，屏幕的分辨率为172点/英寸。硬件由11台液晶的多功能全彩显示器（multifunction display units，MDU）组成。4台多功能显示器直接替换了先前使用的4台黑白显示器。两台分别代替了指令长

和飞行员的飞行仪器，一台多功能显示器代替了飞行尾部驾驶舱上的在轨机动仪器，剩余的两台MDU多功能显示器代替了指令长和飞行员的状态显示屏。输入命令和数据的键盘，以及旋转和直线手控制器和许多其他的驾驶舱开关没有更换。

其他计划中的航天飞机改进包括电子附属动力系统，它们将取代现存的、维修价格昂贵的肼动力单元。最初用于发电的氢氧燃料电池，可能被更大能量的质子交换膜燃料电池所取代。同时，可能引入一个航天飞机主发动机高级健康管理系统，用来提高安全性能并减少周转成本。另一个计划中的升级，是把航天飞机的主动力系统推进阀，从气动升级到电子机械制动。其余的升级则是为轨道器的底部更

换更耐用的热防护系统瓦，以及主要起落架的轮胎和改进的中止系统。每一个单独的改进可能看起来都不是很重要，但作为一个整体，先进的航天飞机系统将能使它飞更多年。

一个使航天飞机看起来非常不同的改进，是更换的返回式液体助推器（LFBB）。虽然航天飞机的两个固体火箭助推器是有效的，但对于安全系数的改进很小，而且也不能提供多样化的飞行控制方案。虽然它并没有被全额资助，但是航天飞机轨道器上的固体火箭助推器，仍可能被液氧液氢助推器取代。返回式液体助推器将装备翼，当被抛弃后就像飞机降落在跑道上一样会自动返回到肯尼迪航天中心。返回式液体助推器将会做得更安全、更可靠、更

右图：1996年最初设计的"冒险之星"号是流线型外形，拥有一个内部货仓，X-33的下一次飞行计划在2001年（实际上该试验机于2001年中止。——出版者注）。

冒险之星

"冒险之星"项目的经验及其所采用的技术，都为研究新型航天器提供了很好的启示。"冒险之星"是由洛克希德·马丁公司（LocKheed Martin）和美国国家航空航天局于1996年提出的，它的要求之一是乘客在10年内能在太空中飞行，所以很多人期待"冒险之星"能在2004年开始商业运营。它的成本只有航天飞机的1/10，一年能发射20次。为了研发"冒险之星"，洛克希德·马丁公司先以缩小尺寸比例的实验机作先期的尝试验证，此即称为"X–33型实验机"，它计划在1999年3月第一次飞行。一个全尺寸的冒险之星的开发将会耗费数以10亿计的美元，而且还有许多技术困难需要克服。

X–33计划不可避免地被推迟了，它影响了规划中的2001年的第一次飞行。它的延迟表明宇宙飞船与航线型的空间飞行器之间的差距是如此之大，以至于需

要先经历一个过渡时期和一个新一代的航天器。同时，X–33更多地被视为一架先进的技术验证机，而非一个"冒险之星"号的雏形。"冒险之星"号本身被大面积地重新设计了。

上图：X–33的关键技术是尾部安装的线性塞式发动机，它能在飞行中将飞行器推进到亚轨道。

便宜并比固体火箭助推器表现出更优良的性能。

一架新的航天飞机

到2005年，美国国家航空航天局计划提出了经过改进能取代航天飞机的各种交通工具。与此同时，在新一代航天器研制成功之前，美国国家航空航天局将继续使用航天飞机执行任务。据一些太空工程师的看法，如果因某种原因，可实用的航天器到2015年也没能开发出来，那么航天飞机系统也完全能够运行到2030年。

在这一阶段，没有人真正知道新的飞行器是什么样子的。许多种可能的形式都被提了出来，其中最有名的可能就是"冒险之星"号。任何一个可能取代航天飞机的飞行器必须具备其安全性以及仅为航天飞机1/10的运行成本。

一架典型的航天飞船飞行任务预算可能会超过5亿美元。为了制造这么一个飞行交通工具，可能需要很多验证机来测试关键的新技术，以使太空旅行能像飞机在航线上飞行一样的常规化。

X–33先进技术验证机就是一个例

子。这艘有翼的"德尔塔"飞行器是"冒险之星"号的半尺寸模型，它的设计尺寸是长38米、质量为12.38吨。从2001年开始，它将进行15次试飞，最终在2003年以4420米/秒的速度在海拔91.5千米的高空飞行。它在新的线性塞式发动机的推动下垂直起飞，并在长达14分1500千米的旅途后像飞机那样在普通跑道上自动着陆。

塞式喷管发动机代表了最先进的太空技术，同样也是有史以来最大的挑战。发动机运行起来就像一个火箭发动机，消耗液氧和液氢。然而，它的喷嘴是由几个卷曲的喷嘴斜面组成，这些斜面形成了发动机的结构。多个燃烧室被成排地安装在上部和下部斜面的前端，斜面是由铜片制成的。在斜面后侧铣削出一些沟槽，并将一个钢合金板用铜锌合金焊接到上面，从而产生一个通道使液氢能被抽入来冷却斜面，同时发射出羽流来自动调节高度，在周围压力减少的时候进行扩展。这能使塞式喷管发动机比传统的钟形喷嘴的

右图：线形航天器对 X–33 和"冒险之星"号计划的成功，是非常重要的。这里很多的燃料舱都附在一排。

火箭发动机具有更高的推进效率。羽流的扩展可以自动优化其性能。尽管如此，发展和测试这种引擎被证明是困难的，同时也使这项计划被推迟了。

除了塞式喷管发动机，X-33 中的先进技术还包括轻型复合材料和新的热防护系统。复合材料计划被用来建造发动机的液氢和液氧推进剂箱。尽管如此，在设计上的困难还有推进剂箱泄漏的可能使设计退回到用更重的推进剂箱，这样就失去了该计划的一个优势，减少了飞行器

的净载重并降低了性能。甚至在这一挫折以前，速度比计划的最大 5100 米 / 秒降低了。

"旋子"助推器

另一个未来派的概念将是有人驾驶"旋子"（Roton）助推器，它将像火箭一样起飞，像直升机般着陆。加利福尼亚旋转火箭公司（Rotary Rocket Company）希望它的"旋子"助推器成为世界上第一艘单级入轨（SSTO）可重复使用的商业助推器。

上图：最新的"冒险之星"号的构造，它外部装有一个背骑式载荷装置。

上图："旋子"助推器起飞像火箭，登陆像直升机，这是试飞时的一张图片。

地着陆。在动力飞行期间，该旋转翼被很简单地折成平板靠着飞行器的两翼，它们在有人驾驶降落的时候被使用。旋子火箭喷气机引擎以 2.2×10^6 牛的推力和旋转高度补偿，利用离心力来使煤油燃料旋转以及将液氧氧化剂从几十个小燃烧室（在火箭底部被排列成一个环形）喷出，这种简单的设计消除了对重量大、价格高昂的涡轮泵的需求。

一艘"旋子"的原型在转子的推动下，被用来在地球大气层中测试迫近与着陆。在做了一系列的"兔子跳跃"测试后，飞行器最终到达了 1.52 千米和 2.44 千米的高度。随后将进行另一架试验飞行器的火箭动力试飞，在"旋子"进行轨道飞行之前要进行大量的亚轨道飞行。这艘"旋子"将在所有开发和运行的过程中由两名飞行员来引导，驾驶舱在飞行器的尾部而非前部。飞行测试小组的成员是来自军用和民用飞行测试项目的、经验丰富的毕业生，他们对最新的高性能飞机和旋翼机的操控了如指掌。

这家公司尽管在 2000 年经历了一次财政危机，但是仍然坚信"旋子"操作更安全，因为它是有人驾驶的。"旋子"和大型客机一样有多个发动机。大型客机能在遇到紧急情况的时候返回到地面，这种能力"旋子"也同样具有。虽然它像一架飞机一样是高度自动的，但是工作人员还是能够在系统出现故障时迅速介入。"旋子"仅携带波音 747 所需的 1/15 的煤油，能在 30 平方米的目标范围内降落，而非波音 747 所需的很长的跑道。

这种"旋子"助推器的最初目标是瞄

如果使用快速返回的发射器群，将能提前宣告常规的商业太空运输的到来。旋转火箭公司虽然有启动资金，但还需要更多的资金来使这项工程变成现实。

这家公司的名字，是参照了它的火箭喷气发动机的旋转式抽送运动，以及用以降落的自由旋转直升机风格的桨叶。使用直升机风格的转子将能使旋子平静而精确

准卫星运载火箭市场，但后来可能被用于运输乘客从亚轨道或轨道上进入太空。其余的技术验证机如 Hyper-X 和 X-34 也同样在试飞中，但是很显然常规空间旅行的道路将比计划的更漫长。

第一个彗星登陆者

欧洲空间局计划建造第一艘登陆彗星航天器，质量为 100 千克，计划于 2012 年软着陆到彗星维尔塔宁（Wirtanen）上（由于 2002 年 12 月 11 日首枚"阿丽亚娜"5 号 10 吨运力火箭发射失败，欧洲空间局对随后的发射计划进行了调整，按原定日期发射"罗塞塔探测器"已无可能，于是重新选定其他彗星作为探索目标。——译者注）。这次发射任务被称为"罗塞塔"，计划于 2003 年 1 月开始。"罗塞塔"同样也成了第一艘环绕彗星的飞行器。当彗星接近太阳和开始释放物质形成标志性的彗星长尾的时候，"罗塞塔"便开始释放其小型飞行器到维尔塔宁的表面。

为了获取到达维尔塔宁所必需的速

下图：一位艺术家对"罗塞塔"飞船经过 9 年的星际航行在 2012 年飞近维尔塔宁彗星核心的想象图。

右图：一个放置在"星尘"号飞船上的太空舱将于2006年返回地球（2006年1月15日该太空舱在地球上成功着陆——出版者注）。它将从彗星上带回第一批样本供已经迫不及待的科学家进行分析。

度，"罗塞塔"将需要很多地球和火星上的重力协助的低空飞越。它于2005年3月低空飞越火星，然后在它与维尔塔宁交会之前，以"回到未来"（Back-to-the-future）模式分别于2005年10月和2007年10月低空飞越地球。"罗塞塔"将同样进行对两个小行星的巡防，分别于2006年7月和2008年7月从1000千米的高空对小行星4979（4979 Otawara）和西瓦星（140Siwa）进行拍照。西瓦星将会是有史以来航天器探测到的最大的小行星。

在经过53亿千米环绕太阳系的长途旅行之后，"罗塞塔"将于2011年11月与维尔塔宁进行首次交会，那里距离太阳6.75×10^7千米，太阳光只是地球上的1/20，所以需要飞行器有很多大面积的太阳能电池板——这个面板要像足球场一样宽，以便有最强的发电能力。2012年5月，

"罗塞塔"将最终靠近到距维尔塔宁2千米的冰冻核中心，然后将进入轨道并环绕它运行，发送回迄今为止所取得的关于彗星体的最细致图片。一个理想的着陆点，要在彗星整体测绘完成一个月后才能选择出来。人造卫星的小型登陆器将会被释放，同时将会以小于1米/秒的速度进行软着陆，这已考虑到忽略彗星核微不足道的引力作用。为了保证小型着陆器不会反弹和在太空中消失，在到达彗星地表时发射一个锚固鱼叉进入彗星表面。这个表面像蛋白甜饼一样的壳硬而多孔。

第一次，科学家会监控当彗星以46000千米/时的速度飞向太阳，距太阳很近时彗星的剧烈变化。作为"罗塞塔"的预演，另一艘"星尘"号（Stardust）宇宙飞船，将从一个名为"维尔特"2号（Wild 2）的彗星上收集尘埃并带回地球，

这是第一次从月球之外的其他星球上携带物质返回地球。该任务的另一个目标是收集星云的小颗粒。

"星尘"号像一个巨大的双体船，因彗星是以漫长而孤独的椭圆形轨道靠近太阳的，"星尘"号将以 6.1 千米 / 秒的速度在 2004 年 1 月与"维尔特"2 号交会。

"星尘"号将用 10 小时穿越"维尔特"2 号 2×10^5 千米长的彗发，其中掠过彗星就飞了近 100 千米。彗星主要是由彗星核上脱落下来的物质组成，彗星核则是在岩石心外包裹着冰雪与杂物的外壳，很像个雪球。当彗星靠近太阳被加热的时候，这个雪球形成了一条很粗的彗星尾。

"星尘"号任务成功的关键是超低密度的硅凝胶，它是一种很黏的物质，会像一个通信盘一样附在宇宙飞船的样本回归舱上。在"星尘"号穿越"维尔特"2 号

的时候，彗星周围 1—100 微米的灰尘，将会在硅气凝胶灰尘收集器中被捕捉到。"星尘"号最终会收集那些以 30 千米 / 秒的速度冲击宇宙的灰尘。这种灰尘将会被收集到灰尘收集板的背面，计划收集超过 100 个 0.1—1 微米大小的粒子。穿越"维尔特"2 号的目的就是收集超过 1000 个直径大于 15 微米的粒子和挥发性微粒。

当然，对这次飞行起至关重要作用的，是 2006 年 1 月样本的返回地球，这是这艘 303 千克航天器的另一个创新性成就。相对较小的 25 千克的样本返回舱将会在再入地球大气层 3 小时前从航天器的主舱释放，同时主飞行器将用一个转向机动来迫使其从地球上飞过。样本返回舱将会在 125 千米的高度以 12.8 千米 / 秒的速度飞向地球的大气层。返回舱会受到减速伞隔热层的保护，这种隔热层会吸收 99%

左图：该图展现了 1999 年的一幅景象，火星气候轨道器和火星极地登陆器探索这颗红色星球。然而，它们都失败了。

的动能。这样太空舱就会在 10 分后打开降落伞，降落到距犹他州一个宽 6.5 千米、长 60 千米的范围内。回收以后，太空舱和它珍贵的样本，将会被转移到位于得克萨斯州休斯敦的约翰逊航天中心的行星物质管理研究所，分发给世界各地的研究者。

人类能登上火星吗

除了见证人类第一次在月球上行走，还没有什么能够超过"火星探路者"号和它的"索杰纳"火星车在 1997 年 7 月着陆这件事对公众的吸引。火星一直让人类着迷，迟早有一天人类将会毫不迟疑地踏上这片红色的土地。将人类送上火星除了技术上的巨大挑战，另一个主要困难是高昂的成本。由于太昂贵，在太空飞行和登上火星几乎是不可能的，除非成本会显著下降，否则纳税人是不可能接受的。另外，支持载人任务的技术障碍是非常大的。即使进行一个载人的火星探索任务，那也将会是一个相当谨慎的事情。

1994 年，美国国家航空航天局曾经为可能的火星探险制订了发射计划，它将于 2011 年发射，包括新的巨型助推器的 3 次发射。但是，不管是在技术上还是在财力上，这项计划都被认为太过理想化，美国国家航空航天局通过采用更小的助推器，降低了项目的基准。因为需要在地球轨道组装部件并派往火星，发射的次数将会加倍。

预定的计划是这样的，一艘膨胀的转移居住舱将和"货物"1 号航天器一起发射到火星，并使其在主登陆区着陆。如果它们安全并准确地着陆，着陆舱将作为火星乘员的生活和实验场所。宇航员将乘坐单独的航天器着陆，并且把它连接到居住舱，载人的货物运载工具的上面部分将随后起飞，对火星表面进行为期 500 天的探测任务，然后与预先放置到火星轨道上的返回航天器对接。

这有另一个关于人类探索火星的重要问题。阿波罗的宇航员离地球有 3 天的飞

右图：美国国家航空航天局描述的、可能的火星基地，其中有一个居住模型，还有一艘人造登陆器。

行距离。但是，一位火星宇航员必须面对相似的危险，即不能如预计的那样马上返回地球。正如第一次探索海洋的航海者一样，损失船员是在预料之中的，但这却不可能被公众所接受。

智能宇宙飞船

远离地球并超过了合理的通信距离，将更加需要"智能航天器"，它们能解决被控制中心监测到的航天器上的问题。

1998年7月发射的"深空"（DS）1号，是美国宇航员新千年计划中第一个任务，它被用来检测和验证未来美国国家航空航天局宇航飞机的系统和仪器上所采用的尖端技术。它已经提高了航天器的自动化技术，使其进步了至少10年。这预示着最先进的航天器智能软件已经被开发出来，它最接近HAL 9000。HAL 9000是具有里程碑意义的科幻小说中的主计算机，这部小说名叫《太空历险》，在1968年由亚瑟·克拉克（Arthur.C.Clarke）创作并随后被编成电影。机器化的"深空"1号航天器中没有船员，而且仅有945千克，远小于克拉克小说中的飞船，但是飞船的名为"远程代理"（Remote Agent）的人工智能程序，能够像小说中那样在最少的人为干预下对航天器进行操作和控制。

"远程代理"的3个功能包括高水平的计划与安排、基于模型的错误保护，以及智能执行。这3个功能结合在一起能够使飞船自动运行。高水平的计划和安排，使"远程代理"总是能在任务的几个星期前提前做好安排，它主要是关注安排航天器的活动和能源分配，诸如电能等。如果航天器的一个部分在执行任务中出现异常，它必须能侦察到并能改变软件模型和算法以自适应。远程代理的错误保护部分被称作"利文斯通"（Livingstone），主要的作用是，如果航天器出现故障，以大卫·利文斯通爵士（Sir David Livingstone，他关心探索和探索者）命名的"利文斯通"启动计算机的检查系统来诊断错误并提出修正方案。

远程代理软件的第三个重要部分——智能执行者，充当任务指挥官的角色，发

神　舟

1999 年，中国的"神舟"1 号宇宙飞船进行了首次载人飞行。它类似于苏联的"联盟"号飞船，拥有一个服务舱，下边有一个中央座舱还有一个拥有对接口的轨道舱。

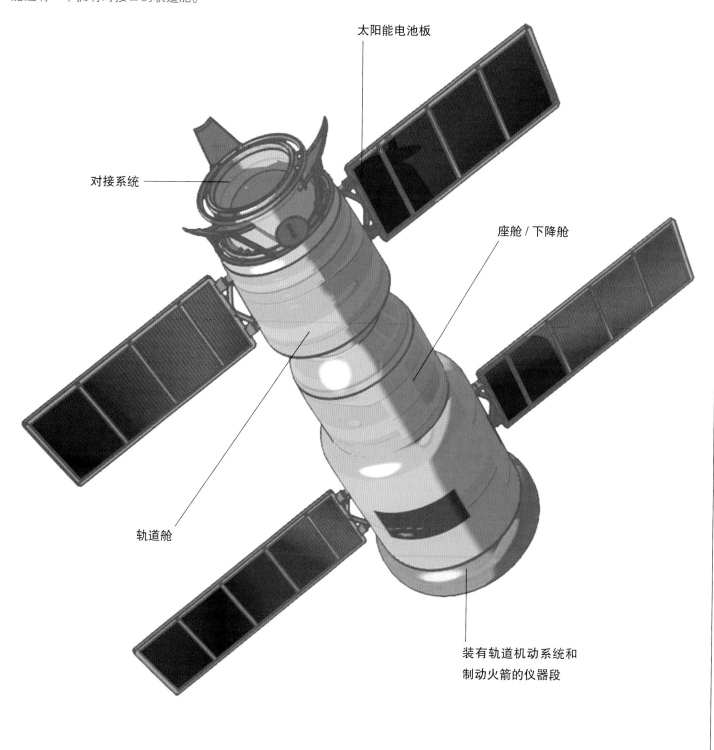

太阳能电池板

对接系统

座舱／下降舱

轨道舱

装有轨道机动系统和制动火箭的仪器段

我们将走向何方

在航空史上，自 1944 年小鹰镇上（Kitty Hawk）首次动力飞行 41 年后，V1 的成功发射将人类带入了太空探索领域。今天商业飞机能够载着 500 人满天飞，一些侦察机上的乘员以 2 倍于声速的速度飞行。再过一个 41 年，空间技术领域又会有怎样的变革呢？太空旅馆、火星上的人类基地或者星际旅行是否都会实现呢？对那些想去太空旅行的人们的一个提醒，我们应该回顾一下那些 30 年前人类第一次登上月球时，所预测的迄今为止未发生的事情。其中两个非常理性的预言，一个是到 1985 年人类将登上火星，另一个是到 2000 年美国总统将参观空间站，但这些预言因为费用的原因都没有如期实现。如果美国花费相当于"阿波罗计划"20 倍的费用，"登陆火星计划"肯定能够预期实现。结果是美国花了"阿波罗计划"的 5 倍的费用在制造航天飞机上。如果我们同时把建空间站和建航天飞机一样，作为"登陆火星计划"不可缺少的一部分，就会更接近目标的实现。开始建造空间站的时间比预期晚了 10 年，这将会使空间站完工时间推迟 10 年。探索太空的费用非常昂贵，因此21 世纪的首要任务是显著地降低成本。

要取得大的进步，进入太空的方式必须要像坐飞机那样平常、那样安全，但是这些还不可能达到，即使是在未来

上图：美国国家航空航天局曾经计划造一个能够在两个小时内，从美国飞向澳大利亚的空天飞机。但是这个国家空天飞机项目（National Aerospace Plane project）实际上已经不被考虑了。

20 年也不可能达到。美国国家航空航天局认为，航天飞机能够继续飞行到 2015 年甚至更久。基于预算考虑，常规路径和安全是人类太空旅行的两大主导要素，而且在我们进入一个太空探索新时代之前技术上应该有很大的飞跃。尽管计算机和通信技术取得了惊人的革命性的进步，但是当今的火箭发动机与 1957 年第一颗人造卫星"卫星"1 号发射时的发动机基本一样。

布飞行的基本命令。这个指挥官能够执行计划者和"利文斯通"制订的计划。如果这个计划制订者关注每一个细节，那将会很难产生任何一个计划，所以执行者所做的就是考虑细节。

涵泳机器人

远程代理的一种应用，是在发射一辆微型潜水艇进入木星的一颗卫星——木卫二的水中，到 2010 年前后，美国国家航空航天局计划投入 2.5 亿美元制造穿冰机器人（Cryobot）航天器，深入木卫二的冰川中，并发射一艘名为涵泳机器人（The Hydrobot）的微型潜水艇，进入所认为的水底。这个大胆创新的任务，是科学家永无止境地探索太阳系中其他行星上生命迹象的一部分。来自美国国家航空航天局所属的木星轨道器"伽利略"的影像表明，木卫二表面覆盖着光滑亮白微带棕色的冰层，冰层在木星重力引起的巨大潮汐效应

上图：一架两段式德国概念太空飞机（spaceplane），它包括了一架能够像飞机一样回到地球上的助推器级和一架背负式太空飞机。

下，就像被雕花锯（jig-saw）锯割一样，被锯割成块，已经破裂并在移动。科学家们认为这是由于表层下边的暖冰和水的作用引起的。科学家根据放射性热源及热量传导测算，木卫二可能有 100 千米厚的水层，其中一半可能是液体。如果水层确实存在，按照理论木卫二的海洋水温可以培育原始生命形式。

涵泳机器人／穿冰机器人计划，是位于加利福尼亚帕萨帝纳（Pasadena）的美国国家航空航天局喷气推进实验室的研究成果。1.22 米长的穿冰机器人所配备的刺入－融化（penetrator-melter）探测器，与南极探险员所使用的"菲尔伯斯"（Philberth）探测器有几分相似。这种探测器有一个升温的尖端，能够以 0.9 米／天的速率在冰层中融出洞来，升温是由 16 位放射性核素的热电发电机通过提供 4 千瓦的热功率完成的。木卫二的冰层据猜测至少有 0.8 千米厚，穿冰机器人可能要花几周甚至几个月的时间刺探到水层，一旦

探测到，它就打开舱盖并放出一艘更小的有自推力的涵泳机器人探测器，在水中蜿蜒通过并发出强烈的搜索光，覆盖 0.8 千米的范围。一架小型摄像机和化学传感器能够搜索生命。它们被控制在一个小型实验室里，这个实验室可以探测出海洋中是否存在生命所需的一系列资源——液态水，碳，氮，磷和硫，这台航天器还可以执行 DNA 荧光检验。涵泳机器人还会配备一部探听水中火山活动的电话装置，以及温度计和声呐成像器。这样可以采集到一些样品并传输给穿冰机器人，在穿冰机器人航天器上做进一步的分析。

科学家将在南极大陆上的一个冰下湖中，开发和测试涵泳机器人／穿冰机器人计划的技术。这个湖位于南极洲东部的东方湖里，有水溶化学物质和湖泊沉积，可能由于火山的作用，能给简单的生物提供一个合适的栖息地。那里与科学家所猜测的木卫二的自然条件很类似。在地球其他地方的深海中的火山口发现有细菌、管状

蠕虫及其他有机体。

东方湖项目中"穿冰机器人 / 涵泳机器人计划"，将验证及检验实际任务中所需的技术，它将是对系统的逐步攻击木卫二计划的补充，是"穿冰机器人 / 涵泳机器人计划"最重要的环节。第一项任务被称为"冰帆船任务"（Ice Clipper），它将被发射到距木卫二 100 千米的高度，并绕其运动，还将对这颗冰卫星进行雷达探测以确定是否存在水。"冰帆船任务"还可以发射冲击渗透器（impact penetators）来判定木卫二表面的地形图和化学成分。

接下来的任务仍将在 2005 年开始进行，发射一个穿冰机器人登陆木卫二的表面，采取冰层里 457 米深的第一层融化物以便技术论证，穿冰机器人采集表层的影像并对表层进行测量，检测有机物（乙醇、丁醇和醋酸盐）的存在，因为那可能意味着存在新陈代谢。如果这个测试成功的话，大约到 2010 年这个"穿冰机器人 / 涵泳机器人计划"就可以开始了。它将飞到一个遥远的卫星上，平安着陆并穿透冰层。这个计划看起来有点天方夜谭，但是这跟人们曾经认为人类要登上月球是不可能的一样。

下图：被冰层覆盖的木卫二是木星的海洋卫星，计划在部署涵泳机器人探索木卫二水域之前，先发射一个穿冰机器人航天器穿透冰层。

术 语 表

APP 阿波罗应用计划

Ablation **烧蚀作用** 高速、高温气体对固体表面的侵蚀作用，例如返回式航天器外壳在气体摩擦作用下融化或炭化（烧蚀作用）

Abort **计划中止** 取消或缩短一项任务

AFB 空军基地（美国）

AFRSI （航天飞机轨道器上的）先进柔性可重复使用表面绝热材料

ALT 迫近与降落测试

Aphelion **远日点** 环绕太阳的轨道上距离太阳最远的那一点

Apogee **远地点** 环绕地球的轨道上距离地球最远的那一点

Arianespace **阿丽亚娜空间公司** 一家欧洲商业太空运输公司

ASCS 自动稳定与控制系统（水星太空舱）

Asteroid **小行星** 小质量行星体，成千上万颗小行星在火星与木星之间的轨道上围绕太阳公转

ASTP 阿波罗－联盟测试计划

Astronaut **宇航员** 进入太空的人，包括乘务员和乘客

Atmosphere **大气层** 包围地球或其他行星的气体层

Attitude **姿态** 由飞行器的轴与参考面（如水平面）等参考物确定的相对位置

Ballistics **弹道学** 研究导弹的运动、行为、外观或受力变形情况的科学

Booster **助推器** 导弹或火箭的第一级

CDR 指令长

Chaff **金属箔片** 由可返回太空舱抛撒的金属箔片来增强雷达功能

CM **指令舱** 宇宙飞船中装载乘务员和主要控制仪器的隔舱

Coma **彗发** 围绕彗星核的由气体和尘埃组成的天体云

Combustion chamber **燃烧室** 火箭中燃料与氧化剂燃烧的室

Comet **彗星** 一种质量较小的天体，但与行星相比体积巨大，围绕太阳旋转，当接近太阳时经常产生长而发光的尾

Control rocket **控制火箭** 用于控制飞行器姿态，或速度微调的游动火箭或其他火箭

Cosmonaut 苏联航天员。

COSTAR 太空望远镜光轴补偿校正光学（HST）

Cossrange 为了紧急降落航天飞机向左或向右操纵，矫正航向

Cryogen（原书为 Cryogenic） **冷冻剂** 低温下液化的火箭燃料或氧化剂，例如液氢

CSM 指令与服务舱

Doppler effect **多普勒效应** 由于源与接受物的相对移动引起的声音、光或雷达波震动频率（如音调）的改变

Drag **阻力** 物体穿过气体或液体遇到的反作用力

Drogue **减速伞** 航天飞机返回大气层时用于减速和稳定的小降落伞，一般在主着陆伞打开前打开

EDO **延时轨道器** 带有更多燃料舱的航天飞机轨道器

Elints 电子情报人造卫星

EOR 地球轨道交会点

EOS 地球观测系统（卫星系列，美国国家航空航天局）

Equatorial orbit 赤道轨道

ESA 欧洲空间局

Escape velocity **逃逸速度** 从给定重力场中的某一点逃逸所必需的速度

ET （航天飞机的）外部燃料箱

EVA 舱外活动

Exhaust velocity **排气速度** 火箭发动机排放气体离开喷嘴的速度

FGS （哈勃空间望远镜上）精细定位感测器

Fly-by **飞越** 飞船从巨大天体附近飞过而不环绕飞行

FOC （哈勃空间望远镜上）暗天体照相机

FOS （哈勃空间望远镜上）暗天体摄谱仪

FRCI （航天飞机上）耐高温纤维复合材料绝热层

Fuel cell **燃料电池** 通过化学反应直接发电的电池

g **加速度** 自由运动物体由于地球表面重力所产生的加速度的符号

GDL 列宁格勒空气动力学实验室，1928 年成立，苏联

GEO 地球同步轨道

Geodesy 测地学

Geophysics 地球物理学

GHRS 戈达德高解析摄谱仪

Gimbal **万向接头** 用于陀螺仪和能量装置的机械架，通常有两个垂直的方向轴

GIRO 喷气推进研究组，1931 年成立，苏联

Glass cockpit **玻璃驾驶舱** 旧式仪表和仪器被 11 个全彩色平板显示屏取代

GLONASS 全球卫星导航系统（俄罗斯）

GPS 全球定位系统

Gravitational field **重力场** 使其他物体受到吸引力的天体周围的空间

Gravity **重力** 向地心或其他有质量天体的中心的吸引力

Gyroscope **陀螺仪** 一种仪器，包含一个转轮，它的旋转轴相对垂直于它的其他两轴无关，一旦驱动，回转仪的轴就会保持稳定，地球自转对其没有影响

Heat shield **防热层** 保护人或仪器免受热的装置，如返回式航天器前端的罩

HRSI （航天飞机上）高温重复使用表面绝缘材料

HSP （哈勃空间望远镜上）高速光度计

HST 哈勃空间望远镜

Hypergolic **自燃的** 用来描述氧化剂和燃料混合后自发点燃的词语

ICBM 洲际弹道导弹

IGY 国际地球物理年

ILS **国际发射服务公司**，一个商业卫星发射组织

IMAGE 全球磁层极光探测成像仪（美国国家航空航天局）

Inclination **轨道倾角** 轨道面与赤道面的夹角

Ion **离子** 丢失或获得一个或更多个电子的微粒

Ion engine **离子发动机** 一种火箭发动机，它的推力来自电离离子的电力加速

Ionosphere **电离层** 地球大气上层区域，它能反射或吸收电磁波

IRBM 中程弹道导弹

ISS 国际空间站

KSC 肯尼迪航天中心，位于佛罗里达州的卡纳维拉尔角

Launch window **发射窗口** 满足指定任务航天器发射条件的时间间隙

LEO 低地球轨道

LES 发射逃逸系统

LFBB 飞回式液体助推器（改善航天飞机性能）

LIDAR 毕加索地球卫星上的光雷达设备（美国国家航空航天局）

LM 登月舱

LOR 月球轨道交会

LOX-LH 液氧 – 液氢

LRSI （航天飞机上）低温重复使用表面绝热材料

LRV 月球车

Mach **马赫** 飞行器（或液体、气体）的速度与声速的比率

Magnetic field 磁场

Magnetometer 磁力计

Magnetosphere **磁层** 由地球磁场形成的

Max Q **最大动压** 发射过程中航天器承受最大空气动力压强的一点

MDU 多功能显示屏（航天飞机玻璃驾驶舱中的设备）

Micrometeoroid **微流星体** 直径小于 1.2 毫米的流星

MSG 第二代气象卫星（欧洲空间局）

NASA 美国国家航空航天局，1958 年成立

NEAR 近地小行星交会探测器（美国国家航空航天局）

NICMOS （哈勃空间望远镜上）近红外照相机和多目标分光计

Nose shroud **鼻遮** 在火箭或飞行器鼻部的遮盖物，在进入轨道前抛弃

OMS （航天飞机上）轨道机动系统

Orbit 轨道

Orbital period 轨道周期

Orbital velocity 轨道速度

OSO 轨道太阳观测台

OST 礼炮 4 号空间站上的太阳轨道望远镜

OTA 光学望远镜装置

Oxidants, oxidizers **氧化剂** 在火箭发动机中与燃料混合的化学物质，使燃料脱离大气层仍能燃烧

Parking orbit **停泊轨道** 航天器等待下一步任务而停留的轨道

Payload 有效载荷

Perigee 近地点

Perihelion 近日点

Photovoltaic cell 光电池

Pitch **俯仰度** 航天器在与它的纵轴垂直的轴上的运动，爬升或下降的程度

PLT 飞行员

Polar orbit 极地轨道

Radio telescope 射电望远镜

RCS 反作用控制系统

Re-entry **再入** 航天器再次进入大气层

Retro-rocket **制动火箭** 使航天器减速的火箭

RMS 远程控制系统，在航天飞机上的精密机械手臂

RNII 火箭科学研究所（喷气推进研究组的后继者）

Roll **滚动** 航天器绕纵轴旋转

Samos 人造卫星和导弹观测系统

Satellite 人造或天然卫星

SCORE 斯科尔（信号通信中继卫星）美国广播通信试验卫星

SM 服务舱

Solar cell 太阳能电池

Solrad 太阳辐射卫星

Sounding rocket **探空火箭** 用于获得上层大气数据的科研火箭

SRB 航天飞机固体火箭助推器

SRC 样品返回舱

SSME 航天飞机主发动机

SSTO 单级入轨火箭，一种新型的助推器

STIS （哈勃空间望远镜上）太空望远镜影像摄谱仪

Sub-orbital **亚轨道** 没有达到轨道，就像一次导弹空间打靶

Sun-synchronous orbit **太阳同步轨道** 在该轨道上每天同一时间卫星经过固定区域

Telemetry 遥测

Thrust 推力

TPS （航天飞机轨道器的）热防护系统

Trajectory **弹道** 导弹、火箭或卫星的飞行轨迹

Trans-lunar injection **月球转移轨道射入** 在停留轨道上阿波罗飞船发动机再次点燃，以到达月球

Transponder （自动）异频雷达收发机

VAB 肯尼迪航天中心的飞行器装配大楼

Vernier **游标（火箭）发动机** 小推力火箭发动机，用以速度和轨道微调

VFR 德国的太空旅行协会，1927 年成立

Volcam 火山灰任务（NASA）

WFPC 广域/行星照相机（HST）

Yaw **偏航** 航天器沿垂直轴（Z 轴）旋转，也就是到不同的方位角

（注——黑体为名词汉译）

索　引

斜体字的页码是指图片标题。

T

Z

致　谢

作者非常感谢以下出版物及各版本的天合空间日志提供的统计信息：

《海盗号火箭的故事》. 米尔顿·罗森（milton rosen），美洲狮出版社，1957

《导弹和火箭》. 肯尼思·盖特兰德（kenneth gatland），布兰德福特出版社，1975

《苏联载人航天计划》. 菲利普·克拉克（Phillip Clark），沙拉曼德出版社，1988

《苏联到达月球》. 尼古拉斯·约翰逊（Nicholas Johnson），宇宙图书出版社

《宇宙飞船和助推器》. 肯尼思·盖特兰德，伊利弗图书出版社，1964

《宇宙飞船和助推器》. 肯尼思·盖特兰德，伊利弗图书出版社，1965

《苏联的火箭技术》. 迈克尔·斯托伊科（Michael Stoiko），大卫和查尔斯出版社，1970

《太阳系日志》. 安德鲁·威尔逊（Andrew Wilson），简氏信息集团，1987

《吉尼斯太空飞行记录》. 蒂姆·吉尼斯，吉尼斯图书出版社，1985

《载人航天飞行日志》. 蒂姆·弗尼斯，简氏信息集团，1983 和 1986

《航天飞机日志》. 蒂姆·弗尼斯，简氏信息集团，1986

《太空中的火箭》. 导弹和人，威利莱伊（Willy Ley），西格内特出版社，1968

图片来源

图片索引：

美联社：38（t），200

蝶蛹图片公司：5，10，11，12，46，109（2 幅），110，157

创世纪航天图片库：2，3，15（2 幅），16（l），17，19（r），20-21，25，27，28（t），30，31，32，33（2 幅），36，37（2 幅），38（b），39，40，41（t），41（b）（NASA），42-43，48，50（2 幅），51（2 幅），52，53，57，59（NASA），60-61，62，64（2 幅），67，69，70，71，72（2 幅），76，78，81，82-83，84，85，86，87，89，91（2 幅），92（左图），98，101，102，104（右图），105（左图），107，112-113，114，115，116，118，119，121，124，125，128，129（2 幅），130，132，133（2 幅），136，137，139（2 幅），140-141，142，143，150，158，159，161（2 幅），162-163，164，166，167，168-169，171，174，176，177，179（上图），180，181，184，186，187，189（2 幅），190，191，192，193，194，195，197，198，202，209，212，214，215，217，219，220，221，222-223，224，225，226，227，228，229，230，231，232，233，234，235，236，237，239，241

俄新社：9，24，45，47（上图），203，204，206

俄罗斯和苏联研究协会：47（下图）.

弗兰克·斯本内图片公司：13

TRH 图片公司：封面和扉页（德国联帮档案馆），13（左图）（NASA），17，99（右图）

插图：

英国阿戈斯蒂尼公司：199，201，207，208，216，218.

蝶蛹图片公司：16（r），26，28（b），34-35，44，49，54，56，58，63，65，68-69，73，75，77，80，88，90，92（r），93，94，95，96，99（2 幅），100（2 幅），103，104（左），106，108，118，122，123，126，127，131，144-145，146，147，148-149，151，152，154-155，156-157，172-173，175，178，179（b），183，185，188，205.

马丁·伍德沃德（tccmedi 公司）: 6，7，8，16，74，117，135，138，165，182，238

译 后 记

《世界航天器全书》(The history of space vehicles)是一部介绍国际航天器的著作，由美国雷湾出版社（Thunder Bay Press）于2001年出版。该书作者蒂姆·弗尼斯(Tim Furniss) 系英国航天权威刊物《国际航空》（Flight International）的航天通讯记者，有多年从事国际航天事件收集与整理的经历，著有航天方面著作30多部。该书在叙述人类的早期航天活动后，分章介绍了各类航天活动及航天器的演进与发展状况，并对未来的航天器作出展望。该书图文并茂，有较强的知识性、科学性和可读性，是一部难得的世界航天器发展史著作。

航天是人类20世纪走出地球、进入太空并开发太空的一项伟大创举，它不仅拓展了人类的活动领域，扩展了人类对太空的认识，对当今的社会、经济、军事、科学、文化、教育等方面均做出了前所未有的贡献，而且已经成为信息社会的有力支柱，其前景是无可估量的。让更多的人了解航天、了解航天的历史是时代的要求，更是我国经济社会不断发展的要求。航天知识正成为当代人特别是年轻一代必备的知识。

2003年，我去上海科学技术出版社参加《彩图科技百科全书·器与技术》卷的审稿工作。其间，该社《科学》编辑部主任段涛向我推荐了这本书。我回到哈尔滨工业大学后本想尽快安排翻译，但因其他工作而搁置下来。

2010年夏，在拜访中国科学技术出版社吕建华总编辑（时任该出版社副社长）时，向他介绍了这本书。他对翻译出版这本书十分重视，中国科学技术出版社随即与美国雷湾出版社签订了翻译出版合同。由于该书是10年前出版的，记述的内容到20世纪末，而21世纪初航天技术又有了许多新的进展。经协商，美国雷湾出版社和该书作者同意由我们将21世纪前10年的部分补写。

哈尔滨工业大学科技史与发展战略研究中心陈朴、郭明杉两位博士，此时正在英国剑桥李约瑟研究所作访问学者，为保证翻译质量，决定由他们两人利用在英国学习的条件对此书进行翻译，并请哈尔滨工业大学航天学院航天工程系主任崔乃刚教授组织编写增补部分。

2014年，译稿和增补稿完成后，在全书的编排上却出现了困难。如果将增补稿放在译稿之后，全书像两个独立部分的硬性凑合；如果将增补部分分散在译稿各章中，在编写体例上又很难统一。为此，经与吕建华总编辑研究后决定，为保持原书风格，将原书作为译著出版，增补部分即"21世纪航天技术的新进展"适当修订补充后单独成书。2015年，陈朴博士对译稿又进行了全面的核对修订。

该书在翻译过程中，尽量保持了原书的风格。在专业术语方面，参阅了国内外相关专业书籍，特别是由全国科学技术名词审定委员会审定的《航天科学技术名词》（科学出版社，2005）。在国名译名方面，对俄罗斯联邦（Российская Федерация）按不同时期译为俄国、苏联、俄罗斯。在航天器型号译名方面，参考国内业界的译名，有的意译，如"海盗"（Viking）号火箭；有的音译，如"阿波罗"（Apollo）飞船。名称后与型号的连接遵从原书。外国人名、地名参考商务印书馆出版的、由辛华编写的各类人名、地名译名手册译出。

原书中有几处文字对火箭（rocket）与导弹（missile）未作严格区分，翻译中遵照原意进行了处理。在现代，火箭主要指用于航天器发射的大型运载火箭（rocket launcher），装有先进的飞行控制系统，特别是制导、导航和姿态控制系统，有很强的运载能力。导弹则是在火箭基础上加装战斗部，用于准确攻击敌方特定目标。除了洲际导弹，导弹的体量均较小。在早期，二者的区分并不明显，只要将洲际导弹的战斗部换上卫星，即可以发射卫星。

该书《十、未来的航天器》一章是作者所作的展望性的说明，所提到的事件、时间、过程仅是作者的推测，与实际会有出入。

该书在翻译出版过程中，中国科学技术出版社吕建华总编辑给予了极大的支持，亲自对译稿进行了全面的审校，责任编辑王晓义对译稿进行了认真的核对与编辑，在版式设计上完全按照原书处理，完整地体现了原书风貌。在此，谨向他们致以衷心的感谢。

由于译校者水平所限，不足之处在所难免，敬请读者予以批评指正。

姜振寰

2015 年 12 月 20 日